普通高等教育"十三五"规划教材——化工安全系列

化工安全工程学

主　编　袁雄军

副主编　毕海普　刘龙飞

主　审　王凯全

中国石化出版社

内 容 提 要

本书阐述了化工生产过程中各种事故和职业性伤害发生的规律及其原因、防止化工事故及其严重后果的理论和技术。全书共六章，分别介绍了化工生产危害及其控制、化工物料安全工程、化工反应安全工程、化工单元操作安全工程、化工公用系统安全工程以及化工预防性检查和事故处置等内容。

本书可以作为高等院校安全技术及工程、安全管理工程、化学工艺与工程等相关专业的教学用书，也可供化工企业的安全和技术管理人员参考。

图书在版编目(CIP)数据

化工安全工程学 / 袁雄军主编. —北京：中国石化出版社，2018.2
普通高等教育"十三五"规划教材·化工安全系列
ISBN 978-7-5114-4697-8

Ⅰ.①化… Ⅱ.①袁… Ⅲ.①化学工业-安全工程-高等学校-教材 Ⅳ.①TQ086

中国版本图书馆 CIP 数据核字(2018)第 007150 号

未经本社书面授权,本书任何部分不得被复制、抄袭,或者以任何

形式或任何方式传播。版权所有,侵权必究。

中国石化出版社出版发行
地址:北京市朝阳区吉市口路 9 号
邮编:100020 电话:(010)59964500
发行部电话:(010)59964526
http://www.sinopec-press.com
E-mail:press@sinopec.com
北京富泰印刷有限责任公司印刷
全国各地新华书店经销
*
787×1092 毫米 16 开本 17.25 印张 399 千字
2018 年 3 月第 1 版 2018 年 3 月第 1 次印刷
定价:45.00 元

《普通高等教育"十三五"规划教材——化工安全系列》编委会

主 任：王凯全 （常州大学）

委 员（按姓氏笔画为序）：

李少香 （青岛科技大学）

李 伟 （东北石油大学）

杨保平 （兰州理工大学）

陈海群 （常州大学）

修光利 （华东理工大学）

柴 文 （常熟理工学院）

前　言

我国是化学品生产和使用大国，目前已经形成无机化学品、纯碱、氯碱、基本有机原料、化肥、农药等主要产业，可以生产 45000 余种化学产品，化工行业在国民经济中发挥着越来越重要的作用。化学品已广泛应用于工农业生产和居民日常生活，对于发展社会生产力、提高人民生活质量起到了不可替代的作用。化学工业是基础工业，既以其技术和产品服务于所有其他工业，同时也制约其他工业的发展。

但是，由于化工生产中的原料和产品绝大多数为易燃、易爆及有毒、有腐蚀性的物质，生产工艺的连续性强，集中化程度高，技术复杂，设备种类繁多，极易发生破坏性很大的事故，严重威胁职工的生命和国家财产的安全，影响社会的稳定和国家的声誉。化工行业成为现代工业中危险源最集中、危险性最高的行业之一。安全生产是化工行业的首要问题，必须高度重视，警钟长鸣。

化工安全工程学是研究化工生产过程中各种事故和职业性伤害发生的规律及其原因、防止化工事故及其严重后果的科学。由于在化工生产过程中物料使用、反应过程、单元操作、公用系统、厂址选择和总平面布置等各个环节都可能发生事故和伤害，因此，化工安全工程学需要研究这些环节的危险性以及预防和控制事故的规律。

本书是作者在多年教学和科研的基础上，考虑到近年来化工安全工程技术迅速发展的状况，以及广大技术人员和管理人员进行知识更新的需要而编写的。本书从认识安全工程学范畴入手，介绍了化工安全工程学在其中的地位；通过对化学物质的危险性、化工反应过程和单元操作危险性以及化工企业公用系统及总平面布置安全要求的分析，阐述了泄漏、燃烧、爆炸、毒害等化工生产的主要危险和有害因素的特点，力图从机理上探究事故的原因及预防和控制对策，为化工安全生产提供理论和技术支持。在编写过程中，作者力求将化工安全的分析方法与化工生产中的具体安全问题相结合，既注重提高安全理论水平，又注重解决实际问题。在对理论和分析方法的阐述中强调了实用性和可操作性，在各章主要内容之后均安排了一定数量的案例。

　　本书由常州大学袁雄军(第一章、第二章、第六章)、毕海普(第五章);常熟理工学院刘龙飞(第三章、第四章)等编写,常州大学时静洁、黄勇和绿盾安全科技(常州)有限公司白帆也参与部分章节的编写工作,常州大学王凯全教授承担了全书的审稿工作。在本书编写过程中,作者参阅和引用了大量文献资料,在此对原著作者表示感谢。

　　由于作者水平有限,难以跟上化工安全工程理论和技术发展的步伐,书中存在一些不当之处,敬请专家、读者批评指正。

编　者

目　录

第一章　化工生产危害及其控制

科学技术的发展，不断提高人们的物质水平和文化生活水平，特别是化工、石油化工的迅速崛起，有力地促进了国民经济的发展。但是，随着新技术、新产品的不断开发和利用，潜在的风险因素也随之增加，尤其是化工生产。化工工业生产、储存、使用的原料、产品具有易燃易爆、有毒有害、腐蚀性等特点，其生产过程在高温、高压条件下进行，化工原料和产品的多样性，化学工艺的复杂性，给化工生产过程带来许多不安全因素。因此，分析化工生产的危害性对化工生产至关重要。本章主要包括化工工程及其危险性、危险有害物质泄漏、燃烧和爆炸、化学物质职业病危害和化工生产事故致因及其控制原理等内容。

第一节　化工工程及其危险性

经历长期的发展，我国已经形成了门类比较齐全、品种大体配套并基本可以满足国内需要的化学工业体系，成为重要的能源和基础工业。由于化工生产存在众多危险性，使其发生泄漏、火灾、爆炸等重大事故的可能性及其严重后果比其他行业一般来说要大。因此，安全工作在化工生产中有着非常重要的作用，是化工生产的前提和保障。

一、化工生产的危险性

化学工业在国民经济中的地位日益重要，发展化学工业对促进工农业生产、巩固国防和改善人民生活等方面都有重要作用。但是化工生产较其他工业部门具有较普遍、较严重的危险。化工生产涉及高温、高压、易燃、易爆、腐蚀、剧毒等状态和条件，与矿山、建筑、交通等同属事故多发行业。但化工事故往往因波及空间广、危害时间长、经济损失巨大而极易引起人们的恐慌，影响社会的稳定。

美国保险协会（AIA）对化学工业的 317 起火灾、爆炸事故进行调查，分析了主要和次要原因，把化学工业危险因素归纳为以下 9 个类型。

1. 工厂选址

（1）易遭受地震、洪水、暴风雨等自然灾害；

（2）水源不充足；

（3）缺少公共消防设施的支援；

（4）有高湿度、温度变化显著等气候问题；

（5）受邻近危险性大的工业装置影响；

(6) 邻近公路、铁路、机场等运输设施；

(7) 在紧急状态下难以把人和车辆疏散至安全地带。

2. 工厂布局

(1) 工艺设备和储存设备过于密集；

(2) 有显著危险性和无危险性的工艺装置间的安全距离不够；

(3) 昂贵设备过于集中；

(4) 对不能替换的装置没有有效的防护；

(5) 锅炉、加热器等火源与可燃物工艺装置之间距离太小；

(6) 有地形障碍。

3. 结构

(1) 支撑物、门、墙等不是防火结构；

(2) 电气设备无防护措施；

(3) 防爆通风换气能力不足；

(4) 控制和管理的指示装置无防护措施；

(5) 装置基础薄弱。

4. 对加工物质的危险性认识不足

(1) 在装置中原料混合，在催化剂作用下自然分解；

(2) 对处理的气体、粉尘等在其工艺条件下的爆炸范围不明确；

(3) 没有充分掌握因误操作、控制不良而使工艺过程处于不正常状态时的物料和产品的详细情况。

5. 化工工艺

(1) 没有足够的有关化学反应的动力学数据；

(2) 对有危险的副反应认识不足；

(3) 没有根据热力学研究确定爆炸能量；

(4) 对工艺异常情况检测不够。

6. 物料输送

(1) 各种单元操作时对物料流动不能进行良好控制；

(2) 产品的标识不完全；

(3) 风送装置内的粉尘爆炸；

(4) 废气、废水和废渣的处理；

(5) 装置内的装卸设施。

7. 误操作

(1) 忽略关于运转和维修的操作教育；

(2) 没有充分发挥管理人员的监督作用；

(3) 开车、停车计划不适当；

(4) 缺乏紧急停车的操作训练；

(5) 没有建立操作人员和安全人员之间的协作体制。

8. 设备缺陷

（1）因选材不当而引起装置腐蚀、损坏；

（2）设备不完善，如缺少可靠的控制仪表等；

（3）材料的疲劳；

（4）对金属材料没有进行充分的无损探伤检查或没有经过专家验收；

（5）结构上有缺陷，如不能停车而无法定期检查或进行预防维修；

（6）设备在超过设计极限的工艺条件下运行；

（7）对运转中存在的问题或不完善的防灾措施没有及时改进；

（8）没有连续记录温度、压力、开停车情况及中间罐和受压罐内的压力变动。

9. 防灾计划不充分

（1）没有得到管理部门的大力支持；

（2）责任分工不明确；

（3）装置运行异常或故障仅由安全部门负责，只是单线起作用；

（4）没有预防事故的计划，或即使有也很差；

（5）遇有紧急情况未采取得力措施；

（6）没有实行由管理部门和生产部门共同进行的定期安全检查；

（7）没有对生产负责人和技术人员进行安全生产的继续教育和必要的防灾培训。

瑞士再保险公司统计了化学工业和石油工业的102起事故案例，分析了上述九类危险因素所起的作用，表1-1为统计结果。

表1-1 化学工业和石油工业的危险因素

序号	危险因素	危险因素比例/%	
		化学工业	石油工业
1	工厂选址	3.5	7.0
2	工厂布局	2.0	12.0
3	结构	3.0	14.0
4	对加工物质的危险性认识不足	20.2	2.0
5	化工工艺	10.6	3.0
6	物料输送	4.4	4.0
7	误操作	17.2	10.0
8	设备缺陷	31.1	46.0
9	防灾计划不充分	8.0	2.0

由于化工生产存在上述危险性，使其发生泄漏、火灾、爆炸等重大事故的可能性及其严重后果比其他行业一般来说要大。血的教训充分说明，在化工生产中如果没有完善的安全防护设施和严格的安全管理，即使先进的生产技术，现代化的设备，也难免发生事故。而一旦发生事故，人民的生命和财产将遭到重大损失，生产也无法进行下去，甚至整个装置会毁于一旦。因此，安全工作在化工生产中有着非常重要的作用，是化工生产的前提和保障。

二、主要危险化工工艺

为了提高化工工艺的本质安全化水平，国家安监总局先后发文，规定了主要的18种化工生产重点监管危险工艺，分别是：光气及光气化工艺、电解工艺(氯碱)、氯化工艺、硝化工艺、合成氨工艺、裂解(裂化)工艺、氟化工艺、加氢工艺、重氮化工艺、氧化工艺、过氧化工艺、胺基化工艺、磺化工艺、聚合工艺、烷基化工艺、电石生产工艺、偶氮化工艺以及新型煤化工工艺，其中包括：煤制油(甲醇制汽油、费-托合成油)、煤制烯烃(甲醇制烯烃)、煤制二甲醚、煤制乙二醇(合成气制乙二醇)、煤制甲烷气(煤气甲烷化)、煤制甲醇、甲醇制醋酸等工艺。

1. 光气及光气化工艺

(1) 工艺简介

该反应光气及光气化工艺包含光气的制备工艺，以及以光气为原料制备光气化产品的工艺路线，光气化工艺主要分为气相和液相两种，为放热反应。

(2) 工艺危险特点

① 光气为剧毒气体，在储运、使用过程中发生泄漏后，易造成大面积污染、中毒事故；

② 反应介质具有燃爆危险性；

③ 副产物氯化氢具有腐蚀性，易造成设备和管线泄漏使人员发生中毒事故。

(3) 典型工艺

一氧化碳与氯气的反应得到光气；光气合成双光气、三光气；采用光气作单体合成聚碳酸酯；甲苯二异氰酸酯(TDI)的制备；4,4′-二苯基甲烷二异氰酸酯(MDI)的制备等。

(4) 重点监控工艺参数

一氧化碳、氯气含水量；反应釜温度、压力；反应物质的配料比；光气进料速度；冷却系统中冷却介质的温度、压力、流量等。

2. 电解工艺(氯碱)

(1) 工艺简介

电流通过电解质溶液或熔融电解质时，在两极上所引起的化学变化称为电解反应。涉及电解反应的工艺过程为电解工艺。许多基本化学工业产品(氢、氧、氯、烧碱、过氧化氢等)的制备，都是通过电解来实现的，为吸热反应。

(2) 工艺危险特点

① 电解食盐水过程中产生的氢气是极易燃烧的气体，氯气是氧化性很强的剧毒气体，两种气体混合极易发生爆炸，当氯气中含氢量达到5%以上，则随时可能在光照或受热情况下发生爆炸。

② 如果盐水中存在的铵盐超标，在适宜的条件(pH<4.5)下，铵盐和氯作用可生成氯化铵，浓氯化铵溶液与氯还可生成黄色油状的三氯化氮。三氯化氮是一种爆炸性物质，与许多有机物接触或加热至90℃以上以及被撞击、摩擦等，即发生剧烈的分解而爆炸。

③ 电解溶液腐蚀性强。

④ 液氯的生产、储存、包装、输送、运输可能发生液氯的泄漏。

（3）典型工艺

氯化钠（食盐）水溶液电解生产氯气、氢氧化钠、氢气；氯化钾水溶液电解生产氯气、氢氧化钾、氢气。

（4）重点监控工艺参数

电解槽内液位；电解槽内电流和电压；电解槽进出物料流量；可燃和有毒气体浓度；电解槽的温度和压力；原料中胺含量；氯气杂质含量（水、氢气、氧气、三氯化氮等）等。

3. 氯化工艺

（1）工艺简介

氯化是化合物的分子中引入氯原子的反应，包含氯化反应的工艺过程为氯化工艺，主要包括取代氯化、加成氯化、氧氯化等。

（2）工艺危险特点

① 氯化反应是一个放热过程，尤其在较高温度下进行氯化，反应更为剧烈，速度快，放热量较大；

② 所用的原料大多具有燃爆危险性；

③ 常用的氯化剂氯气本身为剧毒化学品，氧化性强，储存压力较高，多数氯化工艺采用液氯生产是先汽化再氯化，一旦泄漏危险性较大；

④ 氯气中的杂质，如水、氢气、氧气、三氯化氮等，在使用中易发生危险，特别是三氯化氮积累后，容易引发爆炸危险；

⑤ 生成的氯化氢气体遇水后腐蚀性强；

⑥ 氯化反应尾气可能形成爆炸性混合物。

（3）典型工艺

① 取代氯化　氯取代烷烃的氢原子制备氯代烷烃；氯取代苯的氢原子生产六氯化苯；氯取代萘的氢原子生产多氯化萘；甲醇与氯反应生产氯甲烷；乙醇和氯反应生产氯乙烷（氯乙醛类）；醋酸与氯反应生产氯乙酸；氯取代甲苯的氢原子生产苄基氯等。

② 加成氯化　乙烯与氯加成氯化生产1,2-二氯乙烷；乙炔与氯加成氯化生产1,2-二氯乙烯；乙炔和氯化氢加成生产氯乙烯等。

③ 氧氯化　乙烯氧氯化生产二氯乙烷；丙烯氧氯化生产1,2-二氯丙烷；甲烷氧氯化生产甲烷氯化物；丙烷氧氯化生产丙烷氯化物等。

④ 其他工艺　硫与氯反应生成一氯化硫；四氯化钛的制备；黄磷与氯气反应生产三氯化磷、五氯化磷等。

（4）重点监控工艺参数

氯化反应釜温度和压力；氯化反应釜搅拌速率；反应物料的配比；氯化剂进料流量；冷却系统中冷却介质的温度、压力、流量等；氯气杂质含量（水、氢气、氧气、三氯化氮等）；氯化反应尾气组成等。

4. 硝化工艺

（1）工艺简介

硝化是有机化合物分子中引入硝基（—NO_2）的反应，最常见的是取代反应。硝化方法可分成直接硝化法、间接硝化法和亚硝化法，分别用于生产硝基化合物、硝胺、硝酸酯和亚硝基化合物等。涉及硝化反应的工艺过程为硝化工艺。

（2）工艺危险特点

① 反应速度快，放热量大。大多数硝化反应是在非均相中进行的，反应组分的不均匀分布容易引起局部过热导致危险。尤其在硝化反应开始阶段，停止搅拌或由于搅拌叶片脱落等造成搅拌失效是非常危险的，一旦搅拌再次开动，就会突然引发局部激烈反应，瞬间释放大量的热量，引起爆炸事故。

② 反应物料具有燃爆危险性。

③ 硝化剂具有强腐蚀性、强氧化性，与油脂、有机化合物（尤其是不饱和有机化合物）接触能引起燃烧或爆炸。

④ 硝化产物、副产物具有爆炸危险性。

（3）典型工艺

① 直接硝化法 丙三醇与混酸反应制备硝酸甘油；氯苯硝化制备邻硝基氯苯、对硝基氯苯；苯硝化制备硝基苯；蒽醌硝化制备1-硝基蒽醌；甲苯硝化生产三硝基甲苯（俗称梯恩梯，TNT）；丙烷等烷烃与硝酸通过气相反应制备硝基烷烃等。

② 间接硝化法 苯酚采用磺酰基的取代硝化制备苦味酸等。

③ 亚硝化法 2-萘酚与亚硝酸盐反应制备1-亚硝基-2-萘酚；二苯胺与亚硝酸钠和硫酸水溶液反应制备对亚硝基二苯胺等。

（4）重点监控工艺参数

硝化反应釜内温度、搅拌速率；硝化剂流量；冷却水流量；pH值；硝化产物中杂质含量；精馏分离系统温度；塔釜杂质含量等。

5. 合成氨工艺

（1）工艺简介

氮和氢两种组分按一定比例（1：3）组成的气体（合成气），在高温、高压下（一般为400~450℃，15~30MPa）经催化反应生成氨的工艺过程。

（2）工艺危险特点

① 高温、高压使可燃气体爆炸极限扩宽，气体物料一旦过氧（亦称透氧），极易在设备和管道内发生爆炸；

② 高温、高压气体物料从设备管线泄漏时会迅速膨胀与空气混合形成爆炸性混合物，遇到明火或因高流速物料与裂（喷）口处摩擦产生静电火花引起着火和空间爆炸；

③ 气体压缩机等转动设备在高温下运行会使润滑油挥发裂解，在附近管道内造成积炭，可导致积炭燃烧或爆炸；

④ 高温、高压可加速设备金属材料发生蠕变、改变金相组织，还会加剧氢气、氮气对钢材的氢蚀及渗氮，加剧设备的疲劳腐蚀，使其机械强度减弱，引发物理爆炸；

⑤ 液氨大规模事故性泄漏会形成低温云团引起大范围人群中毒，遇明火还会发生空间爆炸。

（3）典型工艺

节能AMV法；德士古水煤浆加压气化法；凯洛格法；甲醇与合成氨联合生产的联醇

法；纯碱与合成氨联合生产的联碱法；用变换催化剂、氧化锌脱硫剂和甲烷催化剂的"三催化"气体净化法等。

（4）重点监控工艺参数

合成塔、压缩机、氨储存系统的运行基本控制参数，包括温度、压力、液位、物料流量及比例等。

6. 裂解（裂化）工艺

（1）工艺简介

裂解是指石油系的烃类原料在高温条件下，发生碳链断裂或脱氢反应，生成烯烃及其他产物的过程。产品以乙烯、丙烯为主，同时副产丁烯、丁二烯等烯烃和裂解汽油、柴油、燃料油等产品。

烃类原料在裂解炉内进行高温裂解，产出组成为氢气、低/高碳烃类、芳烃类以及馏分为288℃以上的裂解燃料油的裂解气混合物。经过急冷、压缩、激冷、分馏以及干燥和加氢等方法，分离出目标产品和副产品。

在裂解过程中，同时伴随缩合、环化和脱氢等反应。由于所发生的反应很复杂，通常把反应分成两个阶段：第一阶段，原料变成的目的产物为乙烯、丙烯，这种反应称为一次反应；第二阶段，一次反应生成的乙烯、丙烯继续反应转化为炔烃、二烯烃、芳烃、环烷烃，甚至最终转化为氢气和焦炭，这种反应称为二次反应。裂解产物往往是多种组分混合物。影响裂解的基本因素主要为温度和反应的持续时间。化工生产中用热裂解的方法生产小分子烯烃、炔烃和芳香烃，如乙烯、丙烯、丁二烯、乙炔、苯和甲苯等。

（2）工艺危险特点

① 在高温(高压)下进行反应，装置内的物料温度一般超过其自燃点，若漏出会立即引起火灾；

② 炉管内壁结焦会使流体阻力增加，影响传热，当焦层达到一定厚度时，因炉管壁温度过高，而不能继续运行下去，必须进行清焦，否则会烧穿炉管，裂解气外泄，引起裂解炉爆炸；

③ 如果由于断电或引风机机械故障而使引风机突然停转，则炉膛内很快变成正压，会从窥视孔或烧嘴等处向外喷火，严重时会引起炉膛爆炸；

④ 如果燃料系统大幅度波动，燃料气压力过低，则可能造成裂解炉烧嘴回火，使烧嘴烧坏，甚至会引起爆炸；

⑤ 有些裂解工艺产生的单体会自聚或爆炸，需要向生产的单体中加阻聚剂或稀释剂等。

（3）典型工艺

热裂解制烯烃工艺；重油催化裂化制汽油、柴油、丙烯、丁烯；乙苯裂解制苯乙烯；二氟一氯甲烷(HCFC-22)热裂解制得四氟乙烯(TFE)；二氟一氯乙烷(HCFC-142b)热裂解制得偏氟乙烯(VDF)；四氟乙烯和八氟环丁烷热裂解制得六氟乙烯(HFP)等。

（4）重点监控工艺参数

裂解炉进料流量；裂解炉温度；引风机电流；燃料油进料流量；稀释蒸汽比及压力；燃料油压力；滑阀差压超驰控制、主风流量控制、外取热器控制、机组控制、锅炉控制等。

7. 氟化工艺

（1）工艺简介

氟化是化合物的分子中引入氟原子的反应，涉及氟化反应的工艺过程为氟化工艺。氟与有机化合物作用是强放热反应，放出大量的热可使反应物分子结构遭到破坏，甚至着火爆炸。氟化剂通常为氟气、卤族氟化物、惰性元素氟化物、高价金属氟化物、氟化氢、氟化钾等。

（2）工艺危险特点

① 反应物料具有燃爆危险性；

② 氟化反应为强放热反应，不及时排出反应热量，易导致超温超压，引发设备爆炸事故；

③ 多数氟化剂具有强腐蚀性、剧毒，在生产、储存、运输、使用等过程中，容易因泄漏、操作不当、误接触以及其他意外而造成危险。

（3）典型工艺

① 直接氟化　黄磷氟化制备五氟化磷等。

② 金属氟化物或氟化氢气体氟化　SbF_3、AgF_2、CoF_3等金属氟化物与烃反应制备氟化烃；氟化氢气体与氢氧化铝反应制备氟化铝等。

③ 置换氟化　三氯甲烷氟化制备二氟一氯甲烷；2,4,5,6-四氯嘧啶与氟化钠制备2,4,6-三氟-5-氯嘧啶等。

④ 其他氟化物的制备　浓硫酸与氟化钙(萤石)制备无水氟化氢等。

（4）重点监控工艺参数

氟化反应釜内温度、压力；氟化反应釜内搅拌速率；氟化物流量；助剂流量；反应物的配料比；氟化物浓度。

8. 加氢工艺

（1）工艺简介

加氢是在有机化合物分子中加入氢原子的反应，涉及加氢反应的工艺过程为加氢工艺，主要包括不饱和键加氢、芳环化合物加氢、含氮化合物加氢、含氧化合物加氢、氢解等。

（2）工艺危险特点

① 反应物料具有燃爆危险性，氢气的爆炸极限为4%~75%，具有高燃爆危险特性；

② 加氢为强烈的放热反应，氢气在高温高压下与钢材接触，钢材内的碳分子易与氢气发生反应生成碳氢化合物，使钢制设备强度降低，发生氢脆；

③ 催化剂再生和活化过程中易引发爆炸；

④ 加氢反应尾气中有未完全反应的氢气和其他杂质在排放时易引发着火或爆炸。

（3）典型工艺

① 不饱和炔烃、烯烃的三键和双键加氢　环戊二烯加氢生产环戊烯等。

② 芳烃加氢　苯加氢生成环己烷；苯酚加氢生产环己醇等。

③ 含氧化合物加氢　一氧化碳加氢生产甲醇；丁醛加氢生产丁醇；辛烯醛加氢生产辛醇等。

④ 含氮化合物加氢　己二腈加氢生产己二胺；硝基苯催化加氢生产苯胺等。

⑤ 油品加氢　馏分油加氢裂化生产石脑油、柴油和尾油；渣油加氢改质；减压馏分油加氢改质；催化(异构)脱蜡生产低凝柴油、润滑油基础油等。

（4）重点监控工艺参数

加氢反应釜或催化剂床层温度、压力；加氢反应釜内搅拌速率；氢气流量；反应物质的配料比；系统氧含量；冷却水流量；氢气压缩机运行参数、加氢反应尾气组成等。

9. 重氮化工艺

（1）工艺简介

一级胺与亚硝酸在低温下作用，生成重氮盐的反应。脂肪族、芳香族和杂环的一级胺都可以进行重氮化反应。涉及重氮化反应的工艺过程为重氮化工艺。通常重氮化试剂是由亚硝酸钠和盐酸作用临时制备的。除盐酸外，也可以使用硫酸、高氯酸和氟硼酸等无机酸。脂肪族重氮盐很不稳定，即使在低温下也能迅速自发分解，芳香族重氮盐较为稳定。

（2）工艺危险特点

① 重氮盐在温度稍高或光照的作用下，特别是含有硝基的重氮盐极易分解，有的甚至在室温时亦能分解，在干燥状态下，有些重氮盐不稳定，活性强，受热或摩擦、撞击等作用能发生分解甚至爆炸；

② 重氮化生产过程所使用的亚硝酸钠是无机氧化剂，175℃时能发生分解，与有机物反应导致着火或爆炸；

③ 反应原料具有燃爆危险性。

（3）典型工艺

① 顺法　对氨基苯磺酸钠与2-萘酚制备酸性橙-Ⅱ染料；芳香族伯胺与亚硝酸钠反应制备芳香族重氮化合物等。

② 反加法　间苯二胺生产二氟硼酸间苯二重氮盐；苯胺与亚硝酸钠反应生产苯胺基重氮苯等。

③ 亚硝酰硫酸法　2-氰基-4-硝基苯胺、2-氰基-4-硝基-6-溴苯胺、2,4-二硝基-6-溴苯胺、2,6-二氰基-4-硝基苯胺和2,4-二硝基-6-氰基苯胺为重氮组份与端氨基含醚基的偶合组份经重氮化、偶合成单偶氮分散染料；2-氰基-4-硝基苯胺为原料制备蓝色分散染料等。

④ 硫酸铜触媒法　邻、间氨基苯酚用弱酸(醋酸、草酸等)或易于水解的无机盐和亚硝酸钠反应制备邻、间氨基苯酚的重氮化合物等。

⑤ 盐析法　氨基偶氮化合物通过盐析法进行重氮化生产多偶氮染料等。

（4）重点监控工艺参数

重氮化反应釜内温度、压力、液位、pH值；重氮化反应釜内搅拌速率；亚硝酸钠流量；反应物质的配料比；后处理单元温度等。

10. 氧化工艺

（1）工艺简介

氧化为有电子转移的化学反应中失电子的过程，即氧化数升高的过程。多数有机化合物的氧化反应表现为反应原料得到氧或失去氢。涉及氧化反应的工艺过程为氧化工艺。常用的氧化剂有：空气、氧气、双氧水、氯酸钾、高锰酸钾、硝酸盐等。

（2）工艺危险特点

① 反应原料及产品具有燃爆危险性；

② 反应气相组成容易达到爆炸极限，具有闪爆危险；

③ 部分氧化剂具有燃爆危险性，如氯酸钾，高锰酸钾、铬酸酐等都属于氧化剂，如遇高温或受撞击、摩擦以及与有机物、酸类接触，皆能引起火灾爆炸；

④ 产物中易生成过氧化物，化学稳定性差，受高温、摩擦或撞击作用易分解、燃烧或爆炸。

（3）典型工艺

乙烯氧化制环氧乙烷；甲醇氧化制备甲醛；对二甲苯氧化制备对苯二甲酸；异丙苯经氧化-酸解联产苯酚和丙酮；环己烷氧化制环己酮；天然气氧化制乙炔；丁烯、丁烷、C_4馏分或苯的氧化制顺丁烯二酸酐；邻二甲苯或萘的氧化制备邻苯二甲酸酐；均四甲苯的氧化制备均苯四甲酸二酐；苊的氧化制 1,8-萘二甲酸酐；3-甲基吡啶氧化制 3-吡啶甲酸（烟酸）；4-甲基吡啶氧化制 4-吡啶甲酸（异烟酸）；2-乙基己醇（异辛醇）氧化制备 2-乙基己酸（异辛酸）；对氯甲苯氧化制备对氯苯甲醛和对氯苯甲酸；甲苯氧化制备苯甲醛、苯甲酸；对硝基甲苯氧化制备对硝基苯甲酸；环十二醇/酮混合物的开环氧化制备十二碳二酸；环己酮/醇混合物的氧化制己二酸；乙二醛硝酸氧化法合成乙醛酸；丁醛氧化制丁酸；氨氧化制硝酸等。

（4）重点监控工艺参数

氧化反应釜内温度和压力；氧化反应釜内搅拌速率；氧化剂流量；反应物料的配比；气相氧含量；过氧化物含量等。

11. 过氧化工艺

（1）工艺简介

向有机化合物分子中引入过氧基（—O—O—）的反应称为过氧化反应，得到的产物为过氧化物的工艺过程为过氧化工艺。

（2）工艺危险特点

① 过氧化物都含有过氧基（—O—O—），属含能物质，由于过氧键结合力弱，断裂时所需的能量不大，对热、振动、冲击或摩擦等都极为敏感，极易分解甚至爆炸；

② 过氧化物与有机物、纤维接触时易发生氧化、产生火灾；

③ 反应气相组成容易达到爆炸极限，具有燃爆危险。

（3）典型工艺

双氧水的生产；乙酸在硫酸存在下与双氧水作用，制备过氧乙酸水溶液；酸酐与双氧水作用直接制备过氧二酸；苯甲酰氯与双氧水的碱性溶液作用制备过氧化苯甲酰；异丙苯经空气氧化生产过氧化氢异丙苯等。

（4）重点监控工艺参数

过氧化反应釜内温度；pH 值；过氧化反应釜内搅拌速率；（过）氧化剂流量；参加反应物质的配料比；过氧化物浓度；气相氧含量等。

12. 胺基化工艺

（1）工艺简介

胺化是在分子中引入胺基（$R_2N—$）的反应，包括 $R—CH_3$ 烃类化合物（R：氢、烷基、芳基）在催化剂存在下，与氨和空气的混合物进行高温氧化反应，生成腈类等化合物的反应。涉及上述反应的工艺过程为胺基化工艺。

（2）工艺危险特点

① 反应介质具有燃爆危险性；

② 在常压下20℃时，氨气的爆炸极限为15%～27%，随着温度、压力的升高，爆炸极限的范围增大，因此，在一定的温度、压力和催化剂的作用下，氨的氧化反应放出大量热，一旦氨气与空气比失调，就可能发生爆炸事故；

③ 由于氨呈碱性，具有强腐蚀性，在混有少量水分或湿气的情况下，无论是气态或液态，氨都会与铜、银、锡、锌及其合金发生化学作用；

④ 氨易与氧化银或氧化汞反应生成爆炸性化合物（雷酸盐）。

（3）典型工艺

邻硝基氯苯与氨水反应制备邻硝基苯胺；对硝基氯苯与氨水反应制备对硝基苯胺；间甲酚与氯化铵的混合物在催化剂和氨水作用下生成间甲苯胺；甲醇在催化剂和氨气作用下制备甲胺；1-硝基蒽醌与过量的氨水在氯苯中制备1-氨基蒽醌；2,6-蒽醌二磺酸氨解制备2,6-二氨基蒽醌；苯乙烯与胺反应制备 N-取代苯乙胺；环氧乙烷或亚乙基亚胺与胺或氨发生开环加成反应，制备氨基乙醇或二胺；甲苯经氨氧化制备苯甲腈；丙烯氨氧化制备丙烯腈等。

（4）重点监控工艺参数

胺基化反应釜内温度、压力；胺基化反应釜内搅拌速率；物料流量；反应物质的配料比；气相氧含量等。

13. 磺化工艺

（1）工艺简介

磺化是向有机化合物分子中引入磺酰基（$—SO_3H$）的反应。磺化方法分为三氧化硫磺化法、共沸去水磺化法、氯磺酸磺化法、烘焙磺化法和亚硫酸盐磺化法等。涉及磺化反应的工艺过程为磺化工艺。磺化反应除了增加产物的水溶性和酸性外，还可以使产品具有表面活性。芳烃经磺化后，其中的磺酸基可进一步被其他基团[如羟基（$—OH$）、氨基（$—NH_2$）、氰基（$—CN$）等]取代，生产多种衍生物。

（2）工艺危险特点

① 反应原料具有燃爆危险性；磺化剂具有氧化性、强腐蚀性；如果投料顺序颠倒、投料速度过快、搅拌不良、冷却效果不佳等，都有可能造成反应温度异常升高，使磺化反应变为燃烧反应，引起火灾或爆炸事故；

② 氧化硫易冷凝堵管，泄漏后易形成酸雾，危害较大。

（3）典型工艺

① 三氧化硫磺化法　气体三氧化硫和十二烷基苯等制备十二烷基苯磺酸钠；硝基苯与液态三氧化硫制备间硝基苯磺酸；甲苯磺化生产对甲基苯磺酸和对位甲酚；对硝基甲苯磺

化生产对硝基甲苯邻磺酸等。

② 共沸去水磺化法　苯磺化制备苯磺酸；甲苯磺化制备甲基苯磺酸等。

③ 氯磺酸磺化法　芳香族化合物与氯磺酸反应制备芳磺酸和芳磺酰氯；乙酰苯胺与氯磺酸生产对乙酰氨基苯磺酰氯等。

④ 烘焙磺化法　苯胺磺化制备对氨基苯磺酸等。

⑤ 亚硫酸盐磺化法　2,4-二硝基氯苯与亚硫酸氢钠制备 2,4-二硝基苯磺酸钠；1-硝基蒽醌与亚硫酸钠作用得到 α-蒽醌硝酸等。

（4）重点监控工艺参数

磺化反应釜内温度；磺化反应釜内搅拌速率；磺化剂流量；冷却水流量。

14. 聚合工艺

（1）工艺简介

聚合是一种或几种小分子化合物变成大分子化合物(也称高分子化合物或聚合物，通常分子量为 $1×10^4 \sim 1×10^7$)的反应，涉及聚合反应的工艺过程为聚合工艺。聚合工艺的种类很多，按聚合方法可分为本体聚合、悬浮聚合、乳液聚合、溶液聚合等。

（2）工艺危险特点

① 聚合原料具有自聚和燃爆危险性；

② 如果反应过程中热量不能及时移出，随物料温度上升，发生裂解和暴聚，所产生的热量使裂解和暴聚过程进一步加剧，进而引发反应器爆炸；

③ 部分聚合助剂危险性较大。

（3）典型工艺

① 聚烯烃生产：聚乙烯生产；聚丙烯生产；聚苯乙烯生产等。

② 聚氯乙烯生产。

③ 合成纤维生产：涤纶生产；锦纶生产；维纶生产；腈纶生产；尼龙生产等。

④ 橡胶生产：丁苯橡胶生产；顺丁橡胶生产；丁腈橡胶生产等。

⑤ 乳液生产：醋酸乙烯乳液生产；丙烯酸乳液生产等。

⑥ 涂料黏合剂生产：醇酸油漆生产；聚酯涂料生产；环氧涂料黏合剂生产；丙烯酸涂料黏合剂生产等。

⑦ 氟化物聚合：四氟乙烯悬浮法、分散法生产聚四氟乙烯；四氟乙烯(TFE)和偏氟乙烯(VDF)聚合生产氟橡胶和偏氟乙烯-全氟丙烯共聚弹性休(俗称 26 型氟橡胶或氟橡胶-26)等。

（4）重点监控工艺参数

聚合反应釜内温度、压力，聚合反应釜内搅拌速率；引发剂流量；冷却水流量；料仓静电、可燃气体监控等。

15. 烷基化工艺

（1）工艺简介

把烷基引入有机化合物分子中的碳、氮、氧等原子上的反应称为烷基化反应。涉及烷基化反应的工艺过程为烷基化工艺，可分为 C-烷基化反应、N-烷基化反应、O-烷基化反应等。

（2）工艺危险特点

① 反应介质具有燃爆危险性；

② 烷基化催化剂具有自燃危险性，遇水剧烈反应，放出大量热量，容易引起火灾甚至爆炸；

③ 烷基化反应都是在加热条件下进行，原料、催化剂、烷基化剂等加料次序颠倒、加料速度过快或者搅拌中断停止等异常现象容易引起局部剧烈反应，造成跑料，引发火灾或爆炸事故。

（3）典型工艺

① C-烷基化反应：乙烯、丙烯以及长链 α-烯烃，制备乙苯、异丙苯和高级烷基苯；苯系物与氯代高级烷烃在催化剂作用下制备高级烷基苯；用脂肪醛和芳烃衍生物制备对称的二芳基甲烷衍生物；苯酚与丙酮在酸催化下制备 2,2-对（对羟基苯基）丙烷（俗称双酚A）；乙烯与苯发生烷基化反应生产乙苯等。

② N-烷基化反应：苯胺和甲醚烷基化生产苯甲胺；苯胺与氯乙酸生产苯基氨基乙酸；苯胺和甲醇制备 N,N-二甲基苯胺；苯胺和氯乙烷制备 N,N-二烷基芳胺；对甲苯胺与硫酸二甲酯制备 N,N-二甲基对甲苯胺；环氧乙烷与苯胺制备 N-（β-羟乙基）苯胺；氨或脂肪胺和环氧乙烷制备乙醇胺类化合物；苯胺与丙烯腈反应制备 N-（β-氰乙基）苯胺等。

③ O-烷基化反应：对苯二酚、氢氧化钠水溶液和氯甲烷制备对苯二甲醚；硫酸二甲酯与苯酚制备苯甲醚；高级脂肪醇或烷基酚与环氧乙烷加成生成聚醚类产物等。

（4）重点监控工艺参数

烷基化反应釜内温度和压力；烷基化反应釜内搅拌速率；反应物料的流量及配比等。

16. 新型煤化工工艺

（1）工艺简介

以煤为原料，经化学加工使煤直接或者间接转化为气体、液体和固体燃料、化工原料或化学品的工艺过程。主要包括煤制油（甲醇制汽油、费-托合成油）、煤制烯烃（甲醇制烯烃）、煤制二甲醚、煤制乙二醇（合成气制乙二醇）、煤制甲烷气（煤气甲烷化）、煤制甲醇、甲醇制醋酸等工艺。

（2）工艺危险特点

① 反应介质涉及一氧化碳、氢气、甲烷、乙烯、丙烯等易燃气体，具有燃爆危险性；

② 反应过程多为高温、高压过程，易发生工艺介质泄漏，引发火灾、爆炸和一氧化碳中毒事故；

③ 反应过程可能形成爆炸性混合气体；

④ 多数煤化工新工艺反应速度快，放热量大，造成反应失控；

⑤ 反应中间产物不稳定，易造成分解爆炸。

（3）典型工艺

煤制油（甲醇制汽油、费-托合成油）；煤制烯烃（甲醇制烯烃）；煤制二甲醚；煤制乙二醇（合成气制乙二醇）；煤制甲烷气（煤气甲烷化）；煤制甲醇；甲醇制醋酸。

（4）重点监控工艺参数

反应器温度和压力；反应物料的比例控制；料位；液位；进料介质温度、压力与流量；氧含量；外取热器蒸汽温度与压力；风压和风温；烟气压力与温度；压降；H_2/CO 比；NO/O_2 比；$NO/$醇比；H_2、H_2S、CO_2 含量等。

17. 电石生产工艺

（1）工艺简介

电石生产工艺是以石灰和炭素材料（焦炭、兰炭、石油焦、冶金焦、白煤等）为原料，在电石炉内依靠电弧热和电阻热在高温进行反应，生成电石的工艺过程。电石炉型式主要分为两种：内燃型和全密闭型。

（2）工艺危险特点

① 电石炉工艺操作具有火灾、爆炸、烧伤、中毒、触电等危险性；

② 电石遇水会发生激烈反应，生成乙炔气体，具有燃爆危险性；

③ 电石的冷却、破碎过程具有人身伤害、烫伤等危险性；

④ 反应产物一氧化碳有毒，与空气混合到 12.5%~74%时会引起燃烧和爆炸；

⑤ 生产中漏糊造成电极软断时，会使炉气出口温度突然升高，炉内压力突然增大，造成严重的爆炸事故。

（3）典型工艺

石灰和炭素材料（焦炭、兰炭、石油焦、冶金焦、白煤等）反应制备电石。

（4）重点监控工艺参数

炉气温度；炉气压力；料仓料位；电极压放量；一次电流；一次电压；电极电流；电极电压；有功功率；冷却水温度、压力；液压箱油位、温度；变压器温度；净化过滤器入口温度、炉气组分分析等。

18. 偶氮化工艺

（1）工艺简介

合成通式为 R—N＝N—R 的偶氮化合物的反应为偶氮化反应，式中 R 为脂烃基或芳烃基，两个 R 基可相同或不同。涉及偶氮化反应的工艺过程为偶氮化工艺。脂肪族偶氮化合物由相应的肼经过氧化或脱氢反应制取。芳香族偶氮化合物一般由重氮化合物的偶联反应制备。

（2）工艺危险特点

① 部分偶氮化合物极不稳定，活性强，受热或摩擦、撞击等作用能发生分解甚至爆炸；

② 偶氮化生产过程所使用的肼类化合物，高毒，具有腐蚀性，易发生分解爆炸，遇氧化剂能自燃；

③ 反应原料具有燃爆危险性。

（3）典型工艺

① 脂肪族偶氮化合物合成：水合肼和丙酮氰醇反应，再经液氯氧化制备偶氮二异丁腈；次氯酸钠水溶液氧化氨基庚腈，或者甲基异丁基酮和水合肼缩合后与氰化氢反应，再经氯气氧化制取偶氮二异庚腈；偶氮二甲酸二乙酯 DEAD 和偶氮二甲酸二异丙酯 DIAD 的生产工艺。

② 芳香族偶氮化合物合成：由重氮化合物的偶联反应制备的偶氮化合物。

（4）重点监控工艺参数

偶氮化反应釜内温度、压力、液位、pH 值；偶氮化反应釜内搅拌速率；肼流量；反应物质的配料比；后处理单元温度等。

三、重点监管危险化学品

危险化学品应用广泛，与工业生产和人们的日常生活密切相关。由于其具有易燃、易爆、有毒、有害等危险特性，在生产、使用、储存、运输等过程中，如管理不善，一旦发生事故，后果往往非常严重，易造成人员伤亡、环境污染及财产损失。

由于我国危险化学品企业 80% 以上是小企业，这些企业大多工艺技术落后，设备设施简陋，安全生产管理水平较低，从业人员素质不能满足安全生产需要，我国目前危险化学品安全监管体制机制也需要进一步完善，因而危险化学品较大以上事故还时有发生，危险化学品安全生产形势依然严峻。危险化学品品种繁多，每种化学品危险特性差异很大，发生事故后的危害和对社会造成的影响也大不一样。因此，对危险性较大的危险化学品实施重点监管，目前已成为各国化学品安全管理的共识。本着全面加强监管与突出重点监管相结合的原则，国家安监总局研究制定并公布了《重点监管的危险化学品名录》，突出加强危险性相对较大的危险化学品安全生产管理和监管工作。

国家安监总局根据现行《危险化学品目录》，综合考虑了化学品的固有危险性、2002年以来国内化学品事故情况、近 40 年发生重特大事故的危险化学品品种、国内危险化学品生产量的情况、国内外危险化学品重点监管的品种等五个要素，并参照国外相关安全管理名录，包括美国职业安全健康署《高度危险化学品的工艺安全管理》中的高危化学品名录，《应急计划与公众知情权法》（EPCRA）中的关于危险源设施报告和应急反应制度的极度危险物质名录及有毒化学品释放报告管理清单（TRI），美国环境保护署《清洁空气法》（CAA）风险管理计划（RMP）中的特定易燃和有毒化学品名录，美国国土安全部《化学品设施反恐标准》中的关注化学品名录，加拿大优先物质名单（PSL）。经有关化学品安全专家多次反复论证，最终确定了《名录》（表 1-2）。重点监管的危险化学品包括列入《名录》的 74 种危险化学品及在温度 20℃ 和标准大气压 101.3kPa 条件下属于以下类别的危险化学品：

① 易燃气体类别 1（爆炸下限≤13% 或爆炸极限范围≥12% 的气体）；

② 易燃液体类别 1（闭杯闪点<23℃ 并初沸点≤35℃ 的液体）；

③ 自燃液体类别 1（与空气接触不到 5min 便燃烧的液体）；

④ 自燃固体类别 1（与空气接触不到 5min 便燃烧的固体）；

⑤ 遇水放出易燃气体的物质类别 1（在环境温度下与水剧烈反应所产生的气体通常显示自燃的倾向，或释放易燃气体的速度等于或大于每公斤物质在任何 1min 内释放 10L 的任何物质或混合物）；

⑥ 三光气等光气类化学品。

表 1-2　重点监管危险化学品名录

序号	化学品名称	别名	CAS 号	主要危险性
1	氯	液氯、氯气	7782-50-5	加压气体急性毒性-吸入,类别2 皮肤腐蚀/刺激,类别2 严重眼损伤/眼刺激,类别2 特异性靶器官毒性——次接触,类别3(呼吸道刺激)危害水生环境-急性危害,类别1
2	氨	液氨、氨气	7664-41-7	易燃气体,类别2 加压气体急性毒性-吸入,类别3 皮肤腐蚀/刺激,类别1B 严重眼损伤/眼刺激,类别1 危害水生环境-急性危害,类别1
3	液化石油气		68476-85-7	易燃气体,类别1 加压气体生殖细胞致突变性,类别1B
4	硫化氢		7783-06-4	易燃气体,类别1 加压气体急性毒性-吸入,类别2 危害水生环境-急性危害,类别1
5	甲烷、天然气		74-82-8	易燃气体,类别1 加压气体
6	原油			(1)闪点<23℃和初沸点≤35℃:易燃液体,类别1(2)闪点<23℃和初沸点>35℃:易燃液体,类别2(3)23℃≤闪点≤60℃:易燃液体,类别3
7	汽油(含甲醇汽油、乙醇汽油)、石脑油		8006-61-9	易燃液体,类别2 生殖细胞致突变性,类别1B 致癌性,类别2 吸入危害,类别1 危害水生环境-急性危害,类别2 危害水生环境-长期危害,类别2
8	氢	氢气	1333-74-0	易燃气体,类别1 加压气体
9	苯(含粗苯)		71-43-2	易燃液体,类别2 皮肤腐蚀/刺激,类别2 严重眼损伤/眼刺激,类别2 生殖细胞致突变性,类别1B 致癌性,类别1A 特异性靶器官毒性-反复接触,类别1 吸入危害,类别1 危害水生环境-急性危害,类别2 危害水生环境-长期危害,类别3
10	碳酰氯	光气	75-44-5	加压气体急性毒性-吸入,类别1 皮肤腐蚀/刺激,类别1B 严重眼损伤/眼刺激,类别1
11	二氧化硫		7446-09-5	加压气体急性毒性-吸入,类别3 皮肤腐蚀/刺激,类别1B 严重眼损伤/眼刺激,类别1
12	一氧化碳		630-08-0	易燃气体,类别1 加压气体急性毒性-吸入,类别3 生殖毒性,类别1A 特异性靶器官毒性-反复接触,类别1
13	甲醇	木醇、木精	67-56-1	易燃液体,类别2 急性毒性-经口,类别3 急性毒性-经皮,类别3 急性毒性-吸入,类别3 特异性靶器官毒性——次接触,类别1
14	丙烯腈	氰基乙烯、乙烯基氰	107-13-1	易燃液体,类别2 急性毒性-经口,类别3 急性毒性-经皮,类别3 急性毒性-吸入,类别3 皮肤腐蚀/刺激,类别2 严重眼损伤/眼刺激,类别1 皮肤致敏物,类别1 致癌性,类别2 特异性靶器官毒性——次接触,类别3(呼吸道刺激)危害水生环境-急性危害,类别2 危害水生环境-长期危害,类别2
15	环氧乙烷	氧化乙烯	75-21-8	易燃气体,类别1 化学不稳定性气体,类别A 加压气体急性毒性-吸入,类别3 皮肤腐蚀/刺激,类别2 严重眼损伤/眼刺激,类别2 生殖细胞致突变性,类别1B 致癌性,类别1A 特异性靶器官毒性——次接触,类别3(呼吸道刺激)

序号	化学品名称	别名	CAS 号	主要危险性
16	乙炔	电石气	74-86-2	易燃气体，类别 1 化学不稳定性气体，类别 A 加压气体
17	氟化氢、氢氟酸		7664-39-3	急性毒性-经口，类别 2 急性毒性-经皮，类别 1 急性毒性-吸入，类别 2 皮肤腐蚀/刺激，类别 1A 严重眼损伤/眼刺激，类别 1
18	氯乙烯		75-01-4	易燃气体，类别 1 化学不稳定性气体，类别 B 加压气体致癌性，类别 1A
19	甲苯	甲基苯、苯基甲烷	108-88-3	易燃液体，类别 2 皮肤腐蚀/刺激，类别 2 生殖毒性，类别 2 特异性靶器官毒性——次接触，类别 3(麻醉效应)特异性靶器官毒性-反复接触，类别 2 吸入危害，类别 1 危害水生环境-急性危害，类别 2 危害水生环境-长期危害，类别 3
20	氰化氢、氢氰酸		74-90-8	急性毒性-经口，类别 2 急性毒性-经皮，类别 1 急性毒性-吸入，类别 2 危害水生环境-急性危害，类别 1 危害水生环境-长期危害，类别 1
21	乙烯		74-85-1	易燃气体，类别 1 加压气体特异性靶器官毒性——次接触，类别 3(麻醉效应)
22	二氯化磷		7719-12-2	急性毒性-经口，类别 2 急性毒性-吸入，类别 2 皮肤腐蚀/刺激，类别 1A 严重眼损伤/眼刺激，类别 1 特异性靶器官毒性-反复接触，类别 2
23	硝基苯		98-95-3	急性毒性-经口，类别 3 急性毒性-经皮，类别 3 急性毒性-吸入，类别 3 致癌性，类别 2 生殖毒性，类别 1B 特异性靶器官毒性-反复接触，类别 1 危害水生环境-急性危害，类别 2 危害水生环境-长期危害，类别 2
24	苯乙烯		100-42-5	易燃液体，类别 3 皮肤腐蚀/刺激，类别 2 严重眼损伤/眼刺激，类别 2 致癌性，类别 2 生殖毒性，类别 2 特异性靶器官毒性-反复接触，类别 1 危害水生环境-急性危害，类别 2
25	环氧丙烷		75-56-9	易燃液体，类别 1 皮肤腐蚀/刺激，类别 2 严重眼损伤/眼刺激，类别 2 生殖细胞致突变性，类别 1B 致癌性，类别 2 特异性靶器官毒性——次接触，类别 3(呼吸道刺激)
26	一氯甲烷		74-87-3	易燃气体，类别 1 加压气体特异性靶器官毒性-反复接触，类别 2
27	1,3-丁二烯		106-99-0	易燃气体，类别 1 加压气体生殖细胞致突变性，类别 1B 致癌性，类别 1A
28	硫酸二甲酯		77-78-1	急性毒性-经口，类别 3 急性毒性-吸入，类别 2 皮肤腐蚀/刺激，类别 1B 严重眼损伤/眼刺激，类别 1 皮肤致敏物，类别 1 生殖细胞致突变性，类别 2 致癌性，类别 1B 特异性靶器官毒性——次接触，类别 3(呼吸道刺激)危害水生环境-急性危害，类别 2
29	氰化钠		143-33-9	急性毒性-经口，类别 2 急性毒性-经皮，类别 1 严重眼损伤/眼刺激，类别 2 生殖毒性，类别 2 特异性靶器官毒性-反复接触，类别 1 危害水生环境-急性危害，类别 1 危害水生环境-长期危害，类别 1

序号	化学品名称	别名	CAS 号	主要危险性
30	1-丙烯、丙烯		115-07-1	易燃气体，类别1 加压气体
31	苯胺		62-53-3	急性毒性-经口，类别3 急性毒性-经皮，类别3 急性毒性-吸入，类别3 严重眼损伤/眼刺激，类别1 皮肤致敏物，类别1 生殖细胞致突变性，类别2 特异性靶器官毒性-反复接触，类别1 危害水生环境-急性危害，类别1 危害水生环境-长期危害，类别2
32	甲醚		115-10-6	易燃气体，类别1 加压气体
33	丙烯醛、2-丙烯醛		107-02-8	易燃液体，类别2 急性毒性-经口，类别2 急性毒性-经皮，类别3 急性毒性-吸入，类别1 皮肤腐蚀/刺激，类别1B 严重眼损伤/眼刺激，类别1 危害水生环境-急性危害，类别1 危害水生环境-长期危害，类别1
34	氯苯		108-90-7	易燃液体，类别3 危害水生环境-急性危害，类别2 危害水生环境-长期危害，类别2
35	乙酸乙烯酯		108-05-4	易燃液体，类别2 致癌性，类别2 特异性靶器官毒性-一次接触，类别3(呼吸道刺激) 危害水生环境-长期危害，类别3
36	二甲胺		124-40-3	易燃气体，类别1 加压气体 皮肤腐蚀/刺激，类别2 严重眼损伤/眼刺激，类别1 特异性靶器官毒性-一次接触，类别3(呼吸道刺激)
37	苯酚	石炭酸	108-95-2	急性毒性-经口，类别3 急性毒性-经皮，类别3 急性毒性-吸入，类别3 皮肤腐蚀/刺激，类别1B 严重眼损伤/眼刺激，类别1 生殖细胞致突变性，类别2 特异性靶器官毒性-反复接触，类别2 危害水生环境-急性危害，类别2 危害水生环境-长期危害，类别2
38	四氯化钛		7550-45-0	皮肤腐蚀/刺激，类别1B 严重眼损伤/眼刺激，类别1
39	甲苯二异氰酸酯	TDI	584-84-9	急性毒性-吸入，类别2 皮肤腐蚀/刺激，类别2 严重眼损伤/眼刺激，类别2 呼吸道致敏物，类别1 皮肤致敏物，类别1 致癌性，类别2 特异性靶器官毒性-一次接触，类别3(呼吸道刺激) 危害水生环境-长期危害，类别3
40	过氧乙酸	过乙酸、过醋酸	79-21-0	有机过氧化物，F型 皮肤腐蚀/刺激，类别1A 严重眼损伤/眼刺激，类别1 特异性靶器官毒性-一次接触，类别3(呼吸道刺激) 危害水生环境-急性危害，类别1
41	六氯环戊二烯		77-47-4	急性毒性-经皮，类别3 急性毒性-吸入，类别2 皮肤腐蚀/刺激，类别1B 严重眼损伤/眼刺激，类别1 危害水生环境-急性危害，类别1 危害水生环境-长期危害，类别1
42	二硫化碳		75-15-0	易燃液体，类别2 急性毒性-经口，类别3 严重眼损伤/眼刺激，类别2 皮肤腐蚀/刺激，类别2 生殖毒性，类别2 特异性靶器官毒性-反复接触，类别1 危害水生环境-急性危害，类别2
43	乙烷		74-84-0	易燃气体，类别1 加压气体
44	环氧氯丙烷	3-氯-1,2-环氧丙烷	106-89-8	易燃液体，类别3 急性毒性-经口，类别3 急性毒性-经皮，类别3 急性毒性-吸入，类别3 皮肤腐蚀/刺激，类别1B 严重眼损伤/眼刺激，类别1 皮肤致敏物，类别1 致癌性，类别1B

序号	化学品名称	别名	CAS 号	主要危险性
45	丙酮氰醇	2-甲基-2-羟基丙腈	75-86-5	急性毒性-经口，类别 2 急性毒性-经皮，类别 1 急性毒性-吸入，类别 2 危害水生环境-急性危害，类别 1 危害水生环境-长期危害，类别 1
46	磷化氢	膦	7803-51-2	易燃气体，类别 1 加压气体急性毒性-吸入，类别 2 皮肤腐蚀/刺激，类别 1B 严重眼损伤/眼刺激，类别 1 危害水生环境-急性危害，类别 1
47	氯甲基甲醚		107-30-2	易燃液体，类别 2 急性毒性-经口，类别 1 致癌性，类别 1A
48	三氟化硼		7637-07-2	加压气体急性毒性-吸入，类别 2 皮肤腐蚀/刺激，类别 1A 严重眼损伤/眼刺激，类别 1
49	烯丙胺	3-氨基丙烯	107-11-9	易燃液体，类别 2 急性毒性-经口，类别 3 急性毒性-经皮，类别 1 急性毒性-吸入，类别 3 危害水生环境-急性危害，类别 2 危害水生环境-长期危害，类别 2
50	异氰酸甲酯	甲基异氰酸酯	624-83-9	易燃液体，类别 2 急性毒性-经口，类别 3 急性毒性-经皮，类别 3 急性毒性-吸入，类别 2 皮肤腐蚀/刺激，类别 2 严重眼损伤/眼刺激，类别 1 呼吸道致敏物，类别 1 皮肤致敏物，类别 1 生殖毒性，类别 2 特异性靶器官毒性-一次接触，类别 3(呼吸道刺激)
51	甲基叔丁基醚		1634-04-4	易燃液体，类别 2 皮肤腐蚀/刺激，类别 2
52	乙酸乙酯		141-78-6	易燃液体，类别 2 严重眼损伤/眼刺激，类别 2 特异性靶器官毒性-一次接触，类别 3(麻醉效应)
53	丙烯酸		79-10-7	易燃液体，类别 3 急性毒性-经皮，类别 3 急性毒性-吸入，类别 3 皮肤腐蚀/刺激，类别 1A 严重眼损伤/眼刺激，类别 1 特异性靶器官毒性-一次接触，类别 3(呼吸道刺激) 危害水生环境-急性危害，类别 1
54	硝酸铵		6484-52-2	爆炸物，1.1 项特异性靶器官毒性-一次接触，类别 1 特异性靶器官毒性-反复接触，类别 1
55	三氧化硫	硫酸酐	7446-11-9	皮肤腐蚀/刺激，类别 1A 严重眼损伤/眼刺激，类别 1 特异性靶器官毒性-一次接触，类别 3(呼吸道刺激)
56	三氯甲烷	氯仿	67-66-3	急性毒性-吸入，类别 3 皮肤腐蚀/刺激，类别 2 严重眼损伤/眼刺激，类别 2 致癌性，类别 2 生殖毒性，类别 2 特异性靶器官毒性-反复接触，类别 1
57	甲基肼		60-34-4	易燃液体，类别 1 急性毒性-经口，类别 2 急性毒性-经皮，类别 2 急性毒性-吸入，类别 1 皮肤腐蚀/刺激，类别 2 严重眼损伤/眼刺激，类别 2A 生殖毒性，类别 2 特异性靶器官毒性-一次接触，类别 1 特异性靶器官毒性-反复接触，类别 1 危害水生环境-急性危害，类别 1 危害水生环境-长期危害，类别 1
58	一甲胺		74-89-5	易燃气体，类别 1 加压气体皮肤腐蚀/刺激，类别 2 严重眼损伤/眼刺激，类别 1 特异性靶器官毒性-一次接触，类别 3(呼吸道刺激)
59	乙醛		75-07-0	易燃液体，类别 1 严重眼损伤/眼刺激，类别 2 致癌性，类别 2 特异性靶器官毒性-一次接触，类别 3(呼吸道刺激)

序号	化学品名称	别名	CAS 号	主要危险性
60	氯甲酸三氯甲酯	双光气	503-38-8	急性毒性-经口，类别2 急性毒性-吸入，类别2 皮肤腐蚀/刺激，类别1 严重眼损伤/眼刺激，类别1
61	氯酸钠	白药钠	7775-9-9	氧化性固体，类别1 危害水生环境-急性危害，类别2 危害水生环境-长期危害，类别2
62	氯酸钾	白药粉、盐卜、洋硝	3811-4-9	氧化性固体，类别1 危害水生环境-急性危害，类别2 危害水生环境-长期危害，类别2
63	过氧化甲乙酮	白水	1338-23-4	有机过氧化物，B型皮肤腐蚀/刺激，类别1 严重眼损伤/眼刺激，类别1 危害水生环境-急性危害，类别2
64	过氧化(二)苯甲酰		94-36-0	有机过氧化物，B型严重眼损伤/眼刺激，类别2 皮肤致敏物，类别1 危害水生环境-急性危害，类别1
65	硝化纤维素	硝化棉	9004-70-0	爆炸物，1.1项
66	硝酸胍		506-93-4	氧化性固体，类别3 严重眼损伤/眼刺激，类别2A
67	高氯酸铵		7790-98-9	爆炸物，1.1项氧化性固体，类别1
68	过氧化苯甲酸叔丁酯		614-45-9	有机过氧化物，C型严重眼损伤/眼刺激，类别2B 危害水生环境-急性危害，类别1
69	N,N'-二亚硝基五亚甲基四胺		101-25-7	自反应物质和混合物，C型
70	硝基胍	橄苦岩	556-88-7	爆炸物，1.1项严重眼损伤/眼刺激，类别2
71	2,2'-2偶氮二异丁腈		78-67-1	易燃固体
72	2,2'-偶氮-二-(2,4-二甲基戊腈)	偶氮二异庚腈	4419-11-8	自反应物质和混合物，D型
73	硝化甘油		55-63-0	爆炸物，1.1项皮肤致敏物，类别1 生殖毒性，类别2 特异性靶器官毒性——次接触，类别1 特异性靶器官毒性-反复接触，类别1 危害水生环境-急性危害，类别2 危害水生环境-长期危害，类别2
74	乙醚		60-29-7	易燃液体，类别1 特异性靶器官毒性——次接触，类别3(麻醉效应)

四、重大危险源辨识

1. 重大危险源的概念

GB 18218—2009《危险化学品重大危险源辨识》中定义为：长期地或临时地生产、加工、使用或储存危险化学品，且危险化学品的数量等于或超过临界量的单元。

《安全生产法》中定义为：长期地或者临时地生产、搬运、使用或者储存危险物品，且危险物品的数量等于或者超过临界量的单元(包括场所和设施)。

我们也可以将重大危险源(Major Hazards)理解为超过一定量的危险源。另外，从重大危险源另一英文定义"major hazard installations"中的来看，还直接引用了国外"重大危险设施"的概念。确定重大危险源的核心因素是危险物品的数量是否等于或者超过临界量。所谓临界量，是指对某种或某类危险物品规定的数量，若单元中的危险物品数量等于或者超过该数量，则该单元应定为重大危险源。具体危险物质的临界量，由危险物品的性质决定。

2. 危险化学品重大危险源辨识

（1）辨识依据

危险化学品重大危险源的辨识依据是危险化学品的危险特性及其数量，具体见表1-3和表1-4。

① 在表1-3范围内的危险化学品，其临界量按表1-3确定；

② 未在表1-3范围内的危险化学品，依据其危险性，按表1-4确定临界量；若一种危险化学品具有多种危险性，按其中最低的临界量确定。

表1-3 危险化学品名称及其临界量

序号	类别	危险化学品名称和说明	临界量/t
1	爆炸品	叠氮化钡	0.5
2		叠氮化铅	0.5
3		雷酸汞	0.5
4		三硝基苯甲醚	5
5		三硝基甲苯	5
6		硝化甘油	1
7		硝化纤维素	10
8		硝酸铵（含可燃物>0.2%）	5
9	易燃气体	丁二烯	5
10		二甲醚	50
11		甲烷、天然气	50
12		氯乙烯	50
13		氢	5
14		液化石油气（含丙烷、丁烷及其混合物）	50
15		一甲胺	5
16		乙炔	1
17		乙烯	50
18	毒性气体	氨	10
19		二氟化氧	1
20		二氧化氮	1
21		二氧化硫	20
22		氟	1
23		光气	0.3
24		环氧乙烷	10
25		甲醛（含量>90%）	5
26		磷化氢	1
27		硫化氢	5
28		氯化氢	20

序号	类别	危险化学品名称和说明	临界量/t
29	毒性气体	氯	5
30		煤气(CO、CO 和 H₂、CH₄的混合物等)	20
31		砷化三氢(胂)	1
32		锑化氢	1
33		硒化氢	1
34		溴甲烷	10
35	易燃液体	苯	50
36		苯乙烯	500
37		丙酮	500
38		丙烯腈	50
39		二硫化碳	50
40		环己烷	500
41		环氧丙烷	10
42		甲苯	500
43		甲醇	500
44		汽油	200
45		乙醇	500
46		乙醚	10
47		乙酸乙酯	500
48		正己烷	500
49	易于自燃的物质	黄磷	50
50		烷基铝	1
51		戊硼烷	1
52	遇水放出易燃气体的物质	电石	100
53		钾	1
54		钠	10
55	氧化性物质	发烟硫酸	100
56		过氧化钾	20
57		过氧化钠	20
58		氯酸钾	100
59		氯酸钠	100
60	氧化性物质	硝酸(发红烟的)	20
61		硝酸(发红烟的除外,含硝酸>70%)	100
62		硝酸铵(含可燃物≤0.2%)	300
63		硝酸铵基化肥	1000
64	有机过氧化物	过氧乙酸(含量≥60%)	10
65		过氧化甲乙酮(含量≥60%)	10

序号	类别	危险化学品名称和说明	临界量/t
66	毒性物质	丙酮合氰化氢	20
67		丙烯醛	20
68		氟化氢	1
69		环氧氯丙烷（3-氯-1,2-环氧丙烷）	20
70		环氧溴丙烷（表溴醇）	20
71		甲苯二异氰酸酯	100
72		氯化硫	1
73		氰化氢	1
74		三氧化硫	75
75		烯丙胺	20
76		溴	20
77		乙撑亚胺	20
78		异氰酸甲酯	0.75

表1-4 未在表1-3中列举的危险化学品类别及其临界量

类别	危险性分类及说明	临界量/t
爆炸品	1.1A项爆炸品	1
	除1.1A项外的其他1.1项爆炸品	10
	除1.1项外的其他爆炸品	50
气体	易燃气体：危险性属于2.1项的气体	10
	氧化性气体：危险性属于2.2项非易燃无毒气体且次要危险性为5类的气体	200
	剧毒气体：危险性属于2.3项且急性毒性为类别1的毒性气体	5
	有毒气体：危险性属于2.3项的其他毒性气体	50
易燃液体	极易燃液体：沸点≤35℃且闪点<0℃的液体；或保存温度一直在其沸点以上的易燃液体	10
	高度易燃液体：闪点<23℃的液体（不包括极易燃液体）；液态退敏爆炸品	1000
	易燃液体：23℃≤闪点<61℃的液体	5000
易燃固体	危险性属于4.1项且包装为I类的物质	200
易于自燃的物质	危险性属于4.2项且包装为I或II类的物质	200
遇水放出易燃气体的物质	危险性属于4.3项且包装为I或II的物质	200
氧化性物质	危险性属于5.1项且包装为I类的物质	50
	危险性属于5.1项且包装为II或III类的物质	200
有机过氧化物	危险性属于5.2项的物质	50
毒性物质	危险性属于6.1项且急性毒性为类别1的物质	50
	危险性属于6.1项且急性毒性为类别2的物质	500

注：以上危险化学品危险性类别及包装类别依据GB 12268确定，急性毒性类别依据GB 20592确定。

（2）重大危险源的辨识指标

单元内存在危险化学品的数量等于或超过表1-3和表1-4规定的临界量，即被定为重大危险源。单元内存在的危险化学品的数量根据处理危险化学品种类的多少区分为以下两种情况：

① 单元内存在的危险化学品为单一品种，则该危险化学品的数量即为单元内危险化学品的总量，若等于或超过相应的临界量，则定为重大危险源。

② 单元内存在的危险化学品为多品种时，则按式（1-1）计算，若满足式（1-1），则定为重大危险源：

$$q_1/Q_1+q_2/Q_2+\cdots+q_n/Q_n \geqslant 1 \tag{1-1}$$

式中　q_1，q_2，$\cdots$，q_n——每种危险化学品实际存在量，t；

　　　Q_1，Q_2，$\cdots$，Q_n——与各危险化学品相对应的临界量，t。

3. 重大危险源分级

（1）分级指标

采用单元内各种危险化学品实际存在（在线）量与其在 GB 18218《危险化学品重大危险源辨识》中规定的临界量比值，经校正系数校正后的比值之和 R 作为分级指标。

（2）R 的计算方法

$$R=\alpha\left(\beta_1\frac{q_1}{Q_1}+\beta_2\frac{q_2}{Q_2}+\cdots+\beta_n\frac{q_n}{Q_n}\right) \tag{1-2}$$

式中　q_1，q_2，$\cdots$，q_n——每种危险化学品实际存在（在线）量，t；

　　　Q_1，Q_2，$\cdots$，Q_n——与各危险化学品相对应的临界量，t；

　　　β_1，β_2，$\cdots$，β_n——与各危险化学品相对应的校正系数；

　　　　　　α——该危险化学品重大危险源厂区外暴露人员的校正系数。

（3）校正系数 β 的取值

根据单元内危险化学品的类别不同，设定校正系数 β 值，见表1-5和表1-6。

表1-5　校正系数 β 取值表

危险化学品类别	毒性气体	爆炸品	易燃气体	其他类危险化学品
β	见表1-6	2	1.5	1

注：危险化学品类别依据《危险货物品名表》中分类标准确定。

表1-6　常见毒性气体校正系数 β 值取值表

毒性气体名称	一氧化碳	二氧化硫	氨	环氧乙烷	氯化氢	溴甲烷	氯
β	2	2	2	2	3	3	4
毒性气体名称	硫化氢	氟化氢	二氧化氮	氰化氢	碳酰氯	磷化氢	异氰酸甲酯
β	5	5	10	10	20	20	20

注：未在表1-6中列出的有毒气体可按 $\beta=2$ 取值，剧毒气体可按 $\beta=4$ 取值。

（4）校正系数 α 的取值

根据重大危险源的厂区边界向外扩展 500m 范围内常住人口数量，设定厂外暴露人员校正系数 α 值，见表1-7。

表 1-7 校正系数 α 取值表

厂外可能暴露人员数量	α	厂外可能暴露人员数量	α
100 人以上	2.0	1~29 人	1.0
50~99 人	1.5	0 人	0.5
30~49 人	1.2		

（5）分级标准

根据计算出来的 R 值，按表 1-8 确定危险化学品重大危险源的级别。

表 1-8 危险化学品重大危险源级别和 R 值的对应关系

危险化学品重大危险源级别	R 值	危险化学品重大危险源级别	R 值
一级	$R \geqslant 100$	三级	$50 > R \geqslant 10$
二级	$100 > R \geqslant 50$	四级	$R < 10$

第二节　危险有害物质泄漏

化工、石油化工火灾爆炸、人员中毒事故很多是由于物料的泄漏引起的。充分准确地判断泄漏量的大小，掌握泄漏后有毒有害、易燃易爆物料的扩散范围，对明确现场救援与实施现场控制处理非常重要。

一、泄漏事故的特点及主要原因

1. 泄漏事故的特点和类型

化工生产中有害物质的泄漏事故有如下的特点：

① 突发性强；

② 危害性大；

③ 应急处理难度大。

泄漏物质主要有以下四种类型：

① 常压液体；

② 加压液化气体；

③ 低温液化气体；

④ 加压气体。

2. 泄漏后果分析和控制原则

泄漏的危险物质的性质不同，其泄漏后果是大不相同。

（1）可燃气体泄漏

可燃气体泄漏后与空气混合达到燃烧界限，遇到引火源就会发生燃烧或爆炸。泄漏后发火时间的不同，泄漏后果也不相同。

① 立即发火。可燃气体泄漏后立即发火，发生扩散燃烧产生喷射性火焰或形成火球，影响范围较小。

② 滞后发火。可燃气体泄漏后与周围空气混合形成可燃云团，遇到引火源发生爆燃或爆炸，破坏范围较大。

（2）有毒气体泄漏

有毒气体泄漏后形成云团在空气中扩散，有毒气体浓度较大的浓密云团将笼罩很大范围，影响范围大。

（3）液体泄漏

一般情况下，泄漏的液体在空气中蒸发而形成气体，泄漏后果取决于液体蒸发生成的气体量。液体蒸发生成的气体量与泄漏液体种类有关。

① 常温常压液体泄漏。液体泄漏后聚集在防液堤内或地势低洼处形成液池，液体表面发生缓慢蒸发。

② 加压液化气体泄漏。液体在泄漏瞬间迅速汽化蒸发。没来得及蒸发的液体形成液池，吸收周围热量继续蒸发。

③ 低温液体泄漏。液体泄漏后形成液池，吸收周围热量蒸发，液体蒸发速度低于液体泄漏速度。

化工生产中物质泄漏应掌握以下控制原则：

① 无论气体泄漏还是液体泄漏，泄漏量的多少都是决定泄漏后果严重程度的主要因素，而泄漏量又与泄漏时间有关。因此，控制泄漏应该尽早地发现泄漏并且尽快地阻止泄漏。

② 通过人员巡回检查可以发现较严重的泄漏；利用泄漏检测仪器、气体泄漏检测系统可以早期发现各种泄漏。

③ 利用停车或关闭遮断阀停止向泄漏处供应料可以控制泄漏。一般来说，与监控系统连锁的自动停车速度快；仪器报警后由人工停车速度较慢，大约需 3~15min。

导致泄漏的原因可能是设备的腐蚀、设备缺陷、材质选择不当、机械穿孔、密封不良以及人为操作失误等。根据泄漏情况，可以把化工生产中容易发生泄漏的设备归纳为 10 类，即管道、挠性连接器、过滤器、阀门、压力容器或反应罐、泵、压缩机、储罐、加压或冷冻气体容器和火炬燃烧器或放空管。

3. 主要泄漏事故场景

泄漏事故源于容器中易燃或有毒物质的释放，有裂纹、管道破裂、阀门异常打开等，泄漏的物质可以是气体、液体或两相物质，不同的情形有不同的事故场景，典型事故场景见表 1-9。

表 1-9 典型泄漏事故场景

泄漏的相	典型场景
液体泄漏	a. 液压头下常压储罐或其他大气压力容器或管道的孔
	b. 含低于其正常沸点加压液体的容器或管道的孔

泄漏的相	典 型 场 景
气体泄漏	a. 气负压设备(管道、容器)的孔安全阀排放
	b. 安全阀排放
	c. 从液池沸腾蒸发
	d. 从加压储罐顶部安全阀排放
	e. 由于明火产生有毒燃烧产物
两相流泄漏	a. 加压储槽或管含有其正常沸点以上的液体的孔
	b. 液压阀排出(例如，由于反应失控或发泡液)

不同情形泄漏事故场景如图 1-1 所示。

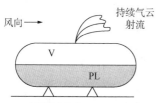

(a) 压力储罐中气体空间上方的小孔

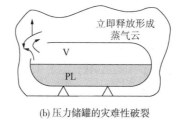

V: 蒸气云
PL: 加压液化天然气
RL: 低温液体

(b) 压力储罐的灾难性破裂

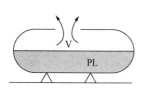

(c) 压力储罐中气体空间中孔泄漏

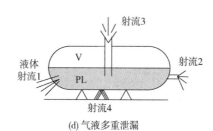

(d) 气液多重泄漏

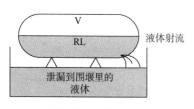

(e) 低温液化气泄漏到围堰

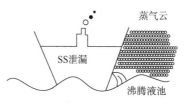

(f) 低温液化气泄漏到水中

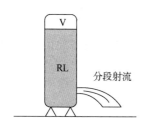

(g) 低温储藏容器的高速分散射流

图 1-1 主要泄漏事故场景图

二、泄漏事故易发位置和主要原因

化工生产泄漏事故的易发位置如图 1-2 所示。

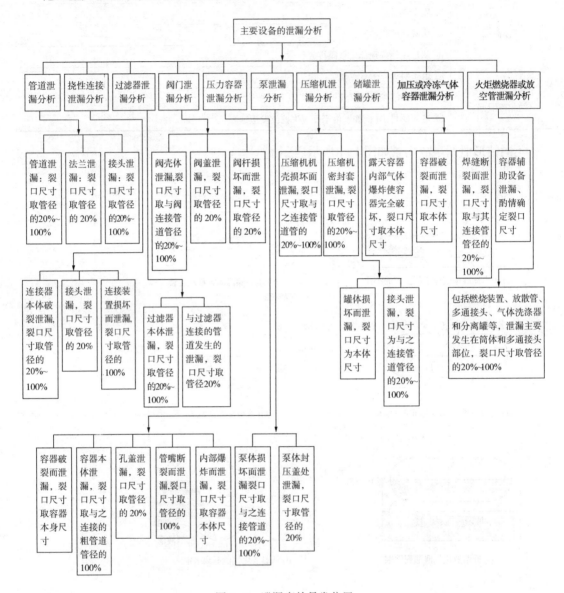

图 1-2　泄漏事故易发位置

从人-机系统来考虑造成各种泄漏事故的原因主要有设计失误、设备原因、管理原因、人为失误四类，如图 1-3 所示。

三、泄漏后的扩散

1. 液体的扩散

（1）液池蒸发

液体泄漏后沿地面流向到低洼处或人工边界，如提坎、岸墙形成液池。液体离开裂口

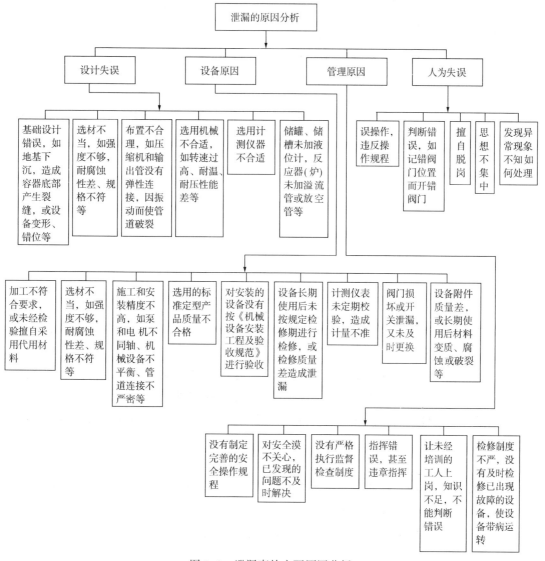

图 1-3 泄漏事故主要原因分析

后不断蒸发,当液体蒸发速度与泄漏速度相等时,液池中的液体量将维持不变。

如果泄漏的液体挥发度较低,则液池中液体蒸发量较少,不易形成气团。如果是挥发性的液体或低沸点的液体,泄漏后液体蒸发量大,大量蒸气在液池上面形成蒸气云,如图 1-4 所示。

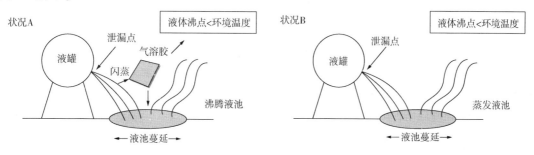

图 1-4 液体泄漏情形示意图

① 液池面积 如果泄漏的液体已经达到人工边界，则液池面积即为人工边界围成的面积。如果泄漏的液体没有到达人工边界，可以假定液体以泄漏点有中心呈扁圆柱形沿光滑的地表向外扩散，液池半径 r 可按式(1-3)和式(1-4)计算。

瞬时泄漏(泄漏时间不超过 30s)时,

$$r = \sqrt{\frac{8mg}{\pi p}} \tag{1-3}$$

连续泄漏(泄漏持续 10min 以上)时,

$$r = \sqrt{\frac{32mg}{\pi p}} \tag{1-4}$$

式中 m——泄漏液体量, kg;

      g——重力加速度, m/s^2;

      p——设备中液体压力, Pa。

② 蒸发量 液池内液体蒸发按其发生机理可分为闪蒸、热量蒸发、质量蒸发。

为了储存和运输方便，常用加压液化的方法来储存某些气体，储存温度在其正常沸点之上，如液氯、液氨等。这类液化气体一旦泄漏进入大气，因压力的瞬间大幅降低，其中一部分会迅速汽化为气体，从高压下的气-液平衡状态转变为常压下的气-液平衡状态。汽化时所需要的热由液体达到常压下的沸点所提供，液相部分的温度由储存时的温度降至常压下的沸点温度，这种现象称为闪蒸。闪蒸过程在瞬间内完成，可以看作是绝热过程。

之后液体吸收环境热量，继续蒸发汽化，过热液体泄漏后由于液体自身的热量直接地迅速蒸发称为热量蒸发。

由液池表面之上气流运动使液体发生蒸发称为质量蒸发。

由于泄漏的液体物质性质不同，并非所有液体的蒸发都包含这三种蒸发，有些过热液体通过闪蒸或热量蒸发而完全汽化。

a. 闪蒸 发生闪蒸时液体蒸发速度 Q_t 可按式(1-5)计算:

$$Q_t = \frac{F_V M}{t} \tag{1-5}$$

式中 F_V——直接蒸发的液体占液体总量的比例;

      M——泄漏的液体总量, kg;

      t——闪蒸时间, s。

b. 热量蒸发 如果闪蒸不完全，即 $F_V < 1$ 或 $Q_t < m$ 则发生热量蒸发，热量蒸发时液体蒸发速度 Q_t 为

$$Q_t = \frac{kA_t(T_0 - T_b)}{H\sqrt{\pi \alpha t}} + \frac{k}{H} Nu \frac{A_t}{L}(T_0 - T_b) \tag{1-6}$$

式中 A_t——液池面积, m^2;

      T_0——环境温度, K;

      T_b——液体沸点, K;

      H——液体蒸发热, J/kg;

L——液池长，m；

α——热扩散系数，m^2/s，见表 1-10；

k——导热系数，$J/m \cdot K$，见表 1-10；

t——蒸发时间，s；

Nu——努舍尔特数。

表 1-10　地面情况的 k、α 值

地面情况	$k/[J/(m \cdot K)]$	$\alpha/(m^2/s)$
水泥	1.1	1.29×10^{-7}
地面（8%水）	0.9	4.3×10^{-7}
干涸土地	0.3	2.3×10^{-7}
湿地	0.6	3.3×10^{-7}
沙砾地	2.5	1.1×10^{-7}

c. 质量蒸发　当地面向液体传热减少时，热量蒸发逐渐减弱；当地面传热停止时，由于液体分子的迁移作用使液体蒸发。这时液体的蒸发速度 Q_t 为

$$Q_t = \alpha S_h \frac{A}{L} \rho_t \tag{1-7}$$

式中　α——分子扩散系数，m^2/s；

S_h——舍伍德数；

A——液池面积，m^2；

L——液池长，m；

ρ_t——液体密度，kg/m^3。

（2）射流扩散

气体泄漏时从裂口射出形成气体射流。一般情况下，泄漏气体的压力将高于周围环境大气压力，温度低于环境温度。在进行射流计算时，应该以等价射流孔口直径来计算，等价射流的孔口直径按式（1-8）计算：

$$D = D_0 \sqrt{\frac{\rho_0}{\rho}} \tag{1-8}$$

式中　D_0——裂口直径，m；

ρ_0——泄漏气体的密度，kg/m^3；

ρ——周围环境条件下气体密度，kg/m^3。

如果气体泄漏瞬间便达到周围环境的温度、压力状况，即 $\rho_0 = \rho$，则等价射流孔口直径等于裂口直径，$D = D_0$。在射流轴线上距孔口 x 处的气体浓度 $C(x)$ 为

$$C(x) = \frac{\frac{b_1 + b_2}{b_1}}{0.32 \frac{x}{D} \cdot \frac{\rho}{\sqrt{\rho_0}} + 1 - \rho} \tag{1-9}$$

式中　b_1，b_2——分布函数，$b_1 = 50.5 + 48.2\rho - 9.95\rho^2$，$b_2 = 23.0 + 41.0\rho$。

如果把上式写成 x 是 $C(x)$ 的函数形式，则给定某浓度值 $C(x)$，可以计算出具有该浓度的点到孔口的距离 x。在过射流轴上点 x 且垂直于射流轴线的平面内任一点处的气体浓度 $C(x, y)$ 为

$$C(x, y) = C(x) e^{-b_2 \left(\frac{y}{x}\right)^2} \tag{1-10}$$

式中　$C(x)$——射流轴线上距孔口 x 处的气体浓度；

　　　　y——对象点到射流轴线的距离，m。

随着距孔口距离的增加，射流轴线上的一点的气体运动速度减少，直到等于周围的风速时为止，此后的气体运动就不再符合射流规律了。在后果分析时需要计算出射流轴线上速度等于周围风速的临界点以及该点处的气体浓度（临界浓度）。射流轴线上距孔口 x 处一点的速度 $U(x)$ 为

$$\frac{U(x)}{U_0} = \frac{\rho_0}{\rho} \cdot \frac{b_1}{4} \left(0.32 \frac{x}{D} \cdot \frac{\rho}{\rho_0} + 1 - \rho\right) \left(\frac{D}{x}\right)^2 \tag{1-11}$$

式中　ρ_0——泄漏气体的密度，kg/m^3；

　　　　ρ——周围环境条件下气体密度，kg/m^3；

　　　　D——等价射流孔口直径，m；

　　　　U_0——射流初速度，等于气体泄漏时流经裂口时的速度，可按式(1-12)计算。

$$U_0 = \frac{Q_0}{C_d \rho \pi \left(\frac{D_0}{2}\right)^2} \tag{1-12}$$

式中　Q_0——气体泄漏速度，kg/s；

　　　　C_d——气体泄漏系数；

　　　　D_0——裂口直径，m。

当临界点处的临界浓度小于允许浓度时，只需要按射流扩散分析泄漏扩散；当临界点处的临界浓度大于允许浓度时，还需要进一步研究泄漏气体此后在大气中扩散的情况。

（3）绝热扩散

闪蒸液体或加压气体瞬时释放的场合，假定泄漏物与周围环境之间没有热交换，属于绝热扩散过程。泄漏的气体（或液体闪蒸形成的蒸气）呈半球形向外扩散。根据浓度分析情况，把半球分成两层：内层浓度均匀分布，具有 50% 的泄漏量；外层浓度呈高斯分布，具有另外 50% 的泄漏量。

绝热过程分为两个阶段，首先气团向外扩散，压力达到大气压力；然后与周围空气掺混，范围扩大，当内层扩散速度低到一定程度时，认为扩散过程结束。

① 气团扩散能

在气团扩散的第一阶段，泄漏的气体（或蒸气）的内能的一部分用来增加动能对周围大气做功。假设该阶段为可逆绝热过程，并且等熵。

a. 气体泄漏　根据内能变化得出扩散能计算公式如下：

$$E = c_V(T_1 - T_2) - p_0(V_2 - V_1) \tag{1-13}$$

式中　c_V——等容比热，$J/(kg \cdot K)$；

p_0——环境压力，Pa；

T_1——气团初始温度，K；

T_2——气团压力降到大气压力时的温度，K；

V_1——气团初始体积，m^3；

V_2——气团压力降到大气压力时的体积，m^3。

b. 闪蒸液体泄漏　蒸发的蒸气团扩散能按下式计算：

$$E = H_1 - H_2 - (p - p_0)V_1 - T_b(S_1 - S_2) \tag{1-14}$$

式中　H_1——泄漏液体初始焓，J；

H_2——泄漏液体最终焓，J；

p——初始压力，Pa；

p_0——环境压力，Pa；

V_1——初始体积，m^3；

T_b——液体的沸点，K；

S_1——液体蒸发前的熵，J/(kg·K)；

S_2——液体蒸发后的熵，J/(kg·K)。

② 气团半径与浓度

在扩散能的推动下气团向外扩散，并与周围空气发生紊流掺混。随时间的推移气团内层半径 R_1 和浓度 C 变化有如下规律：

$$R_1 = 1.36\sqrt{4K_d t} \tag{1-15}$$

$$C = \frac{0.0478V_0}{\sqrt{(4K_d t)^3}} \tag{1-16}$$

式中　t——扩散时间，s；

V_0——在标准温度、压力下气体体积，m^3；

K_d——紊流扩散系数，其计算公式见式(1-17)。

$$K_d = 0.0137\sqrt[3]{V_0}\sqrt{E}\left(\frac{\sqrt[3]{V_0}}{t\sqrt{E}}\right)^{\frac{1}{3}} \tag{1-17}$$

设扩散结束时扩散速度 $\dfrac{dR}{dt}$ 为 1m/s，则在扩散结束时内层半径 R_1 和浓度可按下式计算：

$$R_1 = 0.08837E^{0.3}V_0^{\frac{1}{3}} \tag{1-18}$$

$$C = 172.95E^{-0.9} \tag{1-19}$$

外层半径与浓度，根据实验观察，气团外层半径 R_2 可以按下式计算：

$$R_2 = 1.456R_1 \tag{1-20}$$

气团浓度自内层向外呈高斯分布。

2. 气团在大气中的扩散

液体、气体泄漏后在泄漏源附近扩散，在泄源上方形成气团，气团将在大气中进一步扩散，影响区域广大。因此，气团在大气中的扩散成为重大事故后果分析的重要内容。

气团在大气中的扩散情况与气团自身性质有关。当气团密度小于空气密度时，气团将向上扩散而不会影响下面的居民；当气团密度大于空气密度时，气团将沿着地面扩散，危害很大。在后果分析中，仅考虑其密度接近于或大于空气密度的气团的扩散。除了气团本身性质外，气团的扩散还受大气稳定度(描述大气对情况的参数，主要取决于太阳辐射等)、风速、风向、地表粗糙度(反映地表地形、建筑物影响风流局部紊流情况的参数)等因素影响，呈现十分复杂的函数关系。

（1）高斯（Gauss）烟羽模型

该模型适用于计算浓度分布呈高斯分布的中等浓度(接近于空气密度)气羽状气团中任一点的浓度。按风速 u 的大小，垂直风向扩散系数 σ_z 与大气混合层高度 H_0 之间关系，具体示意图如图1-5所示。可以选择下述三个公式之一进行计算。

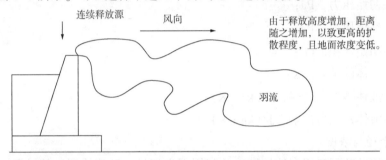

连续释放源　　风向　　　由于释放高度增加，距离随之增加，以致更高的扩散程度，且地面浓度变低。

羽流

图1-5　泄漏释放高度与扩散关系示意图

① 当风速 $u>1\text{m/s}$，且 $\delta_z \leqslant 1.6H_0$ 时，以泄漏源为原点，风向方向为 x 轴的空间坐标系中一点 (x, y, z) 处的浓度为

$$C(x, y, z)=\frac{Q_0}{2\pi u\sigma_y\sigma_x}\exp\left(-\frac{y^2}{2\sigma_y^2}\right)\cdot\left\{\exp\left[-\frac{(z-H)^2}{2\sigma_z^2}\right]+\exp\left[-\frac{(z+H)^2}{2\sigma_z^2}\right]\right\} \qquad (1-21)$$

式中　$C(x, y, z)$——空间点 (x, y, z) 处的浓度，kg/m^3；

　　　　Q_0——泄漏源强，kg/s；

　　　　u——风速，m/s；

　　　　σ_x——下风向扩散系数，m；

　　　　σ_y——侧风向扩散系数，m；

　　　　σ_z——垂直风向扩散系数，m；

　　　　H——有效源高，m，它等于泄漏源高度与抬升高度之和，$H=H_S+\Delta H$，其中，H_S 不泄漏源高度，m；ΔH 为抬升高度，由抬升模型求得。

② 当风速 $u<0.5\text{m/s}$，假定蒸气围绕泄漏源在全方位呈均匀分布，此时距泄漏源 r 处的浓度 $C(r)$ 为

$$C(r)=\frac{2Q}{(2\pi)^{\frac{3}{2}}}\cdot\frac{b}{b^2r^2+a^2H^2}\cdot\exp\left[-\frac{b^2r^2+a^2H^2}{2a^2b^2(m\Delta)^2}\right] \qquad (1-22)$$

式中　$C(r)$——距泄漏源 r 处的浓度，kg/m^3；

　　　　a，b——扩散系数，m；

　　　　$m\Delta$——静风持续时间，$\Delta=3600\text{s}$，m 取 1，2，3，…。

③ 当风速 $0.5\text{m/s}<u<1\text{m/s}$ 时，把连续泄漏看作 Δt 时间内气团泄漏量为 $Q\Delta t$ 的瞬时泄

漏的迭加。于是，以泄漏源为坐标原点，下风向为 x 轴的三维空间一点 (x, y, z) 处的浓度为

$$C(x, y, z) = \int_0^\infty C' \mathrm{d}t$$

$$C' = \frac{2Q}{(2\pi)^{\frac{3}{2}}\sigma_x\sigma_y\sigma_z} \cdot \exp\left[-\frac{(x-ut)^2}{2\sigma_x^2}\right] \cdot \exp\left(-\frac{y^2}{2\sigma_y^2}\right) \cdot \left\{\exp\left[-\frac{(z-H)^2}{2\sigma_z^2}\right]+\exp\left[-\frac{(z+H)^2}{2\sigma_z^2}\right]\right\}$$

(1-23)

（2）高斯气团模型

瞬时泄漏形成的气团或重力作用消失后气团的扩散，应用高斯气团模型计算以泄漏源为坐标原点，下风向为 x 轴的三为空间一点 (x, y, z) 处的浓度：

$$C(x, y, z, t) = \frac{2Q}{(2\pi)^{\frac{3}{2}}\sigma_x\sigma_y\sigma_z} \cdot \exp\left[-\frac{(x-ut)^2}{2\sigma_x^2}\right] \cdot \exp\left(-\frac{y^2}{2\sigma_y^2}\right) \cdot$$
$$\left\{\exp\left[-\frac{(z-H)^2}{2\sigma_z^2}\right]+\exp\left[-\frac{(z+H)^2}{2\sigma_t^2}\right]\right\}$$

(1-24)

高斯烟羽模型及气团模型未考虑重力影响，所以只适用于轻气体或与空气密度相差不多的气体的扩散，具体如图 1-6 所示。虽然高斯模型存在许多缺点，但目前美国环境保护协会（EPA）所采用的许多标准的制定仍以高斯模型为基础，并被广泛应用。

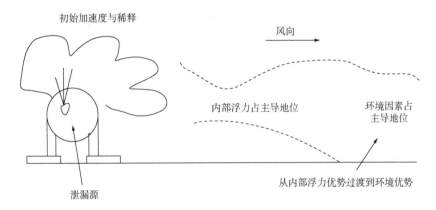

图 1-6 初始加速与重力对烟羽的影响示意图

（3）Sutton 模型

该模式是用湍流扩散统计理论来处理湍流扩散问题的。其浓度分布的计算公式为

$$c(x, y, z) = \frac{Q \cdot \mathrm{e}^{\left[-\frac{y^2}{(C_y)^2 x^{(2-n)}}\right]}}{\pi C_y C_z u}\left[\mathrm{e}^{-\frac{(z-h)^2}{(C_x)^2 x^{(2-n)}}}+\mathrm{e}^{-\frac{(z+h)^2}{(C_x)^2 x^{(2-n)}}}\right]$$

(1-25)

式中　　　c——气体浓度（以百分数表示的体积分数）；

Q——气体泄漏速率，m^3/s；

u——风速，$\mathrm{m/s}$；

h——气体泄源高度，m；

x——下风向距离，m；

y——横风向距离，m；

z——垂直高度，m；

n，C_y，C_z——与气象条件有关的扩散参数(无量钢，C_y 和 C_z 的单位为 m)。

Sutton 模型在模拟可燃气体泄漏扩散时，会产生一定的误差。

(4) FEM3 模型

FEM3(3-DefiniteElementModel)模型是 3 维有限元计算模型。该模型的原型是 1979 年提出的，最初是为了模拟液化天然气(LNG)的突发性泄漏，用该模型对 LNG 的泄漏进行了系列模拟，获得了较好的结果。近几年随着模型的不断完善，已能够处理毒气及可燃性气体等许多重气体的扩散。对 4 种液化丙烷的扩散进行模拟结果还能反映出重气扩散的趋势。

模型所用有限元解法系由伽辽金(Galerkin)法改进而来，主要可解不定常的连续性方程、动量方程、扩散方程以及理想气体状态方程，它用 K 理论(梯度输运理论)来处理湍流问题。近几年该模型的发展较快，可处理复杂地形条件下的扩散，如建筑物附近的扩散，其缺点是求解特别困难。FME3 模型适于处理连续源泄漏及有限时间内的泄漏。在处理瞬时源的泄漏时，应对原模型作些修改。FEM3 模型的主要计算公式如下：

$$\frac{\partial (pu)}{\partial t} + \rho u \, \nabla u + \nabla (\rho K^m \, \nabla u) + (\rho - \rho_h) g \qquad (1-26)$$

$$\nabla (\rho u) = 0 \qquad (1-27)$$

$$\frac{\partial T}{\partial t} + u \, \nabla t = \frac{1}{\rho c_p} \nabla (\rho c_p K^T \, \nabla T) + \frac{c_{pA} - c_{pN}}{c_p} (K^T \, \nabla T) \nabla T \qquad (1-28)$$

$$\frac{\partial w}{\partial t} + u \, \nabla w = \frac{1}{\rho} (\rho K^w \, \nabla w) \qquad (1-29)$$

$$\rho = \frac{pM}{RT} = \frac{p}{RT \left(\dfrac{w}{M_N + M_A} \right)} \qquad (1-30)$$

式中　　　　u——气体速度，m/s；

R——通用气体常数，kg/(kmol·K)；

p——扩散压力，Pa；

M——混合气体分子质量，kg/kmol；

T——混合气体温度，K；

K^T，K^m，K^w——温度、速度、浓度的扩散系数，m/s；

w——扩散质浓度(以百分数表示的体积分数)；

ρ——气体云密度，kg/m³；

M_N，M_A——扩散气体及空气的分子质量，kg/kmol；

g——重力加速度，m/s²；

c_p，c_{pN}，c_{pA}——混合气、纯扩散气体及空气的比热容，J/kg·K；

ρ_h——静止空气密度，kg/m³；

t——时间，s。

FEM3 模型处理湍流问题时，需用梯度输运理论和混合长理论(简称为 K 理论)，该理论是一种局部平衡理论。Koopman(1986 年)指出，当所研究的问题与环境的湍流混合长相接近时，K 理论是比较适合的，K 理论的另一个特点是比较简单。假设 $K^w = K^T$，竖直方向扩散系数的算式为

$$K_v = \frac{k\left[(u \cdot z)^2 + (w \cdot h)^2\right]^{\frac{1}{2}}}{\Phi} \tag{1-31}$$

式中 k——冯卡曼常数，其值为 0.4；

u——摩擦速度，m/s；

w——体云内部的"对流速度"，m/s；

h——气体云的高度参数，m；

z——高度，m；

Φ——Monin-Obuknhov 函数。

水平方向的扩散系数算式为

$$K_h = \frac{\beta k u \cdot z}{\Phi} \tag{1-32}$$

式中，β 为经验常数，其值为 6.5，其他参数同式(1-31)。

现将上述各模型的特点作一归纳与比较列于表 1-11 中。

表 1-11   各种模型特性比较

项目 名称	适用对象	适用范围	难易程度	计算量	精度
高斯烟羽模型	中性气体	大规模长时间	较易	少	较差
高斯气团模型	中性气体	大规模长时间	较易	少	较差
Sutton 模型	中性气体	大规模长时间	较易	少	较差
FEM3 模型	重气体	不受	较难	大	较差

第三节   燃烧和爆炸

在化工行业的绝大多数企业中普遍存在燃烧和爆炸，这一现象是由化工行业本身固有的特点所决定的。多数化工行业所处理的大量原材料、中间体和产品，自身具有易燃易爆特性；化工生产、储存和输送等工艺过程，许多都是出于高温、高压、催化、化学反应等易燃易爆的非常状态下。了解燃烧和爆炸的概念、特征参数、基本理论等内容，对于预防控制火灾、爆炸具有重要的意义。

一、燃烧

1. 燃烧概述

燃烧是可燃物质与助燃物质(氧或其他助燃物质)发生的一种发光发热的氧化反应。应

注意，氧化反应并不限于同氧的反应。例如，氢在氯中燃烧生成氯化氢。类似地，金属钠在氯气中燃烧，炽热的铁在氯气中燃烧，都是激烈的氧化反应，并伴有光和热的发生。但金属和酸反应生成盐也是氧化反应，但没有同时发光发热，所以不能称作燃烧。只有同时发光发热的氧化反应才被界定为燃烧。

燃烧的物质可以是固体、液体或气体，但是燃烧总是发生在气相，在燃烧发生之前，液体挥发为蒸气，固体分解放出蒸气。

可燃物质、助燃物质和点火源是可燃物质燃烧的三个基本要素，是发生燃烧的必要条件。三个要素中缺少任何一个，燃烧便不会发生。对于正在进行的燃烧，只要充分控制三个要素中的任何一个，燃烧就会终止。这三个要素构成一个三角形就是燃烧三角形，如图1-7所示。

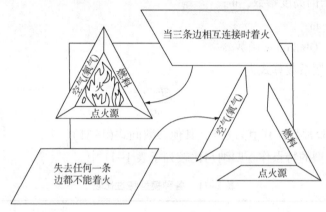

图1-7 燃烧三角形

应该注意，有时虽然已具备了这三个条件，燃烧也不一定发生。这是因为燃烧还必须有充分的条件，只有当可燃物与助燃物要达到一定的比例，且点火能量足够时才能引起燃烧。这意味着：

（1）没有可燃物或可燃物的量不足；

（2）没有助燃物或助燃物的量不足；

（3）没有点火能量或点火能量不足以引发燃烧。

燃烧就不会发生。这6点就是燃烧的必要且充分的条件，它为燃烧的控制指出了明确的方向。

近代燃烧理论用连锁反应来解释物质燃烧的本质，认为燃烧是一种自由基的连锁反应，并由此提出了燃烧四面体学说。燃烧四面体学说指出，燃烧除了具备上述三要素外，还必须使连锁反应不受抑制，自由基反应能够继续下去，这是燃烧的第四个要素，它奠定了某些灭火技术的理论基础。

在石油化工生产中通常存在的各种燃料、氧化剂和引燃源举例如下：

（1）可燃物

液体：汽油、丙酮、醚、戊烷、苯等；

固体：塑料、木柴粉末、纤维、金属颗粒等；

气体：乙炔、丙烷、一氧化碳、氢气等。

（2）氧化剂

气体：氧气、氟气、氯气等；

液体：过氧化氢、硝酸、高氯酸等；

固体：金属过氧化物、亚硝酸铵等。

（3）点火源

电火花、明火、静电、热等。

2. 燃烧的相关概念

（1）闪燃与闪点（FP）

任何液体的表面都有蒸气存在，其浓度取决于液体的温度。可燃液体表面的蒸气与空气形成的混合可燃气体，遇到明火以后，只出现瞬间闪火而不能持续燃烧的现象叫闪燃。引起闪燃时液体的最低温度叫闪点。

闪点是评价可燃液体危险程度的重要参数之一。由定义可知，闪点是对可燃液体而言的，但某些固体由于在室温或略高于室温的条件下即能挥发或升华，以致在周围的空气中的浓度达到闪燃的浓度，所以也有闪点，如硫、萘和樟脑等。

在 GB 30000.7—2013《化学品分类和标签规范——易燃液体》中用闪点定义了易燃液体的分类，分为 4 类。

第 1 类：闪点小于 23℃且初沸点不大于 35℃；

第 2 类：闪点小于 23℃且初沸点大于 35℃；

第 3 类：闪点不小于 23℃且不大于 60℃；

第 4 类：闪点大于 60℃且不大于 93℃。

气溶胶不属于易燃液体。

可燃液体的闪点随其浓度的变化而变化。水溶性的可燃液体，如乙醇，随浓度的降低，其闪点升高。互溶的两元可燃混合液体的闪点，一般介于原来两液体闪点之间，但闪点与组分并不一定呈线性关系；按某比例混合后具有最高或最低沸点的两元混合液体，则可能具有最高或最低闪点，即混合液的闪点可能比两纯组分的闪点都高或都低。对出现最低闪点的互溶液体，在使用时应引起特别的注意。

当易燃液体与不燃液体混合时，由于易燃液体的蒸气压下降，闪点就相应提高。如果要使可燃液体不闪火而加入不燃液体稀释则需要相当高的浓度才能实现。如甲醇中加入四氯化碳可提高甲醇的闪点，但要使甲醇不闪火，四氯化碳的浓度要达到 41%。

（2）着火与燃点

在有空气存在的环境中，可燃物质与明火接触能引起燃烧，并且在火源移去以后仍能保持继续燃烧的现象叫着火。能引起着火的最低温度叫着火点或燃点，如木材的着火点为 295℃。

对可燃液体，当液体的温度升高至超过闪点一定温度时，液体蒸发出的蒸气在点燃以后足以维持持续燃烧，能维持液体持续燃烧的液体的最低温度称为该液体的燃点（着火点）。液体的闪点与着火点相差不大，对易燃液体来说，一般在 1~5℃之间；而可燃液体可能相差几十摄氏度。

（3）自燃与自燃点（AIT）

可燃物质在助燃性气体中（如空气），在无外界明火的直接作用下，由于受热或自行发热能引燃并持续燃烧的现象叫自燃。

在一定的条件下，可燃物质产生自燃的最低温度叫自燃点，也称引燃温度。

一些常见可燃液体的自燃点参见表1-12和表1-13。

表1-12 一些常见可燃液体的闪点与自燃点

物质名称	闪点/℃	自燃点/℃	物质名称	闪点/℃	自燃点/℃	物质名称	闪点/℃	自燃点/℃
丁烷	-60	365	苯	11.1	555	四氢呋喃	-13.0	230
戊烷	<-40.0	285	甲苯	4.4	535	醋酸	38	
己烷	-21.7	233	邻二甲苯	72.0	463	醋酐	49.0	315
庚烷	-4.0	215	间二甲苯	25.0	525	丁二酸酐	88	
辛烷	36		对二甲苯	25.0	525	甲酸甲酯	<-20	450
壬烷	31	205	乙苯	15	430	环氧乙烷		428
癸烷	46.0	205	萘	80	540	环氧丙烷	-37.2	430
乙烯		425	甲醇	11.0	455	乙胺	-18	
丁烯	-80		乙醇	14	422	丙胺	<-20	
乙炔		305	丙醇	15	405	二甲胺	-6.2	
1,3丁二烯		415	丁醇	29	340	二乙胺	-26	
异戊间二烯	-53.8	220	戊醇	32.7	300	二丙胺	7.2	
环戊烷	<-20	380	乙醚	-45.0	170	氢		560
环己烷	-20.0	260	丙酮	-10		硫化氢		260
氯乙烷		510	丁酮	-14		二硫化碳	-30	102
氯丙烷	<-20	520	甲乙酮	-14		六氢吡啶	16	
二氯丙烷	15	555	乙醛	-17		水杨醛	90	
溴乙烷	<-20.0	511	丙醛	15		水杨酸甲酯	101	
氯丁烷	12.0	210	丁醛	-16		水杨酸乙酯	107	
氯乙烯		413	呋喃		390	丙烯腈	-5	

表1-13 一些常见油品的闪点与自燃点

油品名称	闪点/℃	自燃点/℃	油品名称	闪点/℃	自燃点/℃
汽油	<28	510~530	重柴油	>120	300~330
煤油	28~45	380~425	蜡油	>120	300~380
轻柴油	45~120	350~380	渣油	>120	230~240

由于热源的不同，自燃又分为受热自燃和自热自燃两种。

① 受热自燃。可燃物质在外部热源作用下温度升高，达到其自燃点而自行燃烧称之为受热自燃。可燃物质与空气一起被加热时，首先缓慢氧化，氧化反应热使物质温度升高，同时由于散热也有部分热损失。若反应热大于损失热，氧化反应加快，温度继续升高，达到物质的自燃点而自燃。

物质发生受热自燃取决于两个条件：一是要有外部热源；二是有热量积蓄的条件。在化工生产中，由于可燃物料靠近或接触高温设备、烘烤过度、熬炼油料或油浴温度过高、机械转动部件润滑不良而摩擦生热、电气设备过载或使用不当造成温升而加热等，都有可能造成受热自燃的发生。

② 自热燃烧。可燃物质在无外部热源的影响下，其内部发生物理、化学或生化变化而

产生热量，并不断积累使物质温度上升，达到其自燃点而燃烧。这种现象称为自热燃烧。

引起自热自燃的条件：

a. 必须是比较容易产生反应热的物质，例如，那些化学上不稳定的容易分解或自聚合并发生放热反应的物质；能与空气中的氧作用而产生氧化热的物质；以及由发酵而产生发酵热的物质等。

b. 此类物质要具有较大的比表面积或是呈多孔隙状的，如纤维、粉末或重叠堆积的片状物质，并有良好的绝热和保温性能。

c. 热量产生的速度必须大于向环境散发的速度。

满足了这三个条件，自热自燃才会发生。因此预防自热自燃的措施，也就是要设法防止这三个条件的形成。

（4）燃烧极限

蒸气和空气混合物只有在确定好的组成范围内才能被引燃并燃烧。当组成低于燃烧下限(LFL)时，混合物将不能燃烧，混合物对于燃烧来说太稀少了。当组成过高，即当超过燃烧上限(UFL)时，混合物也不能燃烧。混合物仅当组成处于 LFL 和 UFL 之间时才能燃烧。通常使用的单位是燃料的体积分数(燃料加空气的百分比)。

爆炸下限(LEL)和爆炸上限(UEL)与 LEL 和 UFL 可互换使用。

（5）氧指数

氧指数又叫临界氧浓度(COC)或极限氧浓度(LOC)，它是用来对固体材料可燃性进行评价和分类的一个特性指标。模拟材料在大气中的着火条件，如大气温度、湿度、气流速度等，将材料在不同氧浓度的 O_2-N_2 系混合气中点火燃烧，测出能维持该材料有焰燃烧的，以体积百分数表示的最低氧气浓度，此最低氧浓度称为氧指数。

氧指数高的材料不易着火，阻燃性能好；氧指数低的材料容易着火，阻燃性能差。

（6）最小点火能

在处于爆炸范围内的可燃气体混合物中产生电火花，从而引起着火所必须的最小能量称为最小点火能。它是使一定浓度可燃气(蒸气)-空气混合气燃烧或爆炸所需的能量临界值。如引燃源的能量低于这个临界值，一般情况下不能引燃。

3. 燃烧的特征参数

（1）燃烧温度

可燃物质燃烧所产生的热量在火焰燃烧区域释放出来，火焰温度即是燃烧温度。表 1-14 列出了一些常见物质的燃烧温度。

表 1-14　常见可燃物质的燃烧温度

物质	温度/℃	物质	温度/℃	物质	温度/℃	物质	温度/℃
甲烷	1800	原油	1100	木材	1000~1170	液化气	2100
乙烷	1895	汽油	1200	镁	3000	天然气	2020
乙炔	2127	煤油	700~1030	钠	1400	石油气	2120
甲醇	1100	重油	1000	石蜡	1427	火柴火焰	750~850
乙醇	1180	烟煤	1647	一氧化碳	1680	燃着香烟	700~800
乙醚	2861	氢气	2130	硫	1820	橡胶	1600
丙酮	1000	煤气	1600~1850	二硫化碳	2195		

（2）燃烧速率

① 气体燃烧速率

气体燃烧无需像固体、液体那样经过熔化、蒸发等过程，所以气体燃烧速率很快。气体的燃烧速率随物质的成分不同而异。单质气体如氢气的燃烧只需受热、氧化等过程；而化合物气体如天然气、乙炔等的燃烧则需要经过受热、分解、氧化等过程。所以，单质气体的燃烧速率要比化合物气体的快。在气体燃烧中，扩散燃烧速率取决于气体扩散速率，而混合燃烧速率则只取决于本身的化学反应速率。因此，在通常情况下，混合燃烧速率高于扩散燃烧速率。

气体的燃烧性能常以火焰传播速率来表征，火焰传播速率有时也称为燃烧速率。燃烧速率是指燃烧表面的火焰沿垂直于表面的方向向未燃烧部分传播的速率。在多数火灾或爆炸情况下，已燃和未燃气体都在运动，燃烧速率和火焰传播速率并不相同。这时的火焰传播速率等于燃烧速率和整体运动速率的和。

管道中气体的燃烧速率与管径有关。当管径小于某个量值时，火焰在管中不传播(阻火器就是根据这一原理设计的)。若管径大于这个量值，火焰传播速率随管径的增加而增加，但当管径增加到某个量值时，火焰传播速率便不再增加，此时即为最大燃烧速率。表1-15列出了烃类气体在空气中的最大燃烧速率。

② 液体燃烧速率

液体燃烧速率取决于液体的蒸发。其燃烧速率有下面两种表示方法：

a. 质量速率　质量速率指每平方米可燃液体表面，每小时烧掉的液体的质量，单位为 $kg/(m^2 \cdot h)$。

b. 直线速率　直线速率指每小时烧掉可燃液层的高度，单位为 m/h。

表 1-15　烃类气体在空气中的最大燃烧速率

气体	体积分数/%	速率/(m/s)	气体	体积分数/%	速率/(m/s)	气体	体积分数/%	速率/(m/s)
甲烷	10.0	0.338	丙烯	5.0	0.438	苯	2.9	0.446
乙烷	6.3	0.401	1-丁烯	3.9	0.432	甲苯	2.4	0.338
丙烷	4.5	0.390	1-戊烯	3.1	0.426	邻二甲苯	2.1	0.344
正丁烷	3.5	0.379	1-己烯	2.7	0.421	1,2,3-三甲苯	1.9	0.343
正戊烷	2.9	0.385	乙炔	10.1	1.41	正丁苯	1.7	0.359
正己烷	2.5	0.368	丙炔	5.9	0.699	叔丁基苯	1.6	0.366
正庚烷	2.3	0.386	1-丁炔	4.4	0.581	环丙烷	5.0	0.495
2,3-二甲基戊烷	2.2	0.365	1-戊炔	3.5	0.529	环丁烷	3.9	0.566
2,3,4-三甲基戊烷	1.9	0.346	1-己炔	3.0	0.485	环戊烷	3.2	0.373
正癸烷	1.4	0.402	1,2-丁二烯	4.3	0.580	环己烷	2.7	0.387
乙烯	7.4	0.683	1,3-丁二烯	4.3	0.545	环己烯		0.403

液体的燃烧过程是先蒸发而后燃烧。易燃液体在常温下蒸气压就很高，因此有火星、灼热物体等靠近时便能着火。火焰会很快沿液体表面蔓延。另一类液体只有在火焰或灼热物体长久作用下，使其表层受强热大量蒸发才会燃烧。故在常温下生产、使用这类液体没

有火灾或爆炸危险。这类液体着火后，火焰在液体表面上蔓延得也很慢。

为了维持液体燃烧，必须向液体传入大量热，使表层液体被加热并蒸发。火焰向液体传热的方式是辐射。故火焰沿液面蔓延的速率决定于液体的初温、热容、蒸发潜热以及火焰的辐射能力。表1-16列出了几种常见易燃液体的燃烧速率。

表1-16 易燃液体的燃烧速率

液体	燃烧速率		相对密度	液体	燃烧速率		相对密度
	直线速率/（m/h）	质量速率/[kg/(m² · h)]			直线速率/（m/h）	质量速率/[kg/(m² · h)]	
甲醇	0.072	57.6	$d_{16}=0.8$	甲苯	0.1608	138.29	$d_{17}=0.86$
乙醚	0.175	125.84	$d_{15}=0.175$	航空汽油	0.126	91.98	$d_{16}=0.73$
丙酮	0.084	66.36	$d_{18}=0.79$	车用汽油	0.105	80.85	
一氧化碳	0.1047	132.97	$d=1.27$	煤油	0.066	55.11	$d_{10}=0.835$
苯	0.189	165.37	$d_{16}=0.875$				

③ 固体燃烧速率

固体燃烧速率，一般要小于可燃液体和可燃气体。不同固体物质的燃烧速率有很大差异。萘及其衍生物、三硫化磷、松香等可燃固体，其燃烧过程是受热熔化、蒸发气化、分解氧化、起火燃烧，一般速率较慢。而另外一些可燃固体，如硝基化合物、含硝化纤维素的制品等，燃烧是分解式的，燃烧剧烈，速度很快。

可燃固体的燃烧速率还取决于燃烧比表面积，即燃烧表面积与体积的比值越大，燃烧速率越大，反之，则燃烧速率越小。

（3）燃烧热

易燃物质的燃烧热是指单位质量的物质在25℃的氧中燃烧放出的热量，燃烧产物，包括水都假定为气态。可燃物质燃烧、爆炸时所达到的最高温度、最高压力和爆炸力与物质的燃烧热有关。物质的标准燃烧热数据可从物性数据手册中查阅到。

物质的燃烧热数据可用量热仪在常压下测得的。因为生成的水蒸气全部冷凝成水和不冷凝时，燃烧热效应的差值为水的蒸发潜热，所以燃烧热有高热值和低热值之分。高热值是指单位质量的燃料完全燃烧，生成的水蒸气全部冷凝成水时所放出的热量；而低热值是指生成的水蒸气不冷凝时所放出的热量。表1-17是一些可燃气体的燃烧热数据。

表1-17 可燃气体燃烧热

气体	高热值		低热值		气体	高热值		低热值	
	kJ/kg	kJ/m³	kJ/kg	kJ/m³		kJ/kg	kJ/m³	kJ/kg¹	kJ/m³
甲烷	55273	39861	50082	35823	丙烯	48953	87027	45773	81170
乙烷	51664	65605	47279	58158	丁烯	48367	155060	45271	107529
丙烷	50208	93722	46233	83471	乙炔	49848	57873	48112	55856
丁烷	49371	121336	45606	180366	氢	141955	12770	119482	10753
戊烷	49162	149787	45396	133888	一氧化碳	10155	12694		
乙烯	49857	62454	46631	58283	硫化氢	16778	25522	15606	24016

4. 燃烧过程及燃烧类别

（1）燃烧过程

可燃物质可以是固体、液体或气体，绝大多数可燃物质的燃烧是在气体(或蒸气)状态下进行的，燃烧过程随可燃物质聚集状态的不同而异。各种物质的燃烧过程如图1-8所示。

气体最易燃烧，只要提供相应气体的最小点火能，便能着火燃烧。其燃烧形式分为两类：一类是可燃气体和空气或氧气预先混合成混合可燃气体的燃烧称为混合燃烧，混合燃烧由于燃料分子已与氧分子充分混合，所以燃烧时速度很快，温度也高，通常混合气体的爆炸反应就属这种类型；另一类就是将可燃气体，如煤气，直接由管道中放出点燃，在空气中燃烧，这时可燃气体分子与空气中的氧分子通过互相扩散，边混合边燃烧，这种燃烧称为扩散燃烧。

液体燃烧，许多情况下并不是液体本身燃烧，而是在热源作用下由液体蒸发所产生的蒸气与氧发生氧化、分解以至着火燃烧，这种燃烧称为蒸发燃烧。

固体燃烧，如果是简单固体可燃物质，像硫在燃烧时，先受热熔化(并有升华)，继而蒸发生成蒸气而燃烧；而复杂固体物质，如木材，燃烧时先是受热分解，生成气态和液态产物，然后气态和液态产物的蒸气再氧化燃烧，这种燃烧称为分解燃烧。

上述的几种燃烧现象不论可燃物是气体、液体或固体，都要依靠气体扩散来进行，均有火焰出现，属火焰型燃烧。而当木材燃烧到只剩下炭时(如焦炭的燃烧)，燃烧是在固体炭的表面进行，看不出扩散火焰，这种燃烧称为表面燃烧。木材的燃烧是分解燃烧与表面燃烧交替进行的。金属铝、镁的燃烧是表面燃烧。

物质在燃烧时，其温度变化是很复杂的。如图1-9所示。

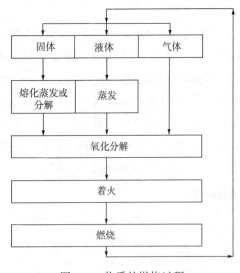

图1-8 物质的燃烧过程

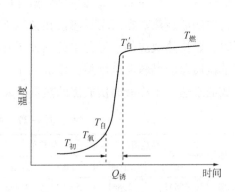

图1-9 燃烧时间与温度的变化曲线

$T_初$为可燃物开始加热时的温度，大部分热量用于熔化、蒸发或分解，故可燃物温度上升缓慢。到$T_氧$时，可燃物开始氧化。由于温度较低，氧化速度不快，氧化所产生的热量还较少，若此时停止加热，仍不致引起燃烧。如继续加热，则氧化反应速度加快，温升亦快，当达到$T_自$，此时氧化产生热量的速度与向环境散发热量的速度相等；若温度再稍升高，就突破这种平衡状态，即使不再加热，温度也能自行上升，到 $T'_{自}$ 就出现火焰并燃烧起来。因此，$T_{自}$ 为理论上的自燃点，$T'_{自}$ 为实验时测得的自燃点，$T_{燃}$ 为物质的燃烧温度。

自 $T_{自}$ 到 $T'_{自}$ 这一段延迟时间称为诱导期 $Q_{诱}$。诱导期(也叫着火延滞期)是指物质温度虽已达到 $T_{自}$，但并不立即着火，而要经过若干时间才会出现火焰的这段时间。诱导期在安全上有一定的实际意义。

（2）火灾类别

在 GB 4968《火灾分类》中，根据可燃物质的性质，火灾一般可划分为四个基本类别。

① A 类火灾。指固体物质火灾，这种物质往往具有有机物性质，一般在燃烧时能产生灼热的余烬。如木材、棉、毛、麻、纸张火灾等。

② B 类火灾。指液体火灾和可熔化的固体物质火灾。如汽油、煤油、柴油、原油、甲醇、乙醇、沥青、石蜡火灾等。

③ C 类火灾。指气体火灾。如煤气、天然气、甲烷、乙烷、丙烷、氢气火灾等。

④ D 类火灾。指金属火灾。如钾、钠、镁、钛、锆、锂、铝镁合金火灾等。

二、爆炸

1. 爆炸概述

（1）爆炸的概念

爆炸是物质发生急剧的物理、化学变化，由一种状态迅速转变为另一种状态，并在瞬间释放出巨大能量的现象。一般说来，爆炸现象具有以下特征：

① 爆炸过程进行得很快；

② 爆炸点附近压力急剧升高，产生冲击波；

③ 发出或大或小的响声；

④ 周围介质发生震动或邻近物质遭受破坏。

爆炸是非常复杂的过程，影响爆炸的参数有：环境压力、爆炸物质的组成、爆炸物质的物理性质、引燃源特性(类型、能量和持续时间)、周围环境的几何尺寸(受限或非受限)、可燃物质的数量、可燃物质的扰动、引燃延滞时间、可燃物质泄漏的速率等。

爆炸一般都会造成极强的破坏和巨大的伤亡。表 1-18 为国外一些重大工业爆炸事故案例。

表 1-18　重大工业爆炸事故

化学物	死亡	重伤	地点与时间
二甲基	245	3800	路德维希港，原联邦德国，1948 年
煤油	32	16	比特堡，原联邦德国，1954 年
异丁烷	7	13	莱克查尔斯，路易斯安娜州，美国，1991 年
废油	2	85	佩尔尼斯，荷兰，1968 年
丙烯		230	东圣路易斯，伊利诺依州，美国，1972 年
丙烷	7	152	迪凯诺斯州，美国，1974 年
环己烷	28	89	费利克斯巴勒，英国，1974 年
丙烷	14	107	贝克，荷兰，1975 年

（2）爆炸的分类

根据爆炸不同的发生原因，可将爆炸分类如下：

① 按爆炸的性质

a. 物理爆炸　物理爆炸是指物质的物理状态发生急剧变化而引起的爆炸。例如蒸汽锅炉、压缩气体、液化气体过压等引起的爆炸，都属于物理爆炸。物质的化学成分和化学性质在物理爆炸后均不发生变化。

b. 化学爆炸　化学爆炸是指物质发生急剧化学反应，产生高温高压而引起的爆炸。物质的化学成分和化学性质在化学爆炸后均发生了质的变化。化学爆炸又可以进一步分为爆炸物分解爆炸、爆炸物与空气的混合爆炸两种类型。

爆炸物分解爆炸是爆炸物在爆炸时分解为较小的分子或其组成元素。爆炸物的组成元素中如果没有氧元素，爆炸时则不会有燃烧反应发生，爆炸所需要的热量是由爆炸物本身分解产生的。属于这一类物质的有叠氮铅、乙炔银、乙炔铜、碘化氮、氯化氮等。爆炸物质中如果含有氧元素，爆炸时则往往伴有燃烧现象发生。各种氮或氯的氧化物、苦味酸即属于这一类型。爆炸性气体、蒸气或粉尘与空气的混合物爆炸，需要一定的条件，如爆炸性物质的含量或氧气含量以及激发能源等。因此其危险性较分解爆炸低，但这类爆炸更普遍，所造成的危害也较大。

② 按爆炸速度分类

a. 轻爆　爆炸传播速度在每秒零点几米至数米之间的爆炸过程。

b. 爆炸　爆炸传播速度在每秒10m至数百米之间的爆炸过程。

c. 爆轰　爆炸传播速度在每秒1km至数千米以上的爆炸过程。

③ 按爆炸反应物质分类

a. 纯组元可燃气体热分解爆炸。纯组元气体由于分解反应产生大量的热而引起的爆炸。

b. 可燃气体混合物爆炸。可燃气体或可燃液体蒸气与助燃气体，如空气按一定比例混合，在引火源的作用下引起的爆炸。

c. 可燃粉尘爆炸。可燃固体的微细粉尘，以一定浓度呈悬浮状态分散在空气等助燃气体中，在引火源作用下引起的爆炸。

d. 可燃液体雾滴爆炸。可燃液体在空气中被喷成雾状剧烈燃烧时引起的爆炸。

e. 可燃蒸气云爆炸。可燃蒸气云产生于设备蒸气泄漏喷出后所形成的滞留状态。密度比空气小的气体浮于上方，反之则沉于地面，滞留于低洼处。气体随风漂移形成连续气流，与空气混合达到其爆炸极限时，在引火源作用下即可引起爆炸。

爆炸在石油化工中一般是以突发或偶发事件的形式出现的，而且往往伴随火灾发生。爆炸所形成的危害性严重，损失也较大。

（3）爆炸事故的常见类型

爆炸事故有以下几种常见类型：

① 形成蒸气云团的可燃混合气体遇火源突然燃烧，是在无限空间中的气体爆炸；

② 受限空间内可燃混合气体的爆炸；

③ 由于化学反应失控或工艺异常造成的压力容器爆炸；

④ 不稳定的固体或液体的爆炸；

⑤ 不涉及化学反应的压力容器爆炸。

上述前 4 种爆炸时都会释放出大量的化学能，爆炸影响范围较大；第 5 种属于物理爆炸，仅释放出机械能，其影响范围相对较小。

2. 爆炸的相关概念

（1）爆炸极限理论

可燃气体或蒸气与空气的混合物，并不是在任何组成下都可以爆炸，而且爆炸的速率也随组成而变。表 1-19 列出一氧化碳与空气混合物在火源作用下不同比例时的燃爆实验情况。

表 1-19　一氧化碳与空气混合物在火源作用下的燃爆实验情况

一氧化碳在混合气体中所占体积/%	燃烧情况	一氧化碳在混合气体中所占体积/%	燃烧情况
<12.5	不燃不爆	>30~<80	燃爆逐渐减弱
12.5	轻度燃爆	80	轻度燃爆
>12.5~<30	燃爆逐渐加强	>80	不燃不爆
30	燃爆最强烈		

实验发现，可燃性混合物有一个发生燃烧和爆炸的含量范围。所以可燃(可燃性气体、蒸气和粉尘)与空气(或氧气)必须在一定的含量范围内均匀混合，形成预混体系，遇火源才会爆炸，这个含量范围称为爆炸极限。可燃气体或蒸气与空气的混合物能使火焰蔓延的最低浓度，称为该气体或蒸气的爆炸下限；反之，能使火焰蔓延的最高浓度则称为爆炸上限。可燃气体或蒸气与空气的混合物，若其浓度在爆炸下限以下或爆炸上限以上，便不会着火或爆炸。

爆炸极限一般用可燃气体或蒸气在混合气体中的体积分数表示，有时也用单位体积可燃气体的质量(kg/m^3)表示。混合气体浓度在爆炸下限以下时含有过量空气，由于空气的冷却作用，活化中心的消失数大于产生数，阻止了火焰的蔓延。若浓度在爆炸上限以上，含有过量的可燃气体，助燃气体不足，火焰也不能蔓延。但此时若补充空气，仍有火灾和爆炸的危险。所以浓度在爆炸上限以上的混合气体不能认为是安全的。

燃烧和爆炸从化学反应的角度看并无本质区别。当混合气体燃烧时，燃烧波面上的化学反应可表示为：$A+B \rightarrow C+D+Q$（A、B 为反应物；C、D 为产物；Q 为燃烧热。A、B、C、D 不一定是稳定分子，也可以是原子或自由基）。化学反应前后的能量变化可用图 1-10 表示。初始状态 Ⅰ 的反应物($A+B$)吸收活化能正达到活化状态 Ⅱ，即可进行反应生成终止状态 Ⅲ 的产物($C+D$)，并释放出能量 W，$W=Q+E$。

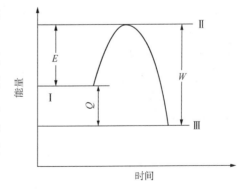

图 1-10　反应过程能量变化

影响爆炸极限的因素有：原始温度、原始压力、惰性介质或杂质、容器的材质与尺寸、点火能源、火焰的传播方向(点火位置)、含氧量。

部分物质的燃烧热及爆炸极限参见表1—20。

表 1-20 部分物质的燃烧热及爆炸极限

物质名称	$Q/(kJ/mol)$	$(L_上 \sim L_下)/\%$	$L_下 \cdot Q$	物质名称	$Q/(kJ/mol)$	$(L_上 \sim L_下)/\%$	$L_下 \cdot Q$
甲烷	799.1	5.0~15.0	3995.7	异丙醇	2447.6	1.7~	4160.9
乙烷	1405.8	3.2~12.4	4522.9	丙烯醇	1715.4	2.4~	4117.1
丙烷	2025.1	2.4~9.5	4799.0	戊醇	3054.3	1.2~	3635.9
丁烷	2652.7	1.9~8.4	4932.9	异戊醇	2974.8	1.2~	3569.0
异丁烷	2635.9	1.8~8.4	4744.7	乙醛	1075.3	4.0~57.0	4267.7
戊烷	3238.4	1.4~7.8	4531.3	巴豆醛	2133.8	2.1~15.5	4522.9
异戊烷	3263.5	1.3~	4309.5	糠醛	2251.0	2.1~	4727.9
己烷	3828.4	1.3~5.9	4786.5	三聚乙醛	3297.0	1.3~	4284.4
庚烷	4451.8	1.0~6.0	4451.8	甲乙醚	1928.8	2.0~10.1	3857.6
辛烷	5050.1	1.0~	4799.0	二乙醚	2502.0	1.8~36.5	4627.5
壬烷	5661.0	0.8~	4598.6	二乙烯醚	2380.7	1.7~27.0	4045.9
癸烷	6250.9	0.7~	4188.2	丙酮	1652.7	2.5~12.8	4213.3
乙烯	1297.0	2.7~28.6	3564.8	丁酮	2259.4	1.8~9.5	4087.8
丙烯	1924.6	2.0~11.1	3849.3	2-戊酮	2853.5	1.5~8.1	4422.5
丁烯	2556.4	1.7~7.4	4347.2	2-己酮	3476.9	1.2~8.0	4242.6
戊烯	3138.0	1.6~	5020.8	氰酸	644.3	5.6~40.0	3606.6
乙炔	1297.0	2.7~28.6	3150.6	醋酸	786.6	4.0~	3184.0
苯	3138.0	1.4~6.8	4426.7	甲酸甲酯	887.0	5.1~22.7	4481.1
甲苯	3732.1	1.3~7.8	4740.5	甲酸乙酯	1502.1	2.7~16.4	4129.6
二甲苯	4343.0	1.0~6.0	4343.0	氢	238.5	4.0~74.2	954.0
环丙烷	1945.6	2.4~10.4	4669.3	一氧化碳	280.3	12.5~74.2	3502.0
环己烷	3661.0	1.3~8.3	4870.2	氨	318.0	15.0~27.0	4769.8
甲基环己烷	4255.1	1.2~	4895.3	吡啶	2728.0	1.8~12.4	4932.9
松节油	5794.8	0.8~	4635.9	硝酸乙酯	1238.5	3.8~	4707.0
醋酸甲酯	1460.2	3.2~15.6	4602.4	亚硝酸乙酯	1280.3	3.0~50.0	1284.5
醋酸乙酯	2066.9	2.2~11.4	4506.2	环氧乙烷	1175.7	3.0~80.0	3527.1
醋酸丙酯	2548.5	2.1~	5430.8	二硫化碳	1029.3	1.2~50.0	1284.5
异醋酸丙酯	2669.4	2.0~	5338.8	硫化氢	510.4	4.3~45.5	2196.6
醋酸丁酯	3213.3	1.7~	5464.3	氧硫化碳	543.9	11.9~28.5	6472.6
醋酸戊酯	4054.3	1.1~	4460.1	氯甲烷	640.2	8.2~18.7	5280.2
甲醇	623.4	6.7~36.5	4188.2	氯乙烷	1234.3	4.0~14.8	4937.1
乙醇	1234.3	3.3~18.9	4050.1	二氯乙烯	937.2	9.7~12.8	9091.8
丙醇	1832.0	2.6~	4673.5	溴甲烷	723.8	13.5~14.5	9773.8
异丙醇	1807.5	2.7~	4790.7	溴乙烷	1334.7	6.7~11.2	9004.0
丁醇	2447.6	1.7~	4163.1				

(2) 爆炸压力波

爆炸模式是十分复杂的,研究人员采取了很多方法试图来解决这一问题,包括理论的、半经验的和实验研究。尽管做了大量的努力,爆炸仍然有许多问题有待于进一步的研究。

现场工程技术人员都非常慎重地使用外推结论，并在所有的设计中给出适当的安全系数。

爆炸源于能量的迅速释放。能量的释放必须非常迅速，在爆炸中心引起能量的局部聚集。然后该能量通过多种途径消散掉，包括：压力波的形成、抛射物、热辐射和声能。爆炸所产生的破坏是由能量的消散引起的。

在发生爆炸时，能量使气体迅速膨胀，压迫周围气体，并促使压力波由爆源迅速向外围移动。这种在空气中传播的压力波称为爆炸波，在压力波后面是强烈的风。如果压力波前具有突然压力变化，就会产生冲击波或激震前沿。冲击波产生自爆炸性非常强烈的物质，如 TNT，而压力容器的突然破裂也能够产生冲击波。超出周围压力的最大压力称为最大超压。

压力波含有能量，对周围环境产生破坏。爆炸的很多破坏都归因于压力波。

冲击波经过时如何测量压力是一个值得研究的问题，很多参考资料报道超压值，但并没有明确说明是如何测量超压的。一般情况下，超压意味着侧向超压，且往往是侧向超压峰值。冲击波的破坏作用可基于压力波作用在建筑物上导致的侧向超压峰值来确定。一般情况下，破坏是压力上升速率与冲击波持续时间的函数。使用侧向超压峰值，可以得到对冲击波破坏程度的较好估算。

基于超压的破坏估算参表 1-21。

表 1-21　基于超压的普通建筑物破坏评估

压力		破　坏
psig	kPa	
0.02	0.14	令人讨厌的噪声(137dB，或低频 10~15Hz)
0.03	0.21	已经处于疲劳状态下的大玻璃窗突然破碎
0.04	0.28	非常吵的噪音(143dB)、音爆、玻璃破裂
0.1	0.69	处于疲劳状态的小玻璃突然破裂
0.15	1.03	玻璃破裂的典型压力
0.3	2.07	"安全距离"(低于该值，不造成严重损坏的概率为 0.95)；抛射物极限；屋顶出现某些破坏；10%的窗户玻璃被打碎
0.4	2.76	受限较小的建筑物破坏
0.5~1.0	3.4~6.9	大窗户和小窗户通常破碎；窗户框架偶尔遭到破坏
0.7	4.8	建筑物受到较小的破坏
1.0	6.9	房屋部分破坏，不能居住
1~2	6.9~13.8	石棉板粉碎，钢板或铝板起皱，紧固失效，扣件失效，木板固定失效、吹落
1.3	9.0	钢结构的建筑物轻微变形
2	13.8	房屋的墙和屋顶局部坍塌
2~3	13.8~20.7	没有加固的水泥或煤渣石块墙粉碎
2.3	15.8	低限度的严重结构破坏
2.5	17.2	房屋的砌砖有 50%被破坏
3	20.7	工厂建筑物内的重型机械(3000lb)遭到少许破坏；钢结构建筑变形，并离开基础
3~4	20.7~27.6	无框架，自身构架钢面板建筑破坏；原油储罐破裂

压力		破坏
psig	kPa	
4	27.6	轻工业建筑物的覆层破裂
5	34.5	木制的柱折断；建筑物被巨大的水压(40000lb)轻微破坏
5~7	34.5~48.2	房屋几乎完全破坏
7	48.2	满装的火车翻倒
7~8	48.2~55.1	未加固的8~12in厚的砖板被剪切，或弯曲而失效
9	62.0	满装的火车火车车厢被完全破坏
10	68.9	建筑物可能全部遭到破坏；重型机械工具(7000lb)被移走并遭到严重破坏，非常重的机械工具(12000lb)幸免
300	2068	有限的爆坑痕迹

（3）爆轰和爆燃

爆炸的破坏效应很大程度上依赖于是爆轰还是爆燃引起的爆炸。区别依赖于反应前沿的传播速度是高于还是低于声音在未反应气体中的速度。

在一些燃烧反应中，反应前沿是通过强烈的压力波传播的，该压力波压缩位于反应前沿未反应的混合物，使其温度超过其自燃温度。该压缩进行得很快，导致反应前沿前部出现压力的突然变化或震动。这称为爆轰，它导致反应前沿的冲击波以声速或超声速的速度传播进入未反应的混合物中。

对于爆燃，来自反应的能量通过热传导和分子扩散转移至未反应的混合物中。这些过程相对较慢，促使反应前沿以低于声速的速度传播。

图 1-11 表示发生在敞开空间的气相燃烧反应的爆轰与爆燃之间的物理差别。

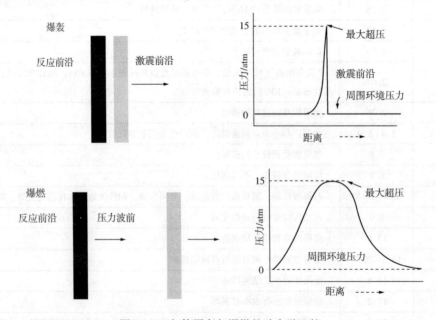

图 1-11 气体爆轰与爆燃的动力学比较

对于爆轰，反应前沿的移动速度超过声速。在距反应前沿前部很短的距离处发现有激震前沿。反应前沿为激震前沿，并继续以声速或超声速传播提供能量。

对于爆燃，反应前沿以低于声速的速度传播。压力波前锋以声音在未反应气体中传播移动，并离开反应前沿。

压力波前锋可定义为，反应前沿产生的一系列单个的压力波前锋。这些压力波前锋以声速离开反应前沿并在主压力波前沿处聚集在一起。主压力波前沿随着额外的能量和压力波前锋不断扩大，由反应前沿产生，而在尺寸上不断增加。

由爆轰和爆燃产生的压力波前沿明显不同。爆轰产生激震前沿，伴随有突然的压力上升、最大压力大于1MPa和总持续时间少于1ms。爆燃产生的压力波前沿宽（持续时间为几毫秒），前锋扁（没有突然的激震前沿），最大压力比爆轰的最大压力低得多（通常为0.1~0.2MPa）。

它们之间反应行为和压力波前沿的区别还依赖于约束前沿的局部几何尺寸。如果前沿是在封闭的容器内、管道内或填充后的过程单元中传播，就会发生不同的行为。

爆燃也能发展成爆轰，这被称为爆燃转爆轰（DDT）。这种转变在管道中尤其常见，但是在容器或敞开空间中可能性较小。在管道系统中，来自爆燃的能量向前流入压力波，导致绝热压力增加。该压力逐步加强，并导致全面的爆轰。

（4）受限爆炸

受限爆炸发生在受限空间，例如容器内或建筑物中。两种最普通的受限爆炸是：蒸气爆炸和粉尘爆炸。可以使用蒸气爆炸仪器和粉尘爆炸仪器测试相关的爆炸特征，如燃烧或爆炸极限、可燃混合物引燃后压力上升速率和引燃后的最大压力等。

3. 爆炸的伤害

（1）抛射物伤害

发生在受限容器或结构内的爆炸能使容器或建筑物破裂，导致碎片抛射，并覆盖很宽的范围。碎片或抛射物能引起较严重的人员受伤、建筑物和过程设备受损。非受限爆炸由于冲击波作用和随后的建筑物移动也能产生抛射物。

抛射物通常意味着事故在整个工厂内传播。工厂内某一区域的局部爆炸将碎片抛射到整个工厂。这些碎片打击储罐、过程设备和管线，导致二次火灾或爆炸。

Clancey建立了爆炸质量和碎片最大水平打击范围的经验关系，如图1-12所示。事故调查期间，该关系在计算碎片被抛射到所观察的位置处所需的能量等级时很有效。

（2）冲击波对人的伤害

人将遭受爆炸的直接爆炸效应（包括超压和热辐射），或间接爆炸效应（大部分为抛射物伤害）的伤害。爆炸伤害效应可使用概率分析法进行估算。

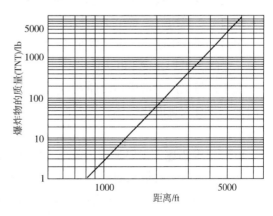

图1-12　爆炸碎片的最大水平射程

【例】反应器内装有10000lbTNT当量的物质。如果爆炸，估算500ft处人员遭受的伤害和建筑物遭受的破坏。

解：比拟距离为

$$z_e = \frac{r}{m_{TNT}^{1/3}} = \frac{152ft}{(10000lb)^{1/3}} = 23.2ft/lb^{1/3} = 9.2m/kg^{1/3}$$

查图，比拟超压为0.21，超压为0.21×14.7psia＝3.1psia。表1-22说明，在该位置处钢表面的建筑物将被破坏。

肺部出血造成的死亡概率方程为 $Y = -77.1 + 6.91\ln p$

耳膜破裂的概率方程为 $Y = -15.6 + 1.931\ln p$

式中，p 为超压，N/m^2，

$$p = \left(\frac{3.1psi}{14.7psi/atm}\right)\left(101325\frac{N/m^2}{atm}\right) = 21400N/m^2$$

将 p 值代入概率方程，得到

$$Y_{deaths} = -77.1 + 6.91\ln p = -77.1 + 6.91\ln(21400) = -8.2$$

$$Y_{eardrums} = -15.6 + 1.931\ln p - 15.6 + 1.931\ln(21400) = 3.64$$

结果表明，不会造成死亡、导致耳膜破裂的人员占暴露人员的比例低于10%。这假设爆炸能全部转化。

根据图1-12，爆炸能够将爆炸碎片抛射的最大距离是6000ft，爆炸碎片抛射的结果是导致可能的伤害和破坏。

4. 蒸气云爆炸与沸腾液体扩展蒸气爆炸

（1）蒸气云爆炸

化学工业中，许多危险和破坏性的爆炸是蒸气云爆炸（VCE）。这些爆炸的发生过程是：

① 大量的可燃蒸气突然泄漏出来（当装有过热液体和受压液体的容器破裂时就会发生）；

② 蒸气扩散遍及整个工厂，同时与空气混合；

③ 产生的蒸气云被点燃。

例如，发生在英格兰Flixborough的事故就是典型的VCE案例。反应器上20in的环己胺管线突然失效，导致约30t的环己胺蒸发。蒸气云扩散遍及整个工厂，并在泄漏发生后45s被未知的引燃源引燃。整个工厂被夷为平地，导致28人死亡。

1974~1986年期间，总共发生29次蒸气云爆炸，每次事故的财产损失都介于500万~1亿美元之间，平均死亡140人。

由于过程工厂中可燃物质储存量的增加和操作条件更加苛刻，导致VCE的发生次数有所增加。装有大量液化气体、挥发性过热液体或高压气体的任何过程都被认为是VCE发生的潜在源。

VCE很难描述，主要是因为需要大量的参数来描述事件。事故发生在未受控的环境中。从真实事故中收集来的数据大多数都是不可靠的，且很难进行比较。

影响VCE行为的一些参数是：泄漏物质的量、物质蒸发百分比、气云引燃的可能性、引燃前气云运移的距离、气云引燃前的延迟时间、爆炸而不是火灾的发生可能性、物质临界量、爆炸效率和引燃源相对于泄漏点的位置等。

定量研究表明：

① 随着蒸气云尺寸的增加，被引燃的可能性也增加；

② 蒸气云发生火灾比发生爆炸的频率高；

③ 爆炸效率通常很小(约2%燃烧能转变成冲击波)；

④ 蒸气与空气的湍流混合，以及气云在远离泄漏处被引燃都增强了爆炸的作用。

从安全的角度来说，最好的方法就是阻止物质的泄漏。不论安装了何种安全系统来防止引燃的发生，巨大的可燃物质气云是很危险的，并且是几乎不可能控制的。

预防VCE的方法包括：保持较少的易挥发且可燃液体的储存量；如果容器或管线破裂，使用使闪蒸最小化的过程条件、使用分析仪器来检测低浓度的泄漏；安装自动隔断阀，以便在泄漏发生并处于发展的初始阶段时关闭系统。

（2）沸腾液体扩展蒸气爆炸

沸腾液体扩展蒸气爆炸(Boiling-Liquid Expanding-Vapor Explosion，BLEVE)是能导致大量物质泄漏的特殊类型事故。如果物质是可燃的，就可能发生VCE；如果有毒，大面积区域将遭受毒性物质的影响。对于任何一种情况，BLEVE过程所释放的能量都能导致巨大的破坏。

当储存有温度高于大气压下的沸点的液体储罐破裂时，就会发生BLEVE，这将导致储罐内的大部分物质发生爆炸性蒸发。

BLEVE是由于某种原因导致的容器突然失效而发生的。通常的BLEVE是由火灾引起的，其过程如下：

① 火灾发展到临近的装有液体的储罐；

② 火灾加热储罐壁；

③ 液面以下的储罐壁被液体冷却，液体温度和储罐内的压力增加；

④ 如果火焰抵达仅有蒸气而没有液体的壁面或储罐顶部，热量将不能被转移走，储罐金属的温度上升，直到储罐失去其结构强度为止；

⑤ 储罐破裂，内部液体爆炸性蒸发。

如果液体是可燃的，并且火灾是导致BLEVE的原因，那么当储罐破裂时，液体可能被引燃。沸腾和燃烧的液体的行为如同火箭的燃料一样，将容器的碎片推到很远的地方。如果BLEVE不是由火灾引起的，就可能形成蒸气云，导致VCE。蒸气也能够通过皮肤灼伤或毒性效应对人员造成危害。

如果BLEVE发生在容器内，那么仅有一部分液体蒸发，蒸发量依赖于容器内液体的物理和热力学条件。

第四节　化学物质职业病危害

职业病危害指对从事职业活动的劳动者可能导致职业病的各种危害。主要包括化学、物理、生物等因素。在化工生产安全中毒物对人体组织的影响最重要，需要的剂量越小，对人体的危害越大，其毒性越强。利用科学的职业卫生理论辨识职业病危害是解决潜在健康问题的前提。对职业病进行评价，根据评价采取有效的防控措施，对人体的健康具有重要的意义。

一、职业病危害概述

在化工生产过程中存在着多种危害劳动者身体健康的因素，这些危害因素在一定条件下就会对人体健康造成不良影响，产生职业病，严重时甚至危及生命安全。做好职业卫生安全必须具备：毒物侵入人体组织的途径、从人体组织内去除毒物的途径、毒物对人体组织的影响、阻止或减少毒物侵入人体组织的方法等专门知识，前三个方面与毒物学有关，最后一方面实质上是工业卫生。

1. 职业病危害因素

职业病危害因素包括：职业活动中存在的各种有害的化学、物理、生物等因素，以及在作业过程中产生的其他职业有害因素。

2015年国家卫生计生委、人力资源社会保障部、安全监管总局及国总工会联合发布了《职业病危害因素分类目录》，包含了52项粉尘因素、375项化学因素、15项物理因素、8项放射性因素、6项生物因素以及3项其他因素。

具体分为以下几类：

（1）化学因素

在生产中接触到的原料、中间产品、成品和生产过程中的废气、废水、废渣等可对健康产生危害的活性因素。凡少量摄入对人体有害的物质，称为毒物。毒物以粉尘、烟尘、雾、蒸汽或气体的形态散布于空气中。

有毒物质：如铅、汞、苯、氯、一氧化碳、有机磷农药等；

生产性粉尘：如矽尘、石棉尘、煤尘、水泥尘、有机粉尘等。

（2）物理因素

主要指的是生产环境等要素。

异常气象条件：如高温、低温、高湿等；

异常气压：如高气压、低气压等；

噪声、振动、超声波、次声等；

非电离辐射：如可见光、紫外线、红外线、射频辐射、微波、激光等；

电离辐射：如X射线、γ射线等。

（3）生物因素

生产原料和作业环境中存在的致病微生物或寄生虫，如炭疽杆菌、真菌孢子、布氏杆菌、森林脑炎病毒及蔗渣上的霉菌等；医务工作者接触的传染性病源，如SARS病毒。

2. 毒物侵入人体组织的途径

毒物可以通过下述途径侵入人体：

① 食入，通过嘴进入胃部；

② 吸入，通过嘴或鼻子进入肺部；

③ 注射，通过伤口进入皮肤；

④ 皮肤吸收，通过皮肤隔膜。

毒物通过上述途径侵入人体进入血流，最后被消除，或被输送到目标器官。损害在目标器官处表现出来。对于腐蚀性化学物质，即使不被吸收或通过血液输送，也能对人体造成损害。表1-22列举出毒物侵入途径的相关控制技术方法。

表 1-22　毒物侵入途径和控制方法

侵入途径	侵入器官	控 制 方 法
食入	嘴或胃	执行吃饭、喝水和吸烟的规章制度
吸入	嘴或鼻子	通风、呼吸器、通风橱及其他个人防护设备
注射	皮肤伤口	正确穿着防护服
皮肤吸收	皮肤	正确穿着防护服

图1-13所示为期望的血液毒物浓度水平随时间和侵入途径的变化曲线。血液毒物浓度水平是大量参数的函数，因此会造成很大的变化。注射通常会导致最高的血液毒物浓度水平，其次是吸入、食入和吸收。注射发生最大浓度通常最早，其次是吸入、食入和吸收。

3. 毒物从人体中去除的基本途径

毒物通过以下途径被除去或失去活性：

① 排泄，通过肾脏、肝脏、肺或其他器官；

② 解毒，通过生物转化将化学物质转变为危害小的物质；

③ 储存，储存在脂肪组织中。

肾脏是人体内最主要的解毒器官，肾将毒物从血流中吸收出来，并排泄到尿液中。

进入消化道的毒物常常被肝脏所排泄。一般情况下，相对分子质量大于300的化学组分由肝脏排泄到胆囊。相对分子量低的化

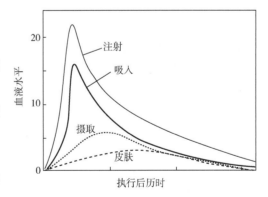

图 1-13　毒物在血液中的浓度是
暴露途径的函数

注：吸收速率和程度、分布程度、生物转移和
排泄，都会导致毒物在血液中的浓度变化

学组分进入血流，并由肾脏排出。消化道趋向于有选择地解除某些药剂的毒性，而那些通过呼吸、注射和皮肤吸收而侵入的物质通常未经任何改变就到达血液中。

肺也是去除有毒物质的一个器官，特别是那些易挥发性物质。例如氯仿和酒精，其中一部分就是由这种途径排泄的。

其他排泄途径还有皮肤（通过出汗的方式）、头发和指甲。这些途径与肾、肝脏和肺的排泄过程相比都是次要的。

肝脏在解毒过程中占有支配地位。解毒通过生物转化进行，在生物转化中化学药剂通过反应转化成无毒或低毒的物质。生物转化反应也可以发生在血液、肠道壁、皮肤、肾及其他器官中。

解毒的最终过程是储存，该过程包括将大多数化学药剂沉淀在器官的脂肪区，但也可能沉淀在骨头、血液、肝脏和肾中。

4. 毒物对人体的影响

表1-23列出了一些毒物对人体的影响。

表1-23　毒物对人体的影响

不可恢复的影响	可能或不可能恢复的影响
致癌物质引发癌症 诱导有机体突变的物质引发染色体损害 生殖危害引发生殖系统损害 致畸剂引发出生缺陷	对皮肤有害的物质影响皮肤 血毒素影响血液 肝毒素影响肝脏 对肾脏有害的物质影响肾脏 毒害神经的物质影响神经系统 对呼吸系统有害的物质影响肺

从危害控制角度来说，问题是要确定暴露是否发生在大量征兆出现之前。这可以通过各种医学测试来完成，测试结果必须同在任何暴露发生之前就已完成的医学基础测试进行比较。

5. 剂量与人体反应的关系

不同的个体对相同剂量的毒物有不同的反应。这些差异是由年龄、性别、体重、饮食、健康及其他因素造成的。例如，刺激性蒸气对人眼睛的影响，相同剂量的蒸气，有些人几乎觉察不到刺激性（弱的或低度的反应），而另外一些人将受到严重的刺激（高度反应）。

图1-14反映了剂量与人体反应的关系，图中所显示的曲线称作正态分布或高斯分布。

6. 反应-剂量曲线的数学模型

对于各种类型的暴露都可以绘制反应-剂量曲线，包括热暴露、压力暴露、辐射暴露、冲击暴露和噪声暴露等。反应-剂量曲线在计算时并不方便，于是提出了解析方程。

有很多方法可以来描述反应-剂量曲线。对于单一的暴露，概率法最为适合，它提供了相当于反应-剂量曲线的线性方程。概率变量 Y 通过式(1-33)与概率 P 关联。

$$P = \frac{1}{(2\pi)^{1/2}} \int_{-\infty}^{Y-5} \exp\left(-\frac{u^2}{2}\right) \mathrm{d}u \qquad (1-33)$$

式(1-33)在概率 P 和概率变量 Y 之间建立了一种关系，这种关系如图1-15所示，并列于表1-24。

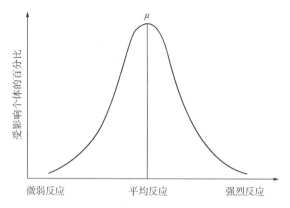

图 1-14 高斯分布或正态分布反映了人
暴露于毒物中的生物反应

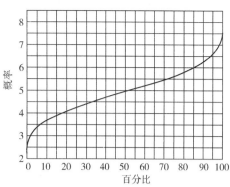

图 1-15 百分比和概率之间的关系

表 1-24 百分比与概率的转换表

%	0	1	2	3	4	5	6	7	8	9
0	—	2.67	2.95	3.12	3.25	3.36	3.45	3.52	3.59	3.66
10	3.72	3.77	3.82	3.87	3.92	3.96	4.01	4.05	4.08	4.12
20	4.16	4.19	4.23	4.26	4.29	4.33	4.36	4.39	4.42	4.45
30	4.48	4.50	4.53	4.56	4.59	4.61	4.64	4.67	4.69	4.72
40	4.75	4.77	4.80	4.82	4.85	4.87	4.90	4.92	4.95	4.97
50	5.00	5.03	5.05	5.08	5.10	5.13	5.15	5.18	5.20	5.23
60	5.25	5.28	5.31	5.33	5.36	5.39	5.41	5.44	5.47	5.50
70	5.52	5.55	5.58	5.61	5.64	5.67	5.71	5.74	5.77	5.81
80	5.84	5.88	5.92	5.95	5.99	6.04	6.08	6.13	6.18	6.23
90	6.28	6.34	6.41	6.48	6.55	6.64	6.75	6.88	7.05	7.33
99	7.33	7.37	7.41	7.46	7.51	7.58	7.65	7.75	7.88	8.09

式(1-33)的概率关系在使用线性概率刻度作图时，将 S 形的标准反应-剂量对数曲线转变为直线，如图 1-16 所示。

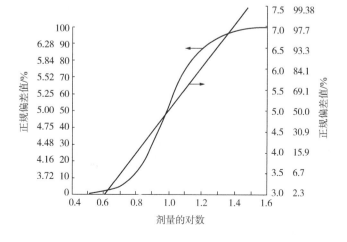

图 1-16 概率关系

表 1-25 列出了适用于不同类型暴露的概率方程。致害因素代表剂量 V。概率变量 Y 由式(1-34)计算:

$$Y = \kappa_1 + \kappa_2 \ln V \qquad (1-34)$$

将概率转换为百分比可用式(1-35)表示:

$$P = 50\left[1 + \frac{Y-5}{|Y-5|}\exp\left(\frac{Y-5}{\sqrt{2}}\right)\right] \qquad (1-35)$$

式中,exp 为误差函数。

表 1-25 不同类型暴露的概率关系

受伤或破坏类型	因变量	概率参数	
		k_1	k_2
火灾[1]			
轰燃烧伤死亡		-14.9	2.56
液池燃烧烧伤死亡		-14.9	2.56
爆炸[2]			
肺出血死亡		-77.1	6.91
耳膜破裂		-15.6	1.93
冲击死亡	J	-46.1	4.82
冲击致伤	J	-39.1	4.45
飞行碎片致伤	J	-27.1	4.26
建筑结构破坏		-23.8	2.92
玻璃破碎		-18.1	2.79
毒物释放[3]			
氨致死		-35.9	1.85
一氧化碳致死		-37.98	3.7
氯气致死		-8.29	0.92
亚乙基氧致死		-6.19	1.0
氯化氢致死		-16.85	2.0
二氧化碳致死		-13.79	1.4
光气致死		-19.27	3.69
环氧丙烷致死		-7.42	0.51
二氧化硫致死		-15.67	1.0
甲苯致死		-6.79	0.41

[1] Frank P. Lee, Loss Prevention in the Process Industrier(London: Butterworths, 1986), 208.

[2] CCPS. Guidelines for Consequence Analysis of Chemical Releases(New York: American Institute of Chemical Engineers, 1999), 254.

[3] Richard W. Prugh, "Quantitative Evaluation of Inhalation Toxicity Hazards," in Proceeding of the 29th Loss Prevention Symposium(American Institute of Chemical Engineers. July31, 1995).

二、毒性指标及分级

毒性是指某种毒物引起机体损伤的能力。毒性大小一般以毒物引起实验动物某种毒性反应所需的剂量表示。所需剂量越小，其毒性越大。

1. 常用的毒性指标

(1) 绝对致死量或浓度（LD_{100} 或 LC_{100}）：染毒动物全部死亡的最小剂量或浓度；

(2) 半数致死量或浓度（LD_{50} 或 LC_{50}）：染毒动物半数死亡的剂量或浓度，是将动物染毒实验的数据统计处理得到；

(3) 最小致死量或浓度（MLD 或 MLC）：染毒动物中个别动物死亡的剂量或浓度；

(4) 最大耐受量或浓度（LD_0 或 LC_0）：染毒动物全部存活的最大剂量或浓度；

(5) 阈剂量（浓度）：引起机体发生某种有害作用的最小剂量（浓度）。不同的反应指标有不同的阈剂量或浓度，如麻醉阈剂量，嗅觉阈浓度等。最小致死量也是阈剂量的一种。

上述各种剂量常用毒物毫克数与动物的每千克体重之比（mg/kg）表示。而浓度常用质量浓度 ρ，$1m^3$ 空气中的毒物毫克数（mg/m³）或体积分数 φ 表示。

对于气态或蒸气状态的毒物，ρ 与 φ 可以通过气体的摩尔体积和物质的相对分子质量进行换算。

对于两种或多种工业毒物共同存在的情况，可以根据式（1-36）的经验公式估算混合物可能的 LD_{50} 值。

$$\frac{1}{LD_{50}(混合物)} = \frac{a}{LD_{50}(A)} + \frac{b}{LD_{50}(B)} + \cdots + \frac{n}{LD_{50}(N)} \quad (1-36)$$

式中　a，b，$\cdots$，n——毒物 A，B，$\cdots$，N 在混合物中的质量比例，$a+b+\cdots+n=1$。

由于多种毒物同时存在，进入人体后会表现为联合作用，故混合物的准确 LD_{50} 值只能通过毒理学试验测得。根据混合物实测 LD_{50} 值与估算 LD_{50} 值之间的相对关系，可以判断毒物联合作用的类型。

2. 毒物的急性毒性分级

为便于区分毒物的毒性程度，而采取相应的防护措施，毒物的急性毒性可按 LD_{50} 或 LC_{50} 的数值划分为剧毒、高毒、中等毒、低毒、微毒五类，见表1-26。

表1-26　化学物质的急性毒性分级

毒性分级	小鼠一次经口 LD_{50}/(mg/kg)	小鼠吸入 2h 的 LC_{50}/(mg/m³)	兔经皮吸收 LD_{50}/(mg/kg)
剧毒	<10	<50	<10
高毒	11~100	50~500	11~50
中等毒	101~1000	501~5000	51~500
低毒	1001~10000	5001~50000	501~5000
微毒	>10000	>50000	>5000

化学物质的吸入毒性不仅取决于其固有毒性，而且与其挥发性密切相关。沸点、闪点低，蒸气压大表明该物质容易挥发、蒸发，在空气中易形成高浓度。如果其固有毒性较大，吸入中毒危险必定很大；即使其固有毒性较小，人处于因该物质大量挥发形成的高浓度环

境中，发生中毒的危险性也很大。因此蒸气压和半数致死浓度是决定化学物质吸入中毒危险性的两个最重要因素。毒理学上以潜在吸入毒性指数 IPIT（Index of Potential Inhalation Toxicity）20℃时饱和蒸气浓度与半数致死浓度的比值来划分吸入中毒危险性。根据 IPIT 指数可将吸入中毒危险性划分为四个等级见表 1-27。

表 1-27　IPIT 数值对应的毒物吸入中毒危险等级和危险程度

IPIT	危险等级	危险程度	常见化学品举例
<3	4	低度	甲苯二异氰酸酯(TDI)
<30	3	中度	硫酸二甲酯
<300	2	高度	氨、二氯乙烷
>300	1	极度	光气、氯气、一氧化碳、硫化氢、二氧化硫、二氧化氮、氧化氢、砷化氢、氟化氢、三氯化磷、异甲胺、氯甲烷、环氧乙烷、异氰酸甲酯、丙烯腈等

3. 最高容许浓度与阈限值

（1）最高容许浓度

最高容许浓度（Maximum Allowable Concentration，MAC）是指人工作地点中有害物质在长期多次有代表性的采样测定中，均不应超过的数值，以保证人在经常生产劳动中，不致发生急性和慢性职业危害而维护人的健康。我国与前苏联均采用此类标准。

（2）阈限值

阈限值（Threshold Limit Value，TLV）是指化学物质在空气中的浓度限值，并表示在该浓度条件下每日反复暴露的几乎所有工人不致受到有害影响。美国等国家采用此类标准。阈限值主要有以下三种：

① 时间加权平均浓度（Threshold Limit Value-Time Weighted Average，TLV-TWA）。指正常 8h 工作日和 40h 工作周的时间加权平均浓度。在此浓度下，几乎所有工人日复一日反复暴露而不致受到不良影响。

时间加权平均浓度计算公式：

$$c = \frac{c_1 T_1 + c_2 T_2 + \cdots + c_n T_n}{T_1 + T_2 + \cdots + T_n} \tag{1-37}$$

式中　c_1，c_2，…，c_n——各操作点测得的空气中尘毒浓度，mg/m^3

　　　T_1，T_2，…，T_n——工人在该测定点实际接触尘毒的时间，min。

② 短期接触限值（Threshold Limit Value-Short Term Exposure Limit，TLV-STEL）。在此浓度下，工人可短时间连续暴露而不致受到无法忍受的刺激作用、慢性或不可逆组织损伤、足以导致事故伤害增大，丧失自救能力，以及明显降低工作效率的麻醉作用等。

TLV-STEL 并非单独规定的暴露限值，而是对 TLV-TWA 的补充，用于毒作用基本属于慢性，但有明显急性效应的物质。

STEL 是指在一个工作日内，任何时间不应超过的 15min 加权平均浓度（即使 8h 的 TLV-TWA 并未超过要求）。在 STEL 中的暴露时间不应超过 15min。每日反复不应超过 4 次，且各次之间的间隔时间至少应为 60min。如果有明显的生物效应依据，则可采用另一暴露时间。

③ 极限阈限值(Threshold Limit Value-Ceiling，TLV-C)。指任何暴露时间均不应超过的浓度。

4. 职业接触毒物危害程度分级

GB 5044《职业性接触毒物危害程度分级》中，以急性毒性、急性中毒发病状况、慢性中毒患病状况、慢性中毒后果、致癌性、最高容许浓度六项指标为基础的定级标准。依据六项指标，全面衡量，以多数指标的归属定出危害程度的级别，但对某些特殊毒物，可按其急性、慢性或致癌性等突出危害程度定出级别，见表1-28。该标准列举了国内常见的56种工业毒物的危害程度分级和行业举例，为深入认识毒物的危害程度以及GB/T 12331《有毒作业分级》的实施、操作提供了依据。如汞及其化合物、苯、氯乙烯、氰化物等属Ⅰ级；铅、氯、甲醛、氯丁二烯、一氧化碳等属Ⅱ级；甲醇、甲苯、盐酸等属Ⅲ级；溶剂汽油、丙酮、氨、氢氧化钠等属Ⅳ级。在GBZ 230—2010《化工行业职业性接触毒物危害程度分级》中补充制定了104种工业毒物的危害程度级别。

表1-28 职业性接触毒物危容程度分级

指标		Ⅰ	Ⅱ	Ⅲ	Ⅳ
		极度危害	高度危害	中度危害	低度危害
急性毒性	吸入LC_{50}/(mg/m³)	<200	200~2000	2000~20000	>20000
	经皮LD_{50}/(mg/kg)	<100	100~500	500~2500	>2500
	经口LD_{50}/(mg/kg)	<25	25~500	500~5000	>5000
急性中毒发病状况		生产中易发生中毒，后果严重	生产中可发生中毒，愈后良好	偶可发生中毒	迄今未见急性中毒，但有急性影响
慢性中毒患病状况		患病率高(>5%)	患病率较高(<5%)或症状发生率较高(>20%)	偶有中度病例发生或症状发生率较高(>10%)	无慢性中毒而有慢性影响
慢性中毒后果		脱离接触后，继续进展或能治愈	脱离接触后，可基本治愈	脱离接触后，可恢复，不致严重后果	脱离接触后自行恢复，无不良后果
致癌性		人体致癌物	可以人体致癌物	实验动物致癌物	无致癌性
最高容许浓度/(mg/m³)		<0.1	0.1~1.0	1.0~10	>10

三、职业病危害防治

1. 职业病危害因素辨识

职业病危害因素的识别，就是在科学的职业卫生理论指导下，采用科学的方法分辨、识别、分析、预测建设项目与工作场所中职业病危害因素存在的部位、方式、发生的途径及其变化的规律，予以准确描述，以定性、定量的概念清楚地表示出来，并用合乎逻辑的理论予以解释。

职业病危害因素的识别方法主要有对照经验法与检测检验法等。对照经验法由评价人员根据实际工作经验和掌握的相关专业知识，对照职业卫生有关法律、法规、标准等，借助经验和判断能力直观地对拟评价项目中可能存在的职业病危害因素进行识别、分析。检测检验法由评价人员依据国家相关技术规范和标准的要求，通过现场检测和实验室分析，对评价项目作业场所职业病危害因素的浓度或强度以及职业病危害防护设施的防护效果进行评定。

职业卫生危害辨识是解决潜在健康问题的前提。由于化工工程技术十分复杂，需要工业卫生工作者、过程设计人员、操作人员、实验室工作人员和管理者的共同努力。

在化工厂内，许多危险化学品的潜在危险必须辨识出来，并加以控制。当操作有毒、易燃化学品时，潜在的危险条件可能很多，为了在这些情况下仍然能安全操作，就需要关注制度、技能、责任心和技术细节。

辨识需要对化工过程、操作条件和操作程序进行细致的研究。信息来源包括过程设计描述、操作指南、安全检查、设备卖方的描述、化学品供应商提供的信息和操作人员提供的信息。辨识的质量是所使用的信息资源数量和所提问题质量的函数。在辨识过程中，整理和合并所得到的信息，对于辨识由多个暴露的组合效应所引起的新的潜在危险是很有必要的。

在辨识过程中，潜在危害和接触方式可参照表1-29进行辨识并记录。

表1-29　潜在危害的辨识

潜在危害		潜在伤害	
液体	噪声		
蒸气	辐射	肺	皮肤
粉尘	温度	耳朵	眼睛
烟熏	机械	神经系统	肝脏
毒物侵入方式		肾脏	生殖系统
吸入	食入	循环系统	其他器官
身体吸收(皮肤或眼睛)	注射		

常用的潜在危害和危害辨识所需的数据见表1-30。

表1-30　对健康辨识需要的数据

阈限值($TLVs$)	阈限值($TLVs$)
蒸气的嗅觉下限	危险的副产品
物理状态	与其他化学物质的反应
液体蒸气压	化学物质、粉尘和蒸气的爆炸浓度
化学物质对温度和撞击的敏感度	设备的噪声等级
反应速率和反应热	辐射类型和等级

2. 职业病危害评价

职业病危害预评价指的是可能产生职业病危害的建设项目，在其可行性论证阶段，对建设项目可能产生的职业病危害因素及其有害性与接触水平、职业病防护设施及应急救援设施等进行的预测性卫生学分析与评价。职业病危害控制效果评价指的是建设项目完工后、竣工验收前，对工作场所职业病危害因素及其接触水平、职业病防护设施与措施及其效果等做出的综合评价。职业病危害现状评价指的是对用人单位工作场所职业病危害因素及其接触水平、职业病防护设施及其他职业病防护措施与效果、职业病危害因素对劳动者的健康影响情况等进行的综合评价。职业病危害评价就是确定员工暴露在有毒物质中的范围和程度，以及工作环境的物理危害程度。

在评价过程中，同样要研究各种类型已经存在的控制方法以及它们的效果。必须考虑大量和少量泄漏的可能性。由于大量泄漏，人员突然暴露于高浓度中可能会立刻导致急性影响。慢性影响则源于反复暴露在少量泄漏导致的低浓度环境中。因此必须连续地或频繁地和周期性地取样和分析。

为确定现有控制措施的有效性，通过取样分析来确定员工是否可能暴露于有害的环境中。

得到暴露数据后，应将实际的暴露水平与可接受的职业健康标准进行比较，通过这些标准和实际浓度，辨识需要采取相应控制措施的潜在危害。

进行职业卫生危害评价的主要内容有：

① 总体布局、生产工艺和设备布局；

② 建筑卫生学、辅助用室；

③ 职业病危害因素及其危害程度；

④ 职业病防护设施；

⑤ 辐射防护措施与评价，辐射防护监测计划与实施等；

⑥ 个人使用的职业病防护用品；

⑦ 职业健康监护及其处置措施；

⑧ 应急救援措施；

⑨ 职业卫生管理措施；

⑩ 其他应评价的内容。

3. 职业病危害防治技术

（1）防尘、防毒防治技术

对于作业场所存在粉尘、毒物的企业防尘、防毒的基本原则是：优先采用先进的生产工艺、技术和无毒（害）或低毒（害）的原材料，消除或减少尘、毒职业性有害因素。对于工艺、技术和原材料达不到要求的，应根据生产工艺和粉尘、毒物特性，设计相应的防尘、防毒通风控制措施，使劳动者活动的工作场所有害物质浓度符合相关标准的要求；如预期劳动者接触浓度不符合要求的，应根据实际接触情况，采取有效的个人防护措施。

① 原材料选择应遵循无毒物质代替有毒物质，低毒物质代替高毒物质的原则。

② 对产生粉尘、毒物的生产过程和设备（含露天作业的工艺设备），应优先采用机械化和自动化，避免直接人工操作。为防止物料"跑、冒、滴、漏"，其设备和管道应采取有效的密闭措施，密闭形式应根据工艺流程、设备特点、生产工艺、安全要求及便于操作、维修等因素确定，并应结合生产工艺采取通风和净化措施。对移动的扬尘和逸散毒物的作业，应与主体工程同时设计移动式轻便防尘和排毒设备。

③ 对于逸散粉尘的生产过程，应对产尘设备采取密闭措施；设置适宜的局部排风除尘设施对尘源进行控制；生产工艺和粉尘性质可采取湿式作业的，应采取湿法抑尘。当湿式

作业仍不能满足卫生要求时，应采用其他通风、除尘方式。

④ 在生产中可能突然逸出大量有害物质或易造成急性中毒或易燃易爆的化学物质的室内作业场所，应设置事故通风装置及与事故排风系统相连锁的泄漏报警装置。在放散有爆炸危险的可燃气体、粉尘或气溶胶等物质的工作场所，应设置防爆通风系统或事故排风系统。

⑤ 可能存在或产生有毒物质的工作场所应根据有毒物质的理化特性和危害特点配备现场急救用品，设置冲洗喷淋设备、应急撤离通道、必要的泄险区以及风向标。

(2) 噪声防治技术

作业场所存在噪声危害的企业应采用行之有效的新技术、新材料、新工艺、新方法控制噪声。对于生产过程和设备产生的噪声，应首先从声源上进行控制，使噪声作业劳动者接触噪声声级符合相关标准的要求。采用工程控制技术措施仍达不到相关标准要求的，应根据实际情况合理设计劳动作息时间，并采取适宜的个人防护措施。

(3) 振动防治技术

作业场所存在振动危害的企业应采用新技术、新工艺、新方法避免振动对健康的影响，应首先控制振动源，使振动强度符合相关标准的要求。采用工程控制技术措施仍达不到要求的，应根据实际情况合理设计劳动作息时间，并采取适宜的个人防护措施。

(4) 非电离辐射与电离辐射防治技术

非电离辐射的主要防护措施有场源屏蔽、距离防护、合理布局以及采取个人防护措施等。

① 产生工频电磁场的设备安装地址(位置)的选择应与居住区、学校、医院、幼儿园等保持一定的距离，使上述区域电场强度控制在最高容许接触水平以下。

② 在选择极低频电磁场发射源和电力设备时，应综合考虑安全性、可靠性以及经济社会效益；新建电力设施时，应在不影响健康、社会效益以及技术经济可行的前提下，采取合理、有效的措施以降低极低频电磁场的接触水平。

③ 对于在生产过程中有可能产生非电离辐射的设备，应制定非电离辐射防护规划，采取有效的屏蔽、接地、吸收等工程技术措施及自动化或半自动化远距离操作，如预期不能屏蔽的应设计反射性隔离或吸收性隔离措施，使劳动者非电离辐射作业的接触水平符合相关标准的要求。

④ 企业在设计劳动定员时应考虑电磁辐射环境对装有心脏起搏器病人等特殊人群的健康影响。

电离辐射的防护，也包括辐射剂量的控制和相应的防护措施。

(5) 高温危害防治技术

作业场所存在高温作业的企业应优先采用先进的生产工艺、技术和原材料，工艺流程的设计宜使操作人员远离热源，同时根据其具体条件采取必要的隔热、通风、降温等措施，消除高温职业危害。对于工艺、技术和原材料达不到要求的，应根据生产工艺、技术、原材料特性以及自然条件，通过采取工程控制措施和必要的组织措施，如减少生产过程中的热和水蒸气释放、屏蔽热辐射源、加强通风、减少劳动时间、改善作业方式等，使室内和露天作业地点 WBCT 指数符合相关标准的要求。对于劳动者室内和露天作业 WBCT 指数不符合标准要求的，应根据实际接触情况采取有效的个人防护措施。

化工企业职业病危害常用的控制技术见表 1-31。

表 1-31　化工企业职业卫生危害常用的控制技术

类　型	典型技术
密封：将空间或设备封起来，并置于负压下	将危险性操作封装起来，例如采样点密封房间、下水道、通风装置和类似情况。使用分析仪器和工具观察装置内部遮蔽高温表面、气动输送粉末状物质
局部通风：容纳并排出危险性物质	使用设计正确的罩子、在装料和卸料时使用罩子、在振动场所使用通风装置、在采样点使用局部排气装置、保持排风系统处于负压之下
稀释通风：设计通风系统来控制低毒物质	设计通风良好的放置污染衣物的房间、专门的区域或密闭间、设计通风装置，将操作区同居住区和办公区隔离、设计具有定向通风装置的压建机房
湿法：采用湿法操作，使受粉尘污染的程度最小化	采用化学方法清洗容器、使用喷水清洗、经常打扫区域、对于管沟及泵密封，采用水喷淋
良好的日常管理：将有毒物和粉尘收集起来	在储罐及泵的周围使用堤防、为区域冲洗提供水和蒸气管道、提供冲洗线、提供设计良好的带有紧急收容装置的下水道系统
个体防护：最后一道防线	使用防护眼镜和面罩、使用口罩、护肘和太空服、佩戴适合的呼吸器；当氧气浓度低于 19.5%时，需要佩戴飞机用呼吸器

设计控制方法是一件重要而又有创造性的工作。在设计过程中，设计人员特别注意要确保新设计的控制技术提供所期望的控制，并且新的控制技术本身不产生新的危害，有时候新技术甚至比原来的问题还要危险。

两种主要的控制技术是环境控制和个人防护。环境控制通过降低有毒物质在工作环境中的浓度来减少暴露。正如前面所讨论的，这包括密封、局部通风、稀释通风、湿法操作和良好的日常管理。个人防护通过在工人和工作场所的环境之间设置屏障来阻止或减少暴露。

第五节　化工生产事故致因及其控制原理

事故是在生产活动过程中，由于人们受到科学知识和技术力量的限制，或者由于认识上的局限，当前还不能防止，或能防止但未有效控制而发生的违背人们意愿的事例序列。运用安全工程理论、技术、方法、分析化工生产过程的危险性，研究化工生产事故发生、发展的规律，预防各类事故的发生，控制各类事故的恶果是化工安全工程的核心任务。

一、化工事故的致因理论

事故致因理论是分析系统存在的危险因素，揭示事故发生原因的科学理论，是人们在长期生产实践中，以血的代价获得的人类智慧的结晶。掌握事故发生的原因，就能从根本上预防事故。

1. 事故致因理论的发展

在生产技术水平不断提高的同时，人们对事故致因的认识也不断深化。归纳起来，大致经历了四个阶段：

（1）天意论

在科学技术落后的时代，由于人们对自然界缺乏认识，常把事故和灾害看成是人类无法抗拒的"天意"，"谋事在人，成事在天"，乞求神灵保佑避免伤亡事故。天意论是对事故原因的不可知论，在我国，早在战国时代西门豹"河伯娶妇"的故事中，就对这种论点进行了批驳。

（2）以人为主的事故致因理论

随着社会的发展，人们越发认识到人（主要是劳动者）在生产事故中的关键作用。1919年，英国人 M. Green wood 和 H. Wood 在对许多次生产中的伤害事故进行统计分析之后认为：少数工人具有事故频发的倾向，是事故的主要原因。1939年 H. Farmer 和 Chamber 明确提出了事故频发倾向的概念。

20 世纪 30 年代，Heinrich 在其提出的事故因果连锁论中，认为人的遗传环境和缺点是引发事故的原因。后来 Bird 发展了这个思想，认为管理者的失误造成了人的不安全行为和物的不安全状态，是事故的根本原因。

以上理论都摈弃了不可知论的错误，认为人的不安全行为是产生事故的根本原因。这些理论从个别人、人的本质以及管理人员（非直接生产人员）角度逐渐深化了对人的不安全行为在事故发生和发展过程中关键作用的认识。然而这些理论又都不同程度上忽视或轻视了劳动工具（包括生产设备）、劳动对象、工作环境所固有的危险性对事故的影响。

（3）人物合一的事故致因理论

现代化工业蓬勃发展，使生产中物的状态越来越复杂，积累的能量越来越大。人们发现引发事故的非人为因素越来越突出，人们越来越清楚地认识到物的不安全状态也是事故的一个根本原因。20 世纪 60 年代，Bird、北川彻三等人的连锁论中都提到了物的不安全状态是事故的原因。轨迹交叉理论认为事故是人的不安全行为和物的不安全状态共同作用的结果；能量释放理论（1961 年 Gibson 和 Haddon 等）认为人的不安全行为和物的不安全状态共同作用使能量发生意外释放造成了事故；而 Johnson 等许多学者甚至指出，物的不安全状态较人的不安全行为对事故后果的作用更大。

随着人机工程学的出现和发展，人们还提出了"人—机—环境"共同作用导致生产事故的看法，认为环境也是诱发事故的一个因素。

人物合一理论反应了人们对事故致因在时（连锁过程）空（人、机、环境）上的较为全面的、完整的认识。这个理论及其派生的事故致因理论目前在事故分析时仍处于主导地位。

（4）以物为主的事故致因理论

近年来，随着生产规模的进一步扩大化、生产工艺的复杂化和操作过程的自动化，机电一体化的自动控制系统取代了人在生产过程中的操作；具有监控功能的安全系统的广泛应用，取代了人对生产过程的安全监管任务，使安全保护更准确、更迅速、更完备，使主观对生产过程的干预程度降低。因而人（主要指直接参与生产过程的人）的不安全行为的概率和影响在减少，而物的不安全状态的恶果在增强，人的不安全行为更多地凝结在物的不安全状态之中。同时，人们在研究中发现，人的两重性或多重性行为受众多难以预测的因素影响，人的可靠度(即不安全行为的可能性)极难达到较高水平。在这样的背景下，人们提出了一系列淡化人的因素，突出物的因素的事故致因思想。

以物为主的事故致因思想，特别适用于物质反应过程较复杂、工艺过程自动化的石油化工生产领域。目前，在石化流程的安全保护系统就是通过对系统危险源和危险因素的自动监测和控制，实现一种使人的不安全行为不能导致事故的工作条件，即本质安全条件。

2. 化工事故致因理论

在诸多事故致因理论中，最适合化工生产特点的是能量释放理论和两类危险源理论。

(1)能量释放理论

能量释放理论认为事故是一种不正常的或不希望的能量释放，各种形式的能量构成伤害的直接原因。于是应该通过控制能量或控制能量载体来预防伤害事故。

化工生产过程是各种化学能或物理能相互转化的过程。在这个过程中，如果由于某种原因失去了对能量的控制，使之超越了人们设置的约束或限制，就会发生能量违背人的意愿的意外释放或逸出，使进行中的活动中止而发生事故。如果失去控制而意外释放的能量作用于人体，并且能量的作用超过人体的承受能力，则将造成人员伤害。如果意外释放的能量作用于设备、建筑物、物体等，并且能量的作用超过它们的抵抗能力，则将造成设备、建筑物、物体的损坏。

图1-17为运用能量意外释放理论解释事故发生的原因。从中可以看出，要防止各类化工事故，必须减少管理失误、预防人的不安全行为和物的不安全状态，控制生产过程中能量的过度流动、转换以及不同形式能量的相互作用，从减少能量和加强防护设施两方面防止发生能量的意外释放或逸出。

(2)两类危险源理论

根据危险源在事故发生、发展中的作用，把危险源划分为两大类，即第一类危险源和第二类危险源。

① 第一类危险源　根据能量意外释放论，把系统中存在的、可能发生意外释放的能量或危险物质称作第一类危险源。常见的第一类危险源如下：

- 产生、供给能量的装置、设备；
- 使人体或物体具有较高势能的装置、设备、场所；
- 能量载体；
- 一旦失控可能产生巨大能量的装置、设备、场所，如强烈放热反应的化工装置等；
- 一旦失控可能发生能量蓄积或突然释放的装置、设备、场所，如各种压力容器等；
- 危险物质，如各种有毒、有害、可燃烧爆炸的物质等；
- 生产、加工、储存危险物质的装置、设备、场所；
- 人体一旦与之接触将导致人体能量意外释放的物体。

② 第二类危险源　为了让能量按照人们的意图在系统中流动、转换和做功，必须采取措施约束、限制能量。在许多因素的复杂作用下约束、限制能量的控制措施可能失效，能量屏蔽可能被破坏而发生事故。导致约束、限制能量措施失效或破坏的各种不安全因素称作第二类危险源。

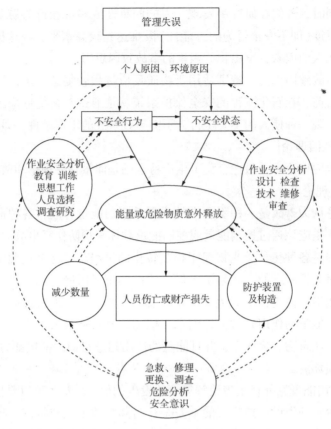

图 1-17 能量释放理论

第二类危险源，包括人、物、环境三个方面的问题。

在系统安全中涉及人的因素问题时，采用术语"人失误"。人失误是指人的行为的结果偏离了预定的标准，人的不安全行为可被看作是人失误的特例。人失误可能直接破坏对第一类危险源的控制，造成能量或危险物质的意外释放。

物的因素问题可以概括为物的故障。故障是指由于性能低下不能实现预定功能的现象，物的不安全状态也可以看作是一种故障状态。物的故障可能直接使约束、限制能量或危险物质的措施失效而发生事故。

环境因素主要指系统运行的环境，包括温度、湿度、照明、粉尘、通风换气、噪声和振动等物理环境，以及企业和社会的安全文化等。

化工事故的发生是两类危险源共同作用的结果。第一类危险源的存在是事故发生的前提，没有第一类危险源就谈不上能量或危险物质的意外释放，也就无所谓事故。另外，第二类危险源是事故的必要条件，没有第二类危险源的破坏能量或危险物质的也不可能发生意外释放。

化工事故的发展过程中，两类危险源共同决定事故的性质。第一类危险源在事故时释放出的能量是导致人员伤害或财物损坏的能量主体，决定事故后果的严重程度；第二类危险源出现的难易决定事故发生的可能性的大小。

图 1-18 说明了两类危险源对事故的致因作用。

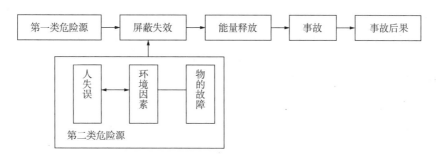

图 1-18　两类危险源对事故的致因作用

二、化工事故控制理论

事故由发生、扩展以至造成各种恶果，经历了一系列发展阶段和发展状态。有效地控制事故不但需要预防事故致因，而且要分析和控制在事故发展过程中起到助推作用的各种因素，控制措施应贯穿事故的全部发展进程。

1. 变化是事故发展的关键因素

尽管人们对事故致因的认识不同，尽管在生产技术发展的不同阶段出现了不同的事故致因理论，但都认为事故是在一系列变化中发生发展的，各种变化对事故具有重要作用。在以人为主的事故致因理论中，强调了事故因果间的连锁变化；在人物合一的事故致因理论中，强调了各种能量间的相互转化；在以物为主的事故致因理论中，强调了两类危险源的相互作用和演化。

著名安全专家库尔曼认为预防事故的主要任务就是对以下变化做出正确的回答：

——哪些变化应被看作是重大的？

——哪些变化有可能通过对系统结构的适当改变加以避免？

——哪些变化不能完全排除，其预期频率是多少？

——这些变化对临近及远临人员和财产的影响程度及类型如何？必须采取何种措施？

约翰逊(Johnson)认为事故是由于管理者的计划错误或操作者的行为失误，没有适应生产过程中物的因素的变化，从而导致不安全行为或不安全状态，破坏了对能量的屏蔽或控制。陈宝智教授具体地列举了诱发事故的 9 种变化(包括：企业外的变化和企业内的变化、宏观的变化和微观的变化、计划内的变化和计划外的变化、实际的变化和潜在的或可能的变化、时间的变化、技术的变化、人员的变化、劳动组织的变化、操作规程的变化)，认为事故发生往往包含着一系列的变化-失误连锁。

本尼尔(Bener)认为，事故是由于行为者不能适应的"系统外界影响的变化"(扰动)，使系统动态平衡过程受到破坏而造成的。即把事故看成由相继事件过程中的扰动开始，以伤害或损坏为结束的过程。本尼尔的这种对事故的解释被称为 P 理论。

佐藤吉信从系统安全的观点出发，提出了一种称为作用—变化和作用连锁的模型(Action-Change and Action Chain Model)。他认为，系统元素在其他元素或环境因素的作用下发生变化，这种变化主要表现为元素的功能发生变化——性能降低。作为系统元素的人或物的变化可能是人失误或物的故障。该元素的变化又以某种形态作用于相邻元素，引起相邻元素的变化。系统元素间的这种连锁作用可能造成系统中人失误和物的故障的传播，最终导致系统故障或事故。佐藤吉信在提出变化连锁模型的同时，还开发了一套完整表达事故过程的方法，阐述了解离和控制事故连锁的规则。

2. 描述事故发展过程的作用连锁模型

（1）事故发展过程的描述

佐藤吉信以事故作用连锁理论为基础，认为事故发展的进程涉及6种作用连锁和4种控制连锁，见图1-19。

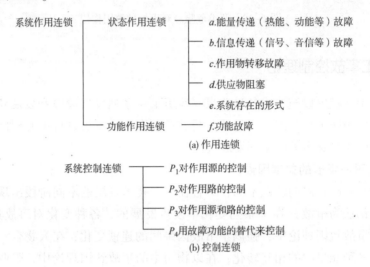

图1-19 系统状态连锁故障

这些作用和控制连锁可用如下符号表达：

$Xu_i \underset{m}{\rightarrow} W$ 作用 u_i 从元素 X 传递到 W（$i \in 1, 2, \cdots, 6; u_1=a, u_2=b, \cdots, u_6=f$）；

$Yu'_j \underset{-n}{\rightarrow} X$ 解离作用 u'_j 从元素 Y 传递到 X（$j \in 1, 2, \cdots, 6; u'_1=a', \cdots, u'_6=f'$）；

$Yg' \underset{-n}{\rightarrow} Yg'' \underset{-n+1}{\rightarrow} W$ 解离作用 g' 或 g'' 从元素 Y 传递到 W；

$Y_1 u''_k \underset{-q}{\rightarrow} Y_2$ 控制作用 u''_k 从元素 Y_1 传递到 Y_2（$k \in 1, 2, \cdots, 6; u''_1=a'', \cdots, u''_6=f''$）；

$Y_1 \overline{u_l} \underset{q}{\rightarrow} Y_2$ 反转作用 $\overline{u_l}$ 从元素 Y_1 传递到 Y_2（$k \in 1, 2, \cdots, 6; u_1=a, \cdots, u_6=f$）；

$Xu_i \underset{m}{\overset{P_\xi}{\longmapsto}} W$ 作用链通过解离规则 P_ξ 被解离（$\xi \in 1, 2, \cdots, 4$）；

$Xu_i \underset{0}{\rightarrow} W(\cdot)$ 元素 W 上的损害（·）由直接原因作用 u_i（$i \in 1, 2, \cdots$）引起；

m, n, q 从直接原因作用链开始的连锁顺序链（$m, n, q=1, 2, 3, \cdots$）。

（2）危险控制系统作用的描述

为了防止事故的发生，可以构造一个危险控制系统（Hazard Control System，HCS），使其在作用链中起到解离（将作用链切断）和控制（限制作用链的前后关联）的作用，在作用连锁式中分别以带单撇和双撇的作用符表示。如：能量 a 的解离作用表示为 a'，控制作用表示为 a''。有时，危险控制系统会发生失效，称其为反转作用。以带非的作用符表示，如：功能 f 的反转作用表示为 $\overline{f}$。

危险控制系统的作用可以描述为：

① a，b，c，d，e 型的作用链可按 P_1，P_2，P_3 三种方式解离；f 型的作用链可按 P_4 方式解离。

② 解离方式 P_1，P_2，P_3 通过 a'，b'，c'，d'，e' 或/和 f' 型的解离作用实现；解离方式 P_4 通过 g'，g'' 的解离作用实现。（g' 表示功能解离；g'' 表示功能替代）

③ 若 a'，b'，c'，d'，$e'g'$，g'' 型的解离作用，或者 a''，b''，c''，d''，e'' 型的控制作用发生反转，产生不实行机能型（$\bar{f}$）的反转；若 f'（f''）型的解离（控制）作用反转，至少产生 $\bar{a}$，$\bar{b}$，$\bar{c}$，$\bar{d}$，$\bar{e}$ 中的一种反转作用。

④ 如果构成控制连锁的任意要素发生引发性变化，则在其他要素不发生引发性变化的条件下，由于该要素的控制作用锁反转而产生反转连锁，不能解离。

⑤ $\bar{a}$，$\bar{b}$，$\bar{c}$，$\bar{d}$，$\bar{e}$ 型的反转作用锁按 P_1，P_2，P_3 控制方式解离；$\bar{f}$ 型的反转作用锁只能按 P_4 控制方式解离。

⑥ 若④中发生的反转连锁中的某反转作用锁被解离，在其余要素不发生引发性变化和不产生反转作用锁的条件下，自该处控制连锁部分的复活，能够使作用连锁重新解离。

⑦ 单方向的控制作用锁可以由任意的解离或控制作用锁构成，但是复方向的控制作用锁（同时对两个或以上的作用锁起控制作用）不能由 f'（f''）型的解离（控制）作用锁构成。

3. 化工事故的控制

化工生产具有生产工艺复杂多变，原（辅）材料及产品（中间体）易燃易爆、有毒有害和腐蚀性，在生产过程中存在多种潜在的危险因素。这些潜在的危险因素就是危险源。危险源是可能导致事故的潜在的不安全因素。任何系统都不可避免地存在某些危险源，而这些危险源只有在触发事件的触发下才会产生事故。因此防止事故的发生就是要辨识危险源、分析危险源和控制危险源。不同类别的危险源所产生的危险与危害也不相同，在进行化工生产的主要危害分析与控制时要有明确的指导思想。

化工生产的主要危害分析与控制过程可用图 1-20 表示。

任何化工事故的背后，都有管理失误和技术偏差的作用。因此，化工事故的控制，主要是对这两个因素的控制。

（1）管理致因的化工事故控制

任何化工事故都可归结为对两类危险源及其相互作用认识不够或控制不当，其中管理原因是事故连锁中的重要因素。根据灾害防止的"四 E"原则，对危险的认识和控制涉及技术（engineering）、法规（enforcement）、教育（education）和评价（evaluation）4 项管理因素。事故管理致因的作用连锁图（图 1-21）。

在图 1-21 中，两类危险源为起始事件，C 点的紧后事件有 3 个，A、D、K 的紧后事件有 2 个，这些事件对事故的形成和发展起到较重要的作用，应为危险控制的重点。因此事故控制要点应如表 1-32 所示。

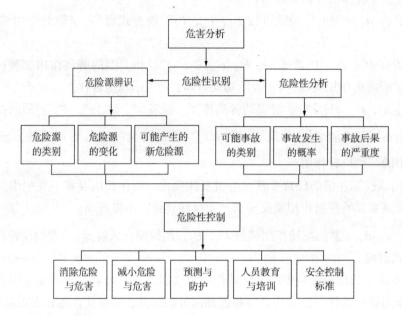

图 1-20 化工生产的主要危害分析与控制过程

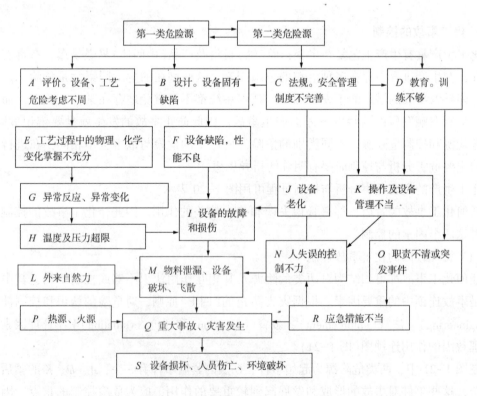

图 1-21 管理致因事故作用连锁图

表 1-32　管理致因事故的作用连锁模型及控制要点

事故类型	作用连锁模型及说明	典型的解离和控制连锁	危险辨识要点
评价不周	$Ac \xrightarrow{3} Ec \xrightarrow{2} Ga \xrightarrow{1} Ha \xrightarrow{0} Ie(\cdot)$ 反应机理认识不充分，运行中发生异常， 温度和压力超限	$Ga'' \xrightarrow{-4} Tf'' \xrightarrow{-3} Uf'' \xrightarrow{-2} Vf'' \xrightarrow{-1} Ha \xmapsto[0]{P_1} I$ 完善检测系统*	检测系统的安全度 和可靠度
设计缺陷	$Bb \xrightarrow{1} Ff \xrightarrow{0} Ie(\cdot)$ 设计缺陷，性能不良造成设备 运行中的损坏	$Ff'' \xrightarrow{-1} Rf' \xmapsto[0]{P_4} I$ 采取弥补措施，提高设备性能	检查设备缺陷的 部位和工艺环节
法规不完善	$\begin{matrix} Df \\ 2 \end{matrix}$ $Cb \xrightarrow{2} Kb \xrightarrow{1} Je \xrightarrow{0} Ie(\cdot)$ 管理制度缺欠，导致操作失误	$\begin{matrix} Cb'' \\ -2 \end{matrix}$ $Df'' \xrightarrow{-2} Kb \xmapsto[0]{P_4} J$ 健全制度	分析操作工艺 及管理制度
法规不完善， 教育不够	$\begin{matrix} Cb \\ 1 \end{matrix}$ $Ob \xrightarrow{1} Re \xrightarrow{0} Qf(\cdot)$ 法规和教育不力，致使应急不当	$\begin{matrix} Cb'' \\ -1 \end{matrix}$ $Ob'' \xrightarrow{-1} Re \xmapsto[0]{P_1} Q$ 健全救灾机制，加强应急训练	检查应急措施 和教育
法规不完善， 教育不够	$Kb \xrightarrow{1} Ne \xrightarrow{0} MQe(\cdot)$ 法规和教育不力，造成人失误	$Kf \xrightarrow{-1} Ne \xmapsto[0]{P_4} M$ 提高工艺过程中的本质安全程度	进行工艺分析和 本质安全研究

注：＊项中 T—控制系统的传感器；U—处理器；V—执行器。

（2）技术致因的化工事故控制

北川彻三以化工系统的数千起事故资料为基础，分析了火灾、爆炸等重大事故发生的原因及过程并予以抽象，认为这些事故都是由 6 种基本的技术致因引起的，即：

① 容器、管道等材料损坏、变形，阀的误开启；

② 化学反应热的积存；

③ 危险物质的积存；

④ 容器内物质的泄漏和扩散；

⑤ 高温物或火源的形成；

⑥ 人失误。

以上致因可组合成损坏泄漏型、着火损坏型、强烈反应型、自然着火型、平衡破坏型、热移动型等类型的石化流程重大事故的基本作用连锁模式，如图 1-22 所示。

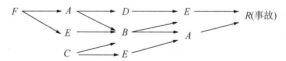

图 1-22　化工事故的基本作用连锁模式

图 1-22 中，F、C 是起始事件，A、B、E 都具有 2 个紧后事件，因此控制直接致因事故的逻辑顺序应是：F—C—A—E—B—D。根据这个控制要求，对单纯着火型、自然发火型、蒸气爆炸型事故的 6 种主要表现模式设计了解离和控制连锁，并提出了危险辨识的要点（表 1-33）。

表 1-33　化工事故基本作用连锁模型

事故类型	主要原因和发生过程	作用连锁模型	解离和控制连锁	危险辨识要点
单纯着火型	$F-A-D-E$（损坏泄漏型）	$Fb_2 \rightarrow Ae_1 \rightarrow Dc_0 \rightarrow R(\cdot)$ Ca_0	$\overline{Ff}_{-2} \rightarrow Ae_1 \overset{P_1}{\longmapsto} Dc_0 \rightarrow R$ 或 $Cd''_0 \overset{P_1}{\longmapsto} R$	人失误的识别、潜在火源的控制
	$C-E-A$（着火损坏型）	$Ce_1 \rightarrow Ea_0 \rightarrow A(\cdot)$	$Cd'' \rightarrow Ea_0 \overset{P_1}{\longmapsto} A$	
自然发火型	$C-B-A$（强烈反应型）	$Ce_2 \rightarrow Be_1 \rightarrow Ae_0 \rightarrow R(\cdot)$	$Cd''_{-2} \rightarrow Be_0 \overset{P_1}{\longmapsto} A$	热反应异常现象识别
	$C-B-E$（自然着火型）	$Ce_2 \rightarrow Be_1 \rightarrow Ea_0 \rightarrow R(\cdot)$	$\overline{Ce}_{-2} \rightarrow Be_{-1} \overset{P_1}{\longmapsto} Ea$	
蒸气爆炸型	$F-A-B-A$（平衡破坏型）	$\overline{Ff}_3 \rightarrow Ae_2 \rightarrow Be_1 \rightarrow Ae_0 \rightarrow R(\cdot)$	$Be''_{-1} \rightarrow Ae_0 \overset{P_2}{\longmapsto} R$	过压保护系统安全可靠性辩识，潜在火源的控制
	$F-E-B-A$（热移动型）	$\overline{Ff}_3 \rightarrow Ea_2 \rightarrow Be_1 \rightarrow Ae_0 \rightarrow R(\cdot)$	$Ea''_{-2} \rightarrow Be_0 \overset{P_1}{\longmapsto} R$	

4. 基于保护层分析理论的化工事故控制技术

保护层分析（LOPA）是一种简化的风险评估，通常使用初始事件频率、独立保护层（IPLs）失效效率和后果严重度的数量级大小来近似表征场景的风险，以确定现有的安全措施是否合适，以及是否需要增加新的安全措施，确保风险减少到可接受水平的系统方法。保护层是指降低事故发生概率的各项预防和控制措施，分为主动型和被动型、阻止型和减缓型。保护层分析中的独立保护层（IPLs）是指能够阻止场景向不良后果继续发展的设备、系统或行动，并且独立于初始事件或场景中其他保护层。IPLs 应符合的规则为有效性、独立性和可审查性：按照设计的功能发挥作用，必须能够有效地防止后果发生；独立于初始事件和任何其他已经被认为是同一场景的独立保护层的构成元素；对于组织后果的有效性和要求时的失效概率（FPD）必须能够以某种方式进行验证。具有保护层特性的安全措施通常应具备以下特点：特征性、独立性、可靠性、可以定期对其进行维修或维护。常见独立保护层如图 1-23 所示，包括本质安全设计、基本过程控制系统（BPCS）、关键报警和人员干预、安全仪表功能、物理保护（安全阀，爆破片等）、释放后保护设施、工厂和社区应急响应等七层，不同的保护层发挥不同的作用，共同预防不同阶段化工事故的发生。

图 1-23　常见独立保护层

5. 控制化工事故的思路

根据上述化工事故作用连锁模型、管理事故和技术事故作用连锁模型和控制分析。可以确定基于作用连锁模型进行化工事故控制的基本思路：

（1）确定危险辨识的客体并进行系统事故过程分析，建立作用连锁模型，确认系统固有危险模式；

（2）针对固有危险模式，选择恰当的位置和方式在作用连锁模型中设置解离或控制事故的作用连锁；

（3）对具有解离或控制连锁的模型进行再分析，若可能发生反转作用，则可确认系统的二次危险模式；

（4）设置解离或控制的冗余作用连锁或其他的解离或控制作用连锁抑制二次危险模式；

（5）继续实施(3)、(4)措施，直至实现系统的本质安全，达到允许的安全限度。

第二章　化工物料安全工程

化工生产中用到许多化工物料，其危险性各不相同，一般分为物理危险、健康危险及环境危险。对危险化学品进行危险性鉴定和分类，制定相应防护措施，减少和杜绝事故隐患。危险化学品因其化学活性和不稳定性，在储存和装卸过程中要格外注意。对于一些涉及剧毒物质及危险工艺的化工生产，可以采用替代及变更工艺的措施来防范化学品事故。本章主要叙述了化学物质的危险性分类、鉴定技术、物料的使用安全等内容。

第一节　化学物质的危险性分类

根据联合国《全球化学品统一分类和标签制度》(以下简称 GHS)，我国制定了化学品危险性分类和标签规范系列标准，确立了化学品危险性 28 类的分类体系。见表 2-1。

表 2-1　化学品类别表

危险和危害种类		类　别					
物理危险	爆炸物	不稳定爆炸物	1.1	1.2	1.3	1.4	1.5	1.6
	易燃气体	1	2	A(化学不稳定性气体)	B(化学不稳定性气体)			
	气溶胶	1	2	3				
	氧化性气体	1						
	加压气体	压缩气体	液化气体	冷冻液化气体	溶解气体			
	易燃液体	1	2	3	4			
	易燃固体	1	2					
	自反应物质和混合物	A	B	C	D	E	F	G
	自热物质和混合物	1	2					
	自燃液体	1						
	自燃固体	1						
	遇水放出易燃气体的物质和混合物	1	2	3				
	金属腐蚀物	1						
	氧化性液体	1	2	3				
	氧化性固体	1	2	3				
	有机过氧化物	A	B	C	D	E	F	G

危险和危害种类		类　别						
健康危害	急性毒性	1	2	3	4	5		
	皮肤腐蚀/刺激	1A	1B	1C	2	3		
	严重眼损伤/眼刺激	1	2A	2B				
	呼吸道或皮肤致敏	呼吸道致敏物1A	呼吸道致敏物1B	皮肤致敏物1A	皮肤致敏物1B			
	生殖细胞致突变性	1A	1B	2				
	致癌性	1A	1B	2				
	生殖毒性	1A	1B	2	附加类别（哺乳效应）			
	特异性靶器官毒性——一次接触	1	2	3				
	特异性靶器官毒性——反复接触	1	2					
	吸入危害	1	2					
环境危害	危害水生环境	急性1	急性2	急性3	长期1	长期2	长期3	长期4
	危害臭氧层	1						

注：剧烈急性毒性判定界限：急性毒性类别1，即满足下列条件之一：大鼠实验，经口 $LD_{50} \leqslant 5mg/kg$，经皮 $LD_{50} \leqslant 50mg/kg$，吸入(4h) $LC_{50} \leqslant 100mL/m^3$(气体)或0.5mg/L(蒸气)或0.05mg/L(尘、雾)。经皮 LD_{50} 的实验数据，也可使用兔实验数据。

一、物理危险

1. 爆炸物

爆炸物质(或混合物)是这样一种固态或液态物质(或物质的混合物)，其本身能够通过化学反应产生气体，而产生气体的温度、压力和速度能对周围环境造成破坏。其中也包括发火物质，即使它们不放出气体。

发火物质(或发火混合物)是这样一种物质或物质的混合物，它旨在通过非爆炸自持放热化学反应产生的热、光、声、气体、烟火所有这些的组合来产生效应。爆炸性物品是含有一种或多种爆炸性物质或混合物的物品。烟火物品是包含一种或多种发火物质或混合物的物品。

根据爆炸物所具有的危险性分为六项：

① 具有整体爆炸危险的物质、混合物和制品（整体爆炸是实际上瞬间引燃几乎所有装填料的爆炸）；

② 具有喷射危险但无整体爆炸危险的物质、混合物和制品；

③ 具有燃烧危险和较小的爆轰危险或较小的喷射危险或两者兼有，但非整体爆炸危险的物质、混合物和制品；

④ 不存在显著爆炸危险的物质、混合物和制品，这些物质、混合物和制品，万一被点燃或引爆也只存在较小危险，并且要求最大限度地控制在包装内，同时保证无肉眼可见的碎片喷出，爆炸产生的外部火焰应不会引起包装内的其他物质发生整体爆炸；

⑤ 具有整体爆炸危险，但本身又很不敏感的物质或混合物，这些物质、混合物虽然具有整体爆炸危险，但是极不敏感，以至于在正常条件下引爆或由燃烧转至爆轰的可能性非常小；

⑥ 极不敏感，且无整体爆炸危险的制品，这些制品只含极不敏感爆轰物质或混合物和那些被证明意外引发的可能性几乎为零的制品。

爆炸物分类、警示标签和警示性说明见表 2-2。爆炸物种类包括：

①爆炸性物质和混合物；

②爆炸性物品，但不包括下述装置：其中所含爆炸性物质或混合物由于其数量或特性，在意外或偶然点燃火引燃后，不会由于迸射、发火、冒烟、发热或巨响而在装置之外产生任何效应；

③在①和②中未提及的未产生实际爆炸或烟火效应而制造的物质、混合物和物品。

表 2-2　化学物质危险性分类及危险性说明

危险	类	类　别	警示词	危险性说明
物理危险	爆炸物	不稳定爆炸物	危险	爆炸物，整体爆炸危险
	爆炸物	1.1	危险	爆炸物，整体爆炸危险
	爆炸物	1.2	危险	爆炸物，严重喷射危险
	爆炸物	1.3	危险	爆炸物，燃烧、爆轰或喷射危险
	爆炸物	1.4	警告	燃烧或喷射危险
	爆炸物	1.5	警告	燃烧中可爆炸
	爆炸物	1.6		
	易燃气体	1	危险	极易燃气体
	易燃气体	2	警告	易燃气体
	易燃气体	A(不稳定气体)		
	易燃气体	B(不稳定气体)		
	气溶胶	1	危险	极易燃气溶胶
	气溶胶	2	警告	易燃气溶胶
	气溶胶	3		
	氧化性气体	1	危险	可引起或加剧燃烧；氧化剂
	加压气体	压缩气体	警告	含压力下气体，如受热可爆炸
	加压气体	液化气体	警告	含压力下气体，如受热可爆炸
	加压气体	冷冻液化气体	警告	含冷冻液化气体，可引起冻伤
	加压气体	溶解气体	警告	含压力下气体，如受热可爆炸
	易燃液体	1	危险	极易燃液体和蒸气
	易燃液体	2	危险	高度易燃液体和蒸气
	易燃液体	3	警告	易燃液体和蒸气
	易燃固体	1	危险	易燃固体
	易燃固体	2	危险	易燃固体
	自反应物质	A	危险	加热可引起爆炸
	自反应物质	B	危险	加热可引起燃烧和爆炸
	自反应物质	C	危险	加热可引起燃烧
	自反应物质	D	危险	加热可引起燃烧
	自反应物质	E	警告	加热可引起燃烧
	自反应物质	F	警告	加热可引起燃烧

危险	类	类　别	警示词	危险性说明
物理危险	自燃液体	1	危险	如暴露于空气中自燃
	自燃固体	1	危险	如暴露于空气中自燃
	自热物质	1	危险	自热，可着火
	自热物质	2	警告	大量时自热；可着火
	遇水放出易燃气体的物质	1	危险	接触水释放可自发燃着的易燃气体
	遇水放出易燃气体的物质	2	危险	接触水释放易燃气体
	遇水放出易燃气体的物质	3	警告	接触水释放易燃气体
	金属腐蚀物	1	警告	可腐蚀金属
	氧化性液体	1	危险	可引起燃烧或爆炸；强氧化剂
	氧化性液体	2	危险	可加剧燃烧；氧化剂
	氧化性液体	3	警告	可加剧燃烧；氧化剂
	氧化性固体	1	危险	可引起燃烧或爆炸；强氧化剂
	氧化性固体	2	危险	可加剧燃烧；氧化剂
	氧化性固体	3	警告	可加剧燃烧；氧化剂
	有机过氧化物	A	危险	加热可引起爆炸
	有机过氧化物	B	危险	加热可引起燃烧和爆炸
	有机过氧化物	C	危险	加热可引起燃烧
	有机过氧化物	D	危险	加热可引起燃烧
	有机过氧化物	E	警告	加热可引起燃烧
	有机过氧化物	F	警告	加热可引起燃烧
健康危害	急性毒性-经口	1	危险	吞咽致死
	急性毒性-经口	2	危险	吞咽致死
	急性毒性-经口	3	危险	吞咽会中毒
	急性毒性-经口	4	警告	吞咽有害
	急性毒性-经皮	1	危险	皮肤接触致死
	急性毒性-经皮	2	危险	皮肤接触致死
	急性毒性-经皮	3	危险	皮肤接触会中毒
	急性毒性-经皮	4	警告	皮肤接触有害
	急性毒性-吸入	1	危险	吸入致死
	急性毒性-吸入	2	危险	吸入致死
	急性毒性-吸入	3	危险	吸入会中毒
	急性毒性-吸入	4	警告	吸入有害
	皮肤腐蚀/刺激	1		
	皮肤腐蚀/刺激	1A	危险	引起严重的皮肤灼伤和眼睛损伤
	皮肤腐蚀/刺激	1B	危险	引起严重的皮肤灼伤和眼睛损伤
	皮肤腐蚀/刺激	1C	危险	引起严重的皮肤灼伤和眼睛损伤
	皮肤腐蚀/刺激	2	警告	引起皮肤刺激
	严重眼睛损伤/眼睛刺激性	2	警告	
	严重眼睛损伤/眼睛刺激性	1	危险	引起严重眼睛损伤
	严重眼睛损伤/眼睛刺激性	2A	警告	引起严重眼睛刺激
	严重眼睛损伤/眼睛刺激性	2B	警告	引起眼睛刺激

危险	类	类 别	警示词	危险性说明
健康危害	呼吸或皮肤过敏	呼吸致敏1A	危险	吸入可能引起过敏或哮喘症状或呼吸困难
	呼吸或皮肤过敏	呼吸致敏1B	危险	吸入可能引起过敏或哮喘症状或呼吸困难
	呼吸或皮肤过敏	皮肤致敏1A	警告	可能引起皮肤过敏性反应
	呼吸或皮肤过敏	皮肤致敏1B	警告	可能引起皮肤过敏性反应
	生殖细胞突变性	1A	危险	可引起遗传性缺陷(如果最终证明没有其他接触途径会产生这一危害时,应说明其接触途径)
	生殖细胞突变性	1B	警告	可引起遗传性缺陷(如果最终证明没有其他接触途径会产生这一危害时,应说明其接触途径)
	生殖细胞突变性	2	警告	怀疑可致遗传性缺陷(如果最终证明没有其他接触途径会产生这一危害时,应说明其接触途径)
	致癌性	1A	危险	可致癌(如果最终证明没有其他接触途径会产生这一危害时,应说明其接触途径)
	致癌性	1B	警告	可致癌(如果最终证明没有其他接触途径会产生这一危害时,应说明其接触途径)
	致癌性	2	警告	怀疑致癌(如果最终证明没有其他接触途径会产生这一危害时,应说明其接触途径)
	生殖毒性	1A	危险	可能损害生育力或胎儿(如果已知,说明特异性效应;如果确证无其他接触途径引起危害,说明接触途径)
	生殖毒性	1B	警告	可能损害生育力或胎儿(如果已知,说明特异性效应;如果确证无其他接触途径引起危害,说明接触途径)
	生殖毒性	2	警告	怀疑损害生育力或胎儿(如果已知,说明特异性效应;如果确证无其他接触途径引起危害,说明接触途径)
	生殖毒性	哺乳效应		可能对母乳喂养的儿童造成损害
	特异性靶器官系统毒性——一次接触	1	危险	一次接触(如果可确证无其他接触途径引起危害,说明接触途径)致器官损害(如果知道,说明所受损的器官)
	特异性靶器官系统毒性——一次接触	2	警告	一次接触(如果可确证无其他接触途径引起危害,说明接触途径)致器官损害(如果知道,说明所受损的器官)
	特异性靶器官系统毒性——一次接触	3		
	特异性靶器官系统毒性——反复接触	1	危险	长期或反复接触(如果可确证无其他接触途径引起该危害,说明接触途径)可致器官损害(如果已经知道,说明所受损害的器官)

危险	类	类 别	警示词	危险性说明
健康危害	特异性靶器官系统毒性——反复接触	2	警告	长期或反复接触(如果可确证无其他接触途径引起该危害,说明接触途径)可致器官损害(如果已经知道,说明所受损害的器官)
	吸入危害	1	危险	吞咽并进入呼吸道可能致死
环境危害	对水环境的危害	急性1	警告	对水生生物毒性非常大
	对水环境的危害	急性2		对水生生物有毒
	对水环境的危害	慢性1	警告	对水生生物毒性非常大并且有长期持续影响
	对水环境的危害	慢性2		对水生生物有毒并且有长期持续影响
	对臭氧层的危害	1		对水生生物有害且有长期持续影响

2. 易燃气体

易燃气体是在20℃和101.3kPa标准压力下,与空气有易燃范围的气体。易燃气体分为两类,在20℃和标准大气压101.3kPa时的气体:

① 在与空气的混合物中按体积占13%或更少时可点燃的气体;

② 不论易燃下限如何,与空气混合,可燃范围至少为12个百分点的气体。

易燃气体分类、警示标签和警示性说明见表2-2。

3. 易燃气溶胶

气溶胶是指气溶胶喷雾罐,系任何不可重新罐装的容器,该容器有金属、玻璃或塑料制成,内装强制压缩、液体或溶解的气体,包含或不包含液体、膏剂或粉末,配有释放装置,可使所装物质喷射出来,形成在气体中悬浮的固态或液态微粒或形成泡沫、膏剂或粉末或处于液态或气态。易燃气溶胶粉类、警示标签和警示性说明见表2-2。

4. 氧化性气体

氧化性气体指的是一般通过提供氧,可引起或比空气功能促进其他物质燃烧的任何气体。含氧量体积分数高达23.5%的人造空气视为非氧化性气体。

氧化性气体分类、警示标签或警示性说明见表2-2。

5. 压力下气体

压力下气体是指高压气体在压力等于或大于200kPa(表压)下装入储器的气体,或是液化气体或是冷冻液化气体。压力下气体包括压缩气体、液化气体、溶解液体、冷冻液化气体。按包装的物理状态,压力下气体可分为四类:

(1)压缩气体:在压力下包装时,-50℃是完全气态的气体,包括所有具有临界温度不大于-50℃的气体。

(2)液化气体:在压力下包装时,温度高于-50℃时部分是液体的气体。它区分为:

① 高压液化气　具有临界温度为-50℃和+65℃之间的气体;

② 低压液化气　具有临界温度高于+65℃的气体。

(3)冷冻液化气体:包装时由于其低温而部分成为液体的气体。

(4)溶解气体:在压力下包装时溶解在液相溶剂中的气体。

临界温度是指高于此温度无论压缩程度如何纯气体都不能被液化的温度。压力下气体分类、警示标签或警示性说明见表 2-2。

6. 易燃液体

易燃液体是指闪点不高于 93℃的液体。易燃液体分为四类：

类别 1　闪点小于 23℃和初沸点不大于 35℃

类别 2　闪点小于 23℃和初沸点大于 35℃

类别 3　闪点不小于 23℃和闪点不大于 60℃

类别 4　闪点大于 60℃和闪点不大于 93℃

闪点范围在 55~75℃的燃料油、柴油和轻质加热油，在某些法规中可被视为一特定组。闪点高于 35℃的液体如果在联合国《关于危险货物运输的建议书——试验和标准手册》的 L.2 持续燃烧性试验中得到否定结果时，对于运输可看作为非易燃液体。对于运输、黏稠的易燃液体如色漆、磁漆、喷漆、清漆、黏合剂和抛光剂将视为一特定组。易燃液体分类、警示标签和警示性说明见表 2-2。

7. 易燃固体

易燃固体是容易燃烧或通过摩擦可能引燃或助燃的固体。易于燃烧的固体为粉状、颗粒状或糊状物质，它们在与燃烧着的火柴等火源短暂接触即可点燃和火焰迅速蔓延的情况下，都非常危险。

当粉状、颗粒状或者状物质或混合物按联合《关于危险货物运输的建议书——试验和标准手册》第 3 部分第 33.2.1 节规定的试验方法进行的一次或多次试验，进行的燃烧时间是少于 45s 或燃烧速率大 2.2mm/s 时，就应被分类为易燃固体。同样，当金属或金属合金的粉末能被点燃并在 10min 或更短时间内蔓延到样品的整个长度时，该物质应被分类为易燃固体。

易燃固体分类、警示标签和警示说明见表 2-2。

8. 自反应物质或混合物

自反应物质或混合物是即使没有氧(空气)也容易发生激烈放热分解的热不稳定液态或固态物质或者混合物。本定义不包括根据统一分类制度分类为爆炸物、有机过氧化物或氧化物质的物质和混合物。

自反应物质或混合物如果在实验室试验中其组分容易起爆、迅速爆燃或在封闭条件下加热时显示剧烈效应，应视为具有爆炸性质。

自反应物质和混合物按下列原则分为"A~G 型"7 个类型：

(1) 在包装内，会发生爆炸或快速爆燃的任何自反应物质或混合物，分为 A 型自反应物质；

(2) 在包装内，具有爆炸特性，既不会爆炸也不会快速爆燃，但易发生受热爆炸的任何自反应物质或混合物，分为 B 型自反应物质；

(3) 在包装内，具有爆炸特性，不会发生爆炸、快速爆燃或受热爆炸的任何自反应物质或混合物，分为 C 型自反应物质；

(4) 在实验室试验中以下情况的任何自反应物质或混合物将被确定为 D 型自反应物质：

① 有限条件加热时部分爆燃，不会快速爆燃，没有呈剧烈反应；

② 有限条件加热时完全不会爆炸，会缓慢燃烧，没有呈剧烈反应；

③ 有限条件加热时完全不会爆炸或爆燃，呈中等反应。

（5）在实验室试验中，有限条件加热时完全不会爆炸又不会爆燃，呈微反应或不反应的任何自反应物质或混合物，分类为 E 型自反应物质；

（6）在实验室试验中，有限条件加热时既不会在空化状态爆炸，也完全不会爆炸，呈微反应或不反应，低爆炸能量或无爆炸能量的任何自反应物质或混合物将被分类为 F 型自反应物质；

（7）在实验室试验中，有限条件加热时既不会在空化状态爆炸，也完全不会爆炸，并且不会发生反应，无任何爆炸能量，只要是热稳定的（50kg 包装的自加速分解温度为 60~75℃），对于液体混合物，用沸点不低于 150℃ 的稀释剂减感的任何自反应物质或混合物被确定为 G 型自反应物质，如果该混合物不是热稳定的，或用沸点低于 150℃ 的稀释剂减感，则该混合物应该被确定为 F 型自反应物质。

自反应物分类、警示标签和警示性说明见表 2-2。

9. 自燃液体

自燃液体是即使数量小也能在与空气接触后 5min 之内引燃的液体。液体加至惰性载体上并暴露于空气 5min 内燃烧，或与空气接触 5min 内它染着或炭化滤纸。自燃液体分类、警示标签和警示性说明见表 2-2。

10. 自燃固体

自燃固体是即使数量小也能在与空气接触后 5min 之内引燃的固体。自燃固体分类、警示标签和警示性说明见表 2-2。

11. 自热物质和混合物

自热物质是发火液体或固体以外，与空气反应不需要能源供应就能够自己发热的固体物质、液体物质或混合物；这类物质或混合物与发火液体或固体不同，因为这类物质只有数量很大（公斤级）并经过长时间（几小时或几天）才会燃烧。物质或混合物的自热导致自发燃烧是由于物质或混合物与氧气（空气中的氧气）发生反应并且所产生的热没有足够迅速地传导到外界而引起的。当热产生的速度超过热损耗的速度而达到自燃温度时，自燃便会发生。

自热物质分类、警示标签和警示性说明见表 2-2。

12. 遇水放出易燃气体的物质或混合物

遇水放出易燃气体的物质或混合物是通过与水作用，容易具有自燃性或放出危险数量的易燃气体的固态或液态物质或混合物。

遇水放出易燃气体的物质或混合物根据联合国《关于危险货物运输的建议书——试验和标准手册》的 33.4.1.4 中 N.5 进行试验，分为三类：

类别 1　在环境温度下与水剧烈反应所产生的气体通常显示自燃的倾向，或在环境温度下容易与水反应，放出易燃气体的速率大于或等于每千克物质在任何 1min 内释放 10L 的任何物质或混合物。

类别 2　在环境温度下易与水反应，放出易燃气体的最大速率大于或等于每小时 20L/kg，并且不符合类别 1 准则的任何物质或混合物。

类别3 在环境温度下与水缓慢反应，放出易燃气体的最大速率大于或等于每小时 1L/kg，并且不符合类别1和类别2的任何物质或混合物。

如果在试验程序的任何一步中发生自燃，该物质就被分类为遇水放出易燃气体的物质或混合物。

对于固体物质或混合物的分类试验而言，该试验应对其提交的物质或混合物的形态进行。例如如果对于供应或运输的目的，同样的化学品被提交的形态不同于试验时的形态并且认为其性能可能与分类试验有实质不同时，该物质或混合物还必须以新的形态试验。

遇水放出易燃气体的物质分类、警示标签和警示性说明见表 2-2。

13. 氧化性液体

氧化性液体是本身未必燃烧，但通常因放出氧气可能引起或促使其他物质燃烧的液体。

氧化性液体跟据联合国《关于危险货物运输的建议书——试验和标准手册》的 34.4.2 中 O.2 试验进行分类，分为三类：

类别1 受试物质(或混合物)与纤维素 1∶1(质量比)混合物可自燃，或受试物质(或混合物)与纤维素 1∶1(质量比)混合物的平均压力升高时间小于 50%高氯酸水溶液和纤维素 1∶1(质量比)混合物的平均压力升高的任何物质和混合物。

类别2 受试物质(或混合物)与纤维素 1∶1(质量比)混合物显示的平均压力升高时间小于或等于 40%氯酸钠水溶液和纤维素 1∶1(质量比)混合物的平均压力升高时间，并且不符合类别1的任何物质和混合物。

类别3 受试物质(或混合物)与纤维素 1∶1(质量比)混合物显示的平均压力升高时间小于或等于 65%硝酸水溶液和纤维素 1∶1(质量比)混合物的平均压力升高时间，并且不符合类别1和类别2的任何物质和混合物。

氧化性液体分类、警示标签和警示性说明见表 2-2。

14. 氧化性固体

氧化性固体是本身未必燃烧，但通常因放出氧气可能引起或促使其他物质燃烧的固体。

氧化性固体根据联合国《关于危险货物运输的建议书——试验和标准手册》的 34.4.1 中 O.1 试验，分为三类：

类别1 受试物质(或混合物)与纤维素 4∶1 或 1∶1(质量比)混合物显示平均增长时间小于溴酸钾与纤维素 3∶2(质量比)混合物的平均燃烧时间的任何物质或混合物。

类别2 受试物质(或混合物)与纤维素 4∶1 或 1∶1(质量比)混合物是平均每场时间等于或小于溴酸钾与纤维索 2∶3(质量比)混合物的平均燃烧时间和不符合类别直的任何物质或混合物。

类别3 受试物质(或混合物)与纤维素 4∶1 或 1∶1(质量比)混合物显示平均燃烧时间等于或小于溴酸钾与纤维素 3∶7(质量比)混合物的平均燃烧时间和不符合类别1和类别2的任何物质或混合物。

对于固体物质或混合物的分类试验，试验应对其提交的物质或混合物进行。例如，如果对于供应或运输的目的，同样的化学品被提交的形态不同于试验时的形态，并且认为其性能可能与分类试验有实质不同时，该物质还必须以新的形态试验。

氧化性固体分类、警示标签和警示性说明见表2-2。

15. 有机过氧化物

有机过氧化物是含有二价—O—O—结构的液态或固态有机物质，可以看作是一个或两个氢原子被有机基替代的过氧化氢衍生物。该术语也包括有机过氧化物配方(混合物)。有机过氧化物是热不稳定物质或混合物，容易放热加速分解。另外，它们可能具有下列一种或几种性质：易于爆炸分解；迅速燃烧；对撞击或摩擦敏感；与其他物质发生危险反应。

如果有机过氧化物在实验室试验中，在封闭条件下加热时组分容易爆炸、迅速爆燃或表现出剧烈效应，则可认为它具有爆炸性质。

有机过氧化物根据联合国《关于危险货物运输的建议书——试验和标准手册》的第2部分中所述试验系列A~H，按下到原则分为七类：

(1) 任何有机过氧化物，如在包装件中，能起爆或迅速爆燃的，为A型有机过氧化物。

(2) 任何具有爆炸性的有机过氧化物，如在包装件中、既不起爆，也不迅速爆燃，但易在该包装内发生热爆者将被分类为B型有机过氧化物。

(3) 任何具有爆炸性质的有机过氧化物，如在包装件中时，不可能起爆或迅速爆燃或发生热爆炸，则定为C型有机过氧化物。

(4) 任何有机过氧化物，如果在实验室试验中有如下情况测定为D型有机过氧化物：

① 部分起爆，不迅速爆燃，在封闭条件下加热时不呈现任何剧烈效应；

② 根本不起爆，易燃，在封闭条件下加热时不呈现任何剧烈效应；

③ 根本不起爆或爆燃，在封闭条件下加热时呈现中等效应；

(5) 任何有机过氧化物，在实验室试验中，既绝不起爆也绝不爆燃，在封闭条件下加热时只呈现微弱效应或无效应，则定为E型有机过氧化物。

(6) 任何有机过氧化物，在实验室试验中，既绝不在空化状态下起爆也绝不爆燃，在封闭条件下时只呈现微弱效应或无效应，而且爆炸力弱或无爆炸力，则定为F型有机过氧化物。

(7) 任何有机过氧化物，在实验室试验中，既绝不在空化状态下起爆也绝不爆燃，在封闭条件下时显示无效应，而且无任何爆炸力，则定为G型有机过氧化物，但该物质或混合物必须是热稳定的(50kg包装件的自加速分解温度为60℃或更高)，对于液体混合物，所用脱敏稀释剂的沸点不低于150℃。如果有机过氧化物不是热稳定的，或者所用脱敏稀释剂的沸点低于150℃，则定为F型有机过氧化物。

有机过氧化物分类、警示标签和警示性说明见表2-2。

16. 金属腐蚀剂

腐蚀金属的物质或混合物是通过化学作用显著损坏或毁坏金属的物质或混合物。

金属腐蚀物质或混合物根据联合国《关于危险货物运输的建议书——试验和标准手册》的第3部分37.4节进行试验，在试验温度55℃下，钢或铝表面的腐蚀速率超过6.25mm/a。

金属腐蚀物分类、警示标签和警示性说明见表2-2。

二、健康危险

1. 急性毒性

急性毒性是指在单剂量或在24h内多剂量口服或皮肤接触一种物质，或吸入接触4h之后出现的有害效应。

以化学品的急性经口、经皮肤和吸入毒性划分五类危害，即按其经口、经皮肤（大致）LD_{50}、吸入 LC_{50} 值的大小进行危害性的基本分类见表 2-3。

表 2-3　急性毒性危害类别及确定各类别的（近似）LD_{50}/LC_{50} 值

接触途径	单位	类别 1	类别 2	类别 3	类别 4	类别 5
经口	mg/kg	5	50	300	2000	
经皮肤	mg/kg	50	200	1000	2000	
气体	mL/L	0.1	0.5	2.5	5	5000
蒸气	mg/L	0.5	2	10	20	
粉尘和烟雾	mg/L	0.05	0.5	1	5	

注：1. 表中吸入的最大值是基于4h接触试验得出的，如现有 1h 接触的吸入毒性数据，对于气体和蒸气应除以 2，对于粉尘和烟雾应除以 4 加以转换。

2. 对于某些化学品所试气体不会正好是蒸气，而会由液相与蒸气相的混合物组成。对于另一些化学品，所试气体可由几乎为气相的蒸气组成。对后者，应进行危险分类：类别 1（0.1mL/L），类别 2（0.5mL/L），类别 3（2.5mL/L），类别 4（3mL/L）。

3. 类别 5 的指标是旨在能够识别急性毒性危害相对较低的，但在某些情况下，对敏感群体可能存在危害的物质、这些物质预期它的经口或经皮肤 LD 的范围为 2000~5000mg/kg 体重和相应的吸入剂量。类别 5 的具体准则为：

① 如果没有可靠的证据表明 LD（或 LC）在类别 5 的数值范围内，或者其他动物研究成人体毒性效应表明对人体健康有急性影响。那么该物质应被分为这一类别。

② 通过数据的推断、评估或测定，如果不能分类到更危险的类别，并有如下情况时，该物质分到此类别：

——得到的可靠信息说明对人类有显著的毒性效应；

——通过经口、吸入或经皮肤接触试验至类别 4 的剂低水平时观察到任何一种致死率；

——在试验类别 4 的数值时，除了出现腹泻、被毛蓬松、外观污秽之外，专家判断确定有明显的临床毒性表现；

——判定来其他动物研究的明显急性毒性效应的可靠信息。

急性毒性分类、警示标签和警示性说明见表 2-2。

2. 皮肤腐蚀/刺激

皮肤腐蚀是对皮肤造成不可逆损伤；即施用试验物质达到4h后，可观察到表皮和真皮坏死。

腐蚀反应的特征是溃疡、出血、有血的结痂，而且在观察期 14 天结束时，皮肤、完全脱发区域和结痂处由于漂白而褪色。应考虑通过组织病理学来评估可疑的病变。

皮肤刺激是施用试验物质达到 4h 后对皮肤造成可逆损伤。皮肤腐蚀/刺激分类、警示标签和警示性说明见表 2-2。

3. 严重眼损伤/眼刺激

严重眼损伤是在眼前部表面施加试验物质之后，对眼部造成在施用 21 天内并不完全可逆的组织损伤，或严重的视觉物理衰退。

眼刺激是在眼前部表面施加试验物质之后，在眼部产生在施用 21 天内完全可逆的变化。

严重眼睛损伤/眼睛刺激性分类、警示标签和警示性说明见表 2-2。

4. 呼吸或皮肤过敏

呼吸过敏物是吸入后会导致气管超过敏反应的物质。皮肤过敏物是皮肤接触后会导致过敏反应的物质。

过敏包含两个阶段：第一个阶段是某人因接触某种变应原而引起特定免疫记忆。第二阶段是引发，即某一致敏个人因接触某种变应原而产生细胞介导或抗体介导的过敏反应。

就呼吸过敏而言，随后为引发阶段的诱发，其形态与皮肤过敏相同。对于皮肤过敏，需有一个让免疫系统能学会作出反应的诱发阶段；此后，可出现临床症状，这时的接触就足以引发可见的皮肤反应（引发阶段）。因此，预测性的试验通常取这种形态，其中有一个诱发阶段，对该阶段的反应则通过标准的引发阶段加以计量，典型做法是使用斑贴试验。直接计量诱发反应的局部淋巴结试验则是例外做法。人体皮肤过敏的证据通常通过诊断性斑贴试验加以评估。

就皮肤过敏和呼吸过敏而言，对于诱发所需的数值一般低于引发所需数值。呼吸或皮肤过敏分类、警示标签和警示性说明见表 2-2。

5. 生殖细胞致突变性

本危险类别涉及的主要是可能导致人类生殖细胞发生可传播给后代的突变的化学品。但是，在本危险类别内对物质和混合物进行分类时，也要考虑活体外致突变性/生殖毒性试验和哺乳动物活体内体细胞中的致突变性/生殖毒性试验。

突变定义为细胞中遗传物质的数量或结构发生永久性改变。"突变"一词用于可能表现于表型水平的可遗传的基因改变和已知的基本 DNA 改性（例如，包括特定的碱基对改变和染色体易位）。引起突变和致变物两词用于在细胞和/或有机体群落内产生不断增加的突变的试剂。

生殖毒性的和生殖毒性这两个较具一般性的词汇用于改变 DNA 的结构、信息量、分离试剂或过程，包括那些通过干扰正常复制过程造成 DNA 损伤或以非生理方式（暂时）改变 DNA 复制的试剂或过程。生殖毒性试验结果通常作为致突变效应的指标。

生殖细胞突变性分类、警示标签和警示性说明见表 2-2。

6. 致癌性

致癌物一词是指可导致癌症或增加癌症发生率的化学物质或化学物质混合物。在实施良好的动物实验性研究中诱发良性和恶性肿瘤的物质也被认为是假定的或可疑的人类致癌物，除非有确凿证据显示该肿瘤形成机制与人类无关。

产生致癌危险的化学品的分类基于该物质的固有性质，并不提供关于该化学品的使用可能产生的人类致癌风险水平的信息。

对于致癌性的分类目的而言，化学物质根据是证据力度和其他的参考因素被分成两个类别。

类别 1 已知或可疑 A 类致癌物。根据流行病学和/或动物的致癌性数据，可将化学品划分在类别 1 中。各种化学品需作进一步分类为：

类别 1A　已知对人类具有致癌能力，化学品分类主要根据人类的证据。

类别 1B　可疑对人类有致癌能力，化学品分类主要根据动物的证据。

分类根据证据力度和其他参考因素，这样的证据由人类的研究得出，确定人类接触化学品与癌症发病之间的因果关系，为已知人类的致癌物。或者，研究证据由动物实验得出，有充分的证据证明动物致癌性（为可疑人类的致癌物）。此外，在逐个分析证据的基础上，从人体致癌性的有限证据结合动物实验的致癌性有限证据中经过科学判断可以合理地确定可疑人类致癌物。

类别 2　可疑人类致癌物。某化学品被分在类别 2 中是根据人类和/或动物研究得到的证据进行的。但没有充分证据可将该化学品分在类别 1 中。根据证据力度与其他参考因素，这些证据可来源于人类研究的有限致癌性证据或来自动物研究的有限致癌性证据。

致癌性分类、警示标签和警示性说明见表 2-2。

7. 生殖毒性

生殖毒性主要包括三个方面：

（1）生殖毒性

生殖毒性包括对成年雄性、雌性性功能和生育能力的有害影响，以及在后代中的发育毒性。下面的定义是国际化学品安全方案/环境卫生标准第 225 号文件中给出的。

有些生殖毒性效应不能明确地归因于性功能和生育能力受损害或者发育毒性。尽管如此，具有这些效应的化学品将划为生殖有毒物并附加一般危险说明。

（2）对性功能和生育能力的有害影响

化学品干扰生殖能力的任何效应。这可能包括（但不限于）对雌性和雄性生殖系统的改变，对青春期的开始、配子产生和输送、生殖周期正常状态、性行为、生育能力、分娩怀孕结果的有害影响，过早生殖衰老，或者对依赖生殖系统完整性的其他功能的改变。

对哺乳期的有害影响或通过哺乳期产生的有害影响也属于生殖毒性的范围，但为了分类目的，对这样的效应进行了单独处理。这是因为对化学品对哺乳期的有害影响最好进行专门分类，这样就可以为处于哺乳期的母亲提供有关这种效应的具体危险警告。

（3）对后代发育的有害影响

从其最广泛的意义上来说，发育毒性包括在出生前或出生后干扰孕体正常发育的任何效应，这种效应的产生是由于受孕前父母一方的接触，或者正在发育之中的后代在出生前或出生后性成熟之前这一期间的接触。但是，发育毒性标题下的分类主要是为怀孕女性和有生殖能力的男性和女性提出危险警告。因此，为了务实的分类目的，发育毒性实质上是指怀孕期间引起的有害影响，或父母接触造成的有害影响。这些效应可在生物体生命周期的任何时间显现出来。对于生殖毒性分类目的而言，化学物质被分为两个类别。

类别 1　已知或足以确定的人类的生殖或发育毒物。此类别包括对人类的生殖能力或者发育已产生有害效应的物质，或有动物研究的证据，及可能用其他信息补充提供其具有妨碍人生殖能力的物质。根据其分类的证据来源进一步区分，主要来自人的数据（类别 1A）或者来自动物的数据（类别 1B）。

类别 1A　已知对人类的生殖能力、生育或者发育造成危害效应的。该物质分类在这一类别主要依据人的数据。

类别 1B　推定对人的生殖能力或者对发育的有害影响。该物质分类在这一类别主要依据动物实验的数据。动物研究数据应提供清楚的、没有其他毒性作用的特异性生殖毒性的证据，或者有害生殖效应与其他毒性效应一起发生时，这种有害生殖效应不被认为是继发的、非特异性的其他毒性效应。然而，当存在有机制方面的信息怀疑这种效应对人类的相关性时，将其分类至类别 2 也许更合适。

类别 2　可疑人类的生殖毒（性）物或发育毒（性）物。此类别的物质应有人或动物试验研究的某些证据（可能还有其他补充材料）表明对生殖能力、发育的有害效应而不伴发其他毒性效应；但如果生殖毒性效应伴发其他毒性效应时，这种生殖毒性效应不被认为是其他毒性效应的继发的非特异性结果。同时，没有充分证据支持分为类别 1。例如，研究中的欠缺可以使证据的说服力较差，基于此原因，分类于类别 2 可能更合适。

生殖毒性分类、警示标签和警示性说明见表 2-2。

8. 特异性靶器官系统毒性——一次接触

分类可将化学物质划为特定靶器官有毒物，这些化学物质可能对接触者的健康产生潜在有害影响。分类取决于是否拥有可靠证据，表明在该物质中的单次接触对人类或试验动物产生了一致的、可识别的毒性效应，影响组织/器官的机能或形态的毒理学显著变化，或者使生物体的生物化学或血液学发生严重变化，而且这些变化与人类健康有关。人类数据是这种危险分类的主要证据来源。评估不仅要考虑单一器官或生物系统中的显著变化，而且还要考虑涉及多个器官的严重性较低的普遍变化。

特定靶器官毒性可能以与人类有关的任何途径发生，即主要以口服、皮肤接触或吸入途径发生。主要分为两类：

类别 1　一次接触对人体造成明显特异性靶器官系统毒性的物质，或根据实验动物研究的证据推定可能对人体造成明显特异性靶器官系统毒性的物质。

类别 2　根据实验动物研究的证据，可以推定一次接触可能对人体的健康产生危害的物质。特异性靶器官系统毒性一次接触分类、警示标签和警示性说明见表 2-2。

9. 特异性靶器官系统毒性——反复接触

特异性靶器官系统毒性指的是所有可能损害机能的、可逆和不可逆的、即时和/或延迟的造成显著健康影响的毒性。

分类可将化学物质划为特定靶器官/有毒物，这些化学物质可能对接触者的健康产生潜在有害影响。分类取决于是否拥有可靠证据，表明在该物质中的单次接触对人类或试验动物产生了一致的、可识别的毒性效应，影响组织/器官的机能或形态的毒理学显著变化，或者使生物体的生物化学或血液学发生严重变化，而且这些变化与人类健康有关。人类数据是这种危险分类的主要证据来源。

评估不仅要考虑单一器官或生物系统中的显著变化，而且还要考虑涉及多个器官的严重性较低的普遍变化。特定靶器官/毒性可能与人类有关的任何途径发生，即主要以口服、皮肤接触或吸入途径发生。

主要分为两类：

类别 1　反复接触对人体已产生明显特异性靶器官系统毒性的物质，或根据现有实验动物研究的证据能推定对人体有可能产生明显特异性靶器官系统毒性的物质。

类别2 反复接触，根据实验动物研究得来的证据能推定对人类可能有害健康的物质。特异性靶器官系统毒性反复接触分类、警示标签和警示性说明见表2-2。

10. 吸入危险

"吸入"指液态或固态化学品通过口腔或鼻腔直接进入或者因呕吐间接进入气管和下呼吸系统。吸入毒性包括化学性肺炎、不同程度的肺损伤或吸入后死亡等严重急性效应。吸入开始是在吸气的瞬间，在吸一口气所需的时间内，引起效应的物质停留在咽喉部位的上呼吸道和上消化道交界处。物质或混合物的吸入可能在消化后呕吐出来时发生。这可能影响到标签，特别是如果由于急性毒性，可能考虑消化后引起呕吐的建议。不过，如果物质/混合物也呈现吸入毒性危险，引起呕吐的建议可能需要修改。

三、环境危险

1. 危害水生环境

危害水生环境由三个急性分类类别和四个慢性分类类别组成见表2-4。急性和慢性类别单独使用。将物质划为急性原则仅以急性毒性数据（EC_{50}或LC_{50}）为基础。将物质划为慢性类别的原则结合了两种类型的信息，即急性毒性信息和环境后果数据（降解性和生物积累数据）。要将混合物划为慢性类别，可从组分试验中获得降解和生物积累性质。

表2-4 危害水生环境物质的类别

急性毒性
类别：急性1
96hLC_{50}（鱼类）≤1mg/L
48hEC_{50}（甲壳纲）≤1mg/L
72h 或 96hErC_{50}（藻类或其他水生植物）≤1mg/L
一些管理制度可能将急性1细分，纳入$L(E)C_{50}$≤0.1mg/L的更低范围
类别：急性2
96hLC_{50}（鱼类）大于1mg/L且不大于10mg/L
48hEC_{50}（甲壳纲）大于1mg/L且不大于10mg/L
72h 或 96hErC_{50}（藻类或其他水生植物）大于1mg/L且不大于10mg/L
类别：急性3
96hLC_{50}（鱼类）大于10mg/L且不大于100mg/L
48hEC_{50}（甲壳纲）大于10mg/L且不大于100mg/L
72h 或 96hErC_{50}（藻类或其他水生植物）大于10mg/L且不大于100mg/L
一些管理制度可能通过引入另一个类别，将这一范围扩展到$L(E)C_{50}$>100mg/L以外
慢性毒性
类别：慢性1
96hLC_{50}（鱼类）≤1mg/L
48hEC_{50}（甲壳纲）≤1mg/L
72h 或 96hErC_{50}（藻类或其他水生植物）≤1mg/L
该物质不能快速降解$\log K_{ow}$≥4（除非试验确定BCF<500）

类别：慢性 2

96hLC_{50}(鱼类)大于 1mg/L 且不大于 10mg/L

48hEC_{50}(甲壳纲)大于 1mg/L 且不大于 10mg/L

72h 或 96hErC_{50}(藻类或其他水生植物)大于 1mg/L 且不大于 10mg/L

该物质不能快速降解 $\log K_{ow} \geq 4$(除非试验确定 $BCF < 500$)，除非慢性毒性 $NOEC > 1mg/L$

类别：慢性 3

96hLC_{50}(鱼类)大于 10mg/L 且不大于 100mg/L

48hEC_{50}(甲壳纲)大于 10mg/L 且不大于 100mg/L

72h 或 96hErC_{50}(藻类或其他水生植物)大于 10mg/L 且不大于 100mg/L

该物质不能快速降解 $\log K_{ow} \geq 4$(除非试验确定 $BCF < 500$)，除非慢性毒性 $NOEC > 1mg/L$

类别：慢性 4

在水溶性水平之下没有显示急性毒性，而且不能快速降解，$\log K_{ow} \geq 4$，表现出生物积累潜力的不易溶解物质可划为本类别，除非有其他科学证据表明不需要分类。这样的证据包括经试验确定的 $BCF < 500$，或者慢性毒性 $NOECs > 1mg/L$，或者在环境中快速降解的证据

对水环境的危害分类、警示标签和警示性说明见表 2-2。

2. 急性水生毒性

急性水生毒性是指物质对短期接触它的生物体造成伤害的固有性质。

生物积累是指物质以所有接触途径(即空气、水、沉积物/土壤和食物)在生物体内吸收、转化和排出的净结果。

生物浓缩是指一种物质以水传播接触途径在生物体内吸收、转化和排出的净结果。

慢性水生毒性是指物质在与生物体生命周期相关的接触期间对水生生物产生有害影响的潜在性质或实际性质。

降解是指有机分子分解为更小的分子，并最后分解为二氧化碳、水和盐。

第二节　化学品物理危险性鉴定技术

随着我国深入实施 GHS，2013 年国家标准化管理委员会发布了新版的 GB 30000.1—2013～GB 30000.29—2013《化学品分类和标签规范》系列国家标准，代替了 GB 20576—2006～GB 20599—2006、GB 20601—2006 和 GB 20602—2006《化学品分类、警示标签和警示性说明安全规范》系列标准。该系列标准均转化自联合国 GHS(第四修订版)，化学品危险性分类也从 26 类增加到了 28 类，其中与物理危险性分类相关的 16 项标准(GB 30000.2—2013～GB 30000.17—2013)中的测试方法也按照《试验与标准手册》(第五修订版)执行。至此，我国关于化学品物理危险性的分类标准和相应的测试方法的体系已较为齐全，而且与联合国推行的危险品分类测试标准体系保持了同步。本节主要介绍化学品危险性鉴定程序、内容及鉴定技术。

一、化学品危险性鉴定程序与内容

1. 鉴定的必要性

一是我国于 1994 年 10 月加入了《作业场所安全使用化学品公约》(1990 年 6 月国际劳工组织第 170 号公约)。公约要求各成员国对所有化学品按其固有的安全和卫生方面的危险特性，进行评价分类，确定其危害性。二是参照欧盟《关于化学品注册、评估、许可和限制的法规》(REACH)等法规，对我国境内生产或进口化学品的成分进行鉴定、分类，以便保护人类健康和环境安全，提高我国化学工业的竞争力，以及研发无毒无害化合物的创新能力，增加化学品使用透明度，实现社会可持续发展。三是根据《危险化学品安全管理条例》规定，我国对危险化学品的管理实行目录管理制度，但是大量未列入目录管理的化学品因缺少对其危害性的了解和相应措施没有跟上，导致事故多发。如 2011 年 1 月 6 日，某药业有限公司实验车间发生三光气泄漏事故，造成 75 名职工住院接受治疗和观察，其中使用呼吸机进行治疗的重症病人 17 人(包括危重病人 5 人、特危重病人 1 人)，死亡 1 人。

因此，根据《危险化学品安全管理条例》第一百条规定，对新出现和遇到的未列入《危险化学品目录》的化学品，需要制定相关管理办法，进行危险性鉴定和分类，以制定相应的防护措施，减少和杜绝事故隐患。

2. 鉴定要求

化学品，是指各类单质、化合物及其混合物。化学品物理危险性鉴定，是指依据有关国家标准或者行业标准进行测试、判定，确定化学品的燃烧、爆炸、腐蚀、助燃、自反应和遇水反应等危险特性。

化学品物理危险性分类，是指依据有关国家标准或者行业标准，对化学品物理危险性鉴定结果或者相关数据资料进行评估，确定化学品的物理危险性类别。

下列化学品应当进行物理危险性鉴定与分类：

(1) 含有一种及以上列入《危险化学品目录》的组分，但整体物理危险性尚未确定的化学品；

(2) 未列入《危险化学品目录》，且物理危险性尚未确定的化学品；

(3) 以科学研究或者产品开发为目的，年产量或者使用量超过 1t，且物理危险性尚未确定的化学品。

3. 鉴定内容

化学品物理危险性鉴定的内容包括两个方面，一是对 16 类物理危险种类进行鉴定所需要测试的参数或指标；二是与物理危险性分类相关的理化特性、化学稳定性及反应性等参数或指标，见表 2-5。

4. 鉴定程序

鉴定机构应当依照有关法律法规和国家标准或者行业标准的规定，科学、公正、诚信地开展鉴定工作，保证鉴定结果真实、准确、客观，并对鉴定结果负责。化学品生产、进口单位(以下统称化学品单位)应当对本单位生产或者进口的化学品进行普查和物理危险性辨识，对其中符合法规规定的化学品向鉴定机构申请鉴定。化学品单位在办理化学品物理危险性鉴定过程中，不得隐瞒化学品的危险性成分、含量等相关信息或者提供虚假材料。

表 2-5　化学品物理危险性鉴定内容

类别	序　号	危　险　种　类	参数或指标
物理危险性相关参数与指标	1	爆炸物	撞击敏感度、摩擦敏感度、在封闭条件下加热的效应等
	2	易燃气体	燃烧极限
	3	气溶胶	点火距离、燃烧热等
	4	氧化性气体	气体氧化性
	5	加压气体	气体压力
	6	易燃液体	闪点(闭杯)、初沸点
	7	易燃固体	燃烧速率
	8	自反应物质	自加速分解温度、在封闭条件下加热的效应等
	9	发火液体	发火性
	10	发火固体	发火性
	11	自热物质	自热性
	12	遇水放出易燃气体的物质	遇水反应释放易燃气体速率
	13	氧化性液体	液体氧化性
	14	氧化性固体	固体氧化性
	15	有机过氧化物	传导爆炸性、在封闭条件下加热的效应等
	16	金属腐蚀物	对金属的腐蚀性
其他	17	与物理危险性分类相关的其他指标	蒸气压、熔点、沸点、状态、自燃温度等理化特性、化学稳定性及反应性等

（1）鉴定程序

化学品物理危险性鉴定按照下列程序办理：

① 申请化学品物理危险性鉴定的化学品单位，向鉴定机构提交化学品物理危险性鉴定申请表以及相关文件资料，提供鉴定所需要的样品，并对样品的真实性负责。

② 鉴定机构收到鉴定申请后，按照有关国家标准或者行业标准进行测试、判定。除与爆炸物、自反应物质、有机过氧化物相关的物理危险性外，对其他物理危险性应当在 20 个工作日内出具鉴定报告，特殊情况下由双方协商确定。送检样品应当至少保存 180 日，有关档案材料应当至少保存 5 年。

（2）鉴定内容

化学品物理危险性鉴定应当包括下列内容：

① 与爆炸物、易燃气体、气溶胶、氧化性气体、加压气体、易燃液体、易燃固体、自反应物质、自燃液体、自燃固体、自热物质、遇水放出易燃气体的物质、氧化性液体、氧化性固体、有机过氧化物、金属腐蚀物等相关的物理危险性。

② 与化学品危险性分类相关的蒸气压、自燃温度等理化特性，以及化学稳定性和反应性等。

③ 化学品物理危险性鉴定报告应当包括下列内容：

a. 化学品名称；

b. 申请鉴定单位名称；

c. 鉴定项目以及所用标准、方法；

d. 仪器设备信息；

e. 鉴定结果；

f. 有关国家标准或者行业标准中规定的其他内容。

（3）鉴定报告

化学品单位应当根据鉴定报告以及其他物理危险性数据资料，编制化学品物理危险性分类报告。

化学品物理危险性分类报告应当包括下列内容：

① 化学品名称；

② 重要成分信息；

③ 物理危险性鉴定报告或者其他有关数据及其来源；

④ 化学品物理危险性分类结果。

二、化学品物理危险性鉴定方法

据联合国《试验与标准手册》（第五修订版），国家安监总局制定了一系列化学品物理危险性的测试方法，具体到某种化学品应进行何种测试，以及试验结果与分类的关系，需要结合联合国《全球化学品统一分类与标签制度》（或《化学品分类和标签规范》系列国家标准）予以判定。GB 30000.1—2013～GB 30000.29—2013《化学品分类和标签规范》系列标准中物理危险性有：爆炸物、易燃气体、气溶胶、氧化性气体、加压气体、易燃液体、易燃固体、自反应物质和混合物、自燃液体、自燃固体、自热物质和混合物、遇水放出易燃气体的物质和混合物、氧化性液体、氧化性固体、有机过氧化物、金属腐蚀物，共计 16 种。表 2-6 列出了上述标准对这些物理危险性分类所需要的参数及测试方法或计算方法。

表 2-6　物理危险性分类所需要的参数及测试方法或计算方法

序号	物理危险性	分类所需要的参数	GHS 规定的测试方法或计算方法
1	爆炸物	分解热（甄别程序）	未指定
		是否为爆炸性物质	《试验与标准手册》系列试验 1
		是否太不敏感	《试验与标准手册》系列试验 2
		是否热稳定	《试验与标准手册》系列试验 3
		物品、包装物品或包装物质是否非常危险	《试验与标准手册》系列试验 4
		是否为具有整体爆炸危险的非常不敏感爆炸性物质	《试验与标准手册》系列试验 5
		分入哪一项	《试验与标准手册》系列试验 6
		是否属于极端不敏感物品	《试验与标准手册》系列试验 7
		ANE 的热稳定性、敏感度和封闭条件下加热的效应	《试验与标准手册》系列试验 8

序号	物理危险性	分类所需要的参数	GHS 规定的测试方法或计算方法
2	易燃气体	爆炸极限	ISO 10156：2010
		气体稳定性	《试验与标准手册》化学不稳定气体试验
3	气溶胶	火焰高度、火焰持续时间(泡沫气溶胶)	《试验与标准手册》泡沫易燃性试验
		点火距离(喷雾气溶胶)	《试验与标准手册》点火距离试验
		时间当量、爆燃密度(喷雾气溶胶)	《试验与标准手册》封闭空间试验
		燃烧热	ASTMD240、ISO/FDIS 13943：1999 (E/F) 86.1 到 86.3、NFPA 30B
4	氧化性气体	气体氧化性	ISO 10156：2010
5	加压气体	压力、临界温度、蒸气压	未指定
6	易燃液体	闪点	Gmehling 和 Rasmussen 闪点计算方法 ISO 1516、ISO 1523、ISO2719、ISO 13736、ISO 3679、ISO 3680 ASTM D 3828-07a、ASTM D 56-05、ASTM D 3278-96(2004)el、ASTM D 93-08 NF M 07-019、NF M 07-011/NF 30-050/NF T 66-009、NF M 07-036 DIN 51755 GOST 12.1.044-84
		初沸点	ISO 3924、ISO 4626、ISO 3405 ASTM D86-07a ASTM D1078-05 EC440-2008 附录 A 测试方法 A.2
7	易燃固体	燃烧速率	《试验与标准手册》试验 N.1
8	自反应物质和混合物	是否传导爆炸	《试验与标准手册》系列试验 A
		在包件中能否爆轰	《试验与标准手册》系列试验 B
		能否传导爆燃	《试验与标准手册》系列试验 C
		在包件中能否迅速爆燃	《试验与标准手册》系列试验 D
		封闭条件下加热的效应	《试验与标准手册》系列试验 E
		爆炸力如何	《试验与标准手册》系列试验 F
		在包件中能否爆炸	《试验与标准手册》系列试验 G
		自加速分解温度	《试验与标准手册》系列试验 H
9	自燃液体	接触空气是否燃烧	《试验与标准手册》试验 N.3
10	自燃固体	接触空气是否燃烧	《试验与标准手册》试验 N.2
11	自热物质和混合物	自热性	《试验与标准手册》试验 N.4
12	遇水放出易燃气体的物质和混合物	遇水是否自燃及放出易燃气体的数量	《试验与标准手册》试验 N.5
13	氧化性液体	液体氧化性	《试验与标准手册》试验 O.2
14	氧化性固体	固体氧化性	《试验与标准手册》试验 O.1

序号	物理危险性	分类所需要的参数	GHS 规定的测试方法或计算方法
15	有机过氧化物	是否传导爆炸	《试验与标准手册》系列试验 A
		在包件中能否爆轰	《试验与标准手册》系列试验 B
		能否传导爆燃	《试验与标准手册》系列试验 C
		在包件中能否迅速爆燃	《试验与标准手册》系列试验 D
		封闭条件下加热的效应	《试验与标准手册》系列试验 E
		爆炸力如何	《试验与标准手册》系列试验 F
		在包件中能否爆炸	《试验与标准手册》系列试验 G
		自加速分解温度	《试验与标准手册》系列试验 H
16	金属腐蚀物	腐蚀速率	《试验与标准手册》试验 37.4

部分化学品物理危险性的测试中，《试验与标准手册》对爆炸物、自反应物质和混合物、有机过氧化物的某些特性的测试给出了多个可选的试验方法，但同时也推荐了其中的一种试验，规定中仅收录了推荐的试验方法，未推荐的其他试验方法也可视为等效方法。表2-7和表2-8分别给出了爆炸物的推荐试验、自反应物质和混合物与有机过氧化物的推荐试验。除此外的其他试验方法都只给出一种试验方法。

表 2-7 爆炸物的推荐试验

试验系列	试验类型	试验识别码	试验名称
1	(a)	1(a)	联合国隔板试验
	(b)	1(b)	克南试验
	(c)	1(c)(一)	时间/压力试验
2	(a)	2(a)	联合国隔板试验
	(b)	2(b)	克南试验
	(c)	2(c)(一)	时间/压力试验
3	(a)	3(a)(二)	联邦材料检验局落锤仪
	(b)	3(b)(一)	联邦材料检验局摩擦仪
	(c)	3(c)	75℃ 热稳定性试验
	(d)	3(d)	小型燃烧试验
4	(a)	4(a)	无包装物品和包装物品的热稳定性试验
	(b)	4(b)(一)	液体的钢管跌落试验
	(b)	4(b)(二)	物品、包装物品和包装物质的12m跌落试验
5	(a)	5(a)	雷管敏感度试验
	(b)	5(b)(二)	美国爆燃转爆轰试验
	(c)	5(c)	1.5项的外部火烧试验
6	(a)	6(a)	单个包件试验
	(b)	6(b)	堆垛试验
	(c)	6(c)	外部火烧(篝火)试验
	(d)	6(d)	无约束包件试验

试验系列	试验类型	试验识别码	试 验 名 称
7	(a)	7(a)	极不敏感爆炸物的雷管试验
	(b)	7(b)	极不敏感爆炸物的隔板试验
	(c)	7(c)(二)	脆性试验
	(d)	7(d)(一)	极不敏感爆炸物的子弹撞击试验
	(e)	7(e)	极不敏感爆炸物的外部火烧试验
	(f)	7(f)	极不敏感爆炸物的缓慢升温试验
	(g)	7(g)	1.6项物品的外部火烧试验
	(h)	7(h)	1.6项物品的缓慢升温试验
	(j)	7(j)	1.6项物品的子弹撞击试验
	(k)	7(k)	1.6项物品的堆垛试验
8	(a)	8(a)	ANE的热稳定性试验
	(b)	8(b)	ANE的隔板试验
	(c)	8(c)	克南试验

表2-8 自反应物质和混合物与有机过氧化物的推荐试验

试验系列	试验识别码	试 验 名 称
A	A.6	联合国引爆试验
B	B.1	包件中的引爆试验
C	C.1	时间/压力试验
	C.2	爆燃试验
D	D.1	包件中的爆燃试验
E	E.1	克南试验
	E.2	荷兰压力容器试验
F	F.4	改进的特劳泽试验
G	G.1	包件中的热爆炸试验
H	H.1	美国自加速分解温度试验(包件)
	H.2	绝热储存试验(包件、中型散货箱和罐体)热积累储存试验(包件、中型散货箱
	H.4	和小型罐体)

三、化学品物理危险性鉴定实验安全要求

为了实验室工作人员的安全,提供测试样品方应提供一切可得的有关该产品的安全数据,例如毒性数据。特别是当怀疑有爆炸性时,为了工作人员的安全,必须先进行小规模的初步试验才能尝试处理较大量的物质。初步试验包括确定物质对机械刺激(撞击和摩擦)以及对热和火焰的敏感性。在涉及引发潜在的爆炸性物质或物品的试验中,引发后应保持一段安全等候时间。在处理试验过的样品时应当格外小心,因为物质可能发生了变化,使它更为敏感或不稳定。试验过的样品应当在试验后尽快销毁。

应尽可能地按照试验说明中给出的条件进行试验。如果某个参数没有在试验说明中给

定，那么应按照此处的说明执行。如试验说明中没有给定容差，这意味着准确度由任何尺寸给出的小数位数决定，例如1.1意思是1.05~1.15。如试验期间的条件偏离了给定的条件，试验报告中应当阐述偏离的原因。

试验样品的组成应尽可能准确详细。试验报告中应列明所含活性物质和稀释剂的含量，准确度至少是按质量±2%。对试验结果可能产生重大影响的成分，如湿气，应尽可能准确地在试验报告中列明。

与试验物质接触的所有试验材料应当尽可能不影响试验结果，例如促使分解。如果这种效应不能够排除，应当采取特别预防措施以防结果受到影响，例如钝化。试验报告中应列明所采取的预防措施。

试验应代表化学品在生产、使用、运输等环节情况下的条件(温度、密度等)进行。例如，如果列明的试验条件未包括运输条件，可能需要进行专为预定的运输条件，例如高温设计的补充试验。当试验结果与粒子大小有关时，试验报告中应酌情列明物理状况。

第三节　危险化学品物料的使用安全

危险化学品的储存和使用要求严格，要符合国家的有关规定，保证危险化学品的储存安全。在装卸危险化学品的过程中要充分做好准备，了解其特性及采取一些保护性措施。为了保证化工生产的安全性可以采用多种事故防范措施来减轻危险化学品的伤害。对于已经造成的危险化学品伤害事故要采取相应的安全措施。

一、危险化学品储存、使用安全基本要求

（1）危险化学品必须储存在经消防部门审批的危险化学品仓库中。未经批准不得随意设置危险化学品储存仓库。储存危险化学品必须遵照国家法律、法规和其他有关的规定。

（2）危险化学品应当储存在专用仓库、专用场地或者专用储存室（以下统称专用仓库）内，并由专人负责管理；剧毒化学品以及储存数量构成重大危险源的其他危险化学品，应当在专用仓库内单独存放，并实行双人收发、双人保管制度。危险化学品的储存方式、方法以及储存数量应当符合国家标准或者国家有关规定。

（3）对剧毒化学品以及储存数量构成重大危险源的其他危险化学品，储存单位应当将其储存数量、储存地点以及管理人员的情况，报所在地县级人民政府安全生产监督管理部门（在港区内储存的，报港口行政管理部门）和公安机关备案。

（4）危险化学品专用仓库应当符合国家标准、行业标准的要求，并设置明显的标志。储存剧毒化学品、易制爆危险化学品的专用仓库，应当按照国家有关规定设置相应的技术防范设施。储存危险化学品的单位应当对其危险化学品专用仓库的安全设施、设备定期进行检测、检验。

（5）使用储存危险化学品的单位，应当根据其生产、储存的危险化学品种类和危险特性，在作业场所设置相应的监测、监控、通风、防晒、调温、防火、灭火、防爆、泄压、防毒、中和、防潮、防雷、防静电、防腐、防泄漏以及防护围堤或者隔离操作等安全设施、

设备，并按照国家标准、行业标准或者国家有关规定对安全设施、设备进行经常性维护、保养，保证安全设施、设备的正常使用。

（6）储存危险化学品的仓库必须配备有专业知识的技术人员，其仓库及场所应设专人管理，管理人员必须配备可靠的个人安全防护用品。储存的危险化学品应有明显的标志，标志应符合 GB 13690 的规定。同一区域储存两种和两种以上不同级别的危险化学品时，应按最高等级危险物品的性能标志。

（7）危险化学品露天堆放，应符合防火、防爆的安全要求，爆炸物品、一级易燃物品、遇湿燃烧物品、剧毒物品不得露天堆放。

（8）储存方式应按照 GB 15603 根据危险化学品品种特性，实施隔离储存、隔开储存、分离储存。根据危险品性能分区、分类、分库储存。

（9）各类危险品不得与禁忌物料混合储存，灭火方法不同的危险化学品不能同库储存。（禁忌物料配置可参考 GB 18265）

（10）储存危险化学品的建筑物、区域内严禁吸烟和使用明火。

（11）危险化学品单位应当制定本单位危险化学品事故应急预案，配备应急救援人员和必要的应急救援器材、设备，并定期组织应急救援演练。危险化学品单位应当将其危险化学品事故应急预案报所在地设区的市级人民政府安全生产监督管理部门备案。

二、危险化学品储存安全

1. 储存方式

危险化学品的储存方式，分为隔离储存、隔开储存和分离储存三种：

（1）隔离储存，是指在同一房间或同一区域内，不同的物料之间分开一定距离，非禁忌物料(注：禁忌物料系指化学性质相抵触或灭火方法不同的化学物料)间用通道保持空间的储存方式。

（2）隔开储存，是指在同一建筑或同一区域内，用隔板或墙，将其与禁忌物料分离开的储存方式。

（3）分离储存，是指在不同的建筑物或远离所有建筑的外部区域内的储存方式。

2. 储存要求

根据危险化学品的性能分区、分类、分库储存，化学性质相抵触或灭火方法不同的各类危险化学品，不得混合储存。

（1）爆炸物品不准和其他类物品同储，必须单独隔离限量储存；

（2）压缩气体和液化气体必须与爆炸物品、氧化剂、易燃物品、自燃物品、腐蚀性物品隔离储存；

（3）易燃气体不得与助燃气体、剧毒气体同储，氧气不得与油脂混合储存；

（4）易燃液体、遇湿易燃物品、易燃固体不得与氧化剂混合储存，具有还原性的氧化剂应单独存放；

（5）腐蚀性物品，包装必须严密，不允许泄漏，严禁与液化气体和其他物品共存；

（6）有毒物品应储存在阴凉、通风干燥的场所，不能接近酸类物质，如氰化钾、氰化钠等氰化物，与酸类接触后会产生剧毒的氰化氢气体，引起附近人员中毒死亡。

危险性物品共同储存的详细规则，可参考相关法规和技术标准。

3. 防火防爆

（1）爆炸物品、一级易燃物品、有毒物品以及遇火、遇热、遇潮能引起燃烧、爆炸或发生化学反应，产生有毒气体的危险化学品不得在露天或在潮湿、积水的建筑物中储存。

（2）受日光照射能发生化学反应引起燃烧、爆炸、分解、化合或能产生有毒气体的化学危险品应储存在一级建筑物中，其包装应采取避光措施。

4. 储存量及储存安排

危险化学品的储存量及储存安排，应符合表2-9的要求。

表 2-9 危险化学品的储存量及储存安排

储存要求 \ 储存类别	露天储存	隔离储存	隔开储存	分离储存
平均单位面积储存量/（t/m²）	1.0~1.5	0.5	0.7	0.7
单一储存区最大储量/t	2000~2400	200~300	200~300	400~600
垛距限制/m	2	0.3~0.5	0.3~0.5	0.3~0.5
通道宽度/m	4~6	1~2	1~2	5
墙距宽度/m	2	0.3~0.5	0.3~0.5	0.3~0.5
与禁忌品距离/m	10	不得同库储存	不得同库储存	7~10

堆垛不得过高、过密，堆垛之间以及堆垛与墙壁之间，要留出一定的空间距离，以利人员通过和良好通风。货物的堆码高度，应符合表2-10的要求。

表 2-10 货物堆码的高度　　　　　　　　　　　　　　　　　m

包装形式	最 高	最 低	一 般
铁桶	4.2	2	3.5
玻璃瓶	1.8	0.74	1.65
麻袋	4.5	2.5	3
木箱	4.2	1.8	3.6
瓷坛	1.8	—	1.2

5. 出入库管理

危险化学品入库前均应按合同进行检查验收、登记，经核对后方可入库、出库，当物品性质未弄清时不得入库。验收的内容包括：危险化学品的质量、数量、包装、危险标志。验收时应注意：

（1）首先根据入库单验证核对品名、来源、生产厂、规格、批号、数量、危险品标志和压缩气体、液化气体钢瓶核检使用期限等是否符合要求，以确定入库时的质量和数量，做到心中有数，掌握入库物品的基本数据。

（2）仓库保管人员负责一般的外观质量和数量验收。验收的方法，一般以感官检查为主，查验包装是否有残破、锈蚀、渗漏，封口不密闭、钢瓶漏气、包装不牢固，包装外表粘附杂质、油污或遭受水湿雨淋等情况。产品质量检验，应由专门的质量检验部门负责。

（3）验收检查比例，一般规定为5%~15%，过磅验收时要切实保证称量准确，记录准确，至于检查数量的多少，可根据物品的性质、包装情况、批数多少确定。

（4）进口物资的验收工作，政策性强，技术性高，必须按国家商检制度的有关规定，进行严格认真的验收。

6. 危险化学品的养护

危险化学品入库后，应采取适当的养护措施，定期检查：

（1）日常巡检。每天至少检查2次，检查的内容包括：查码垛是否牢固，查包装有否渗漏，查库房内有无异味，查稳定剂是否足量；对于低沸点液体，查挥发损耗；对于低熔点物资，查熔融黏结；对易吸潮物资，查潮解溶化；对含结晶水的物资，查风化变质；对遇水燃烧的物资，查雨雪天是否有遇水的危险；对怕热物资，在炎热天查是否鼓气，防止发生胀破容器；对怕冻物资，查寒冷气候是否凝结冰冻，以至引起冻破容器等。应严格做到勤检查、勤联系、勤处理，对特殊物资和特殊气候更要注意，增加检查次数。

（2）安全大检查。每年都要根据不同季节安全生产的特点，组织大检查，检查内容是防火、防爆、防暑、防冻、防霉变、防虫蛀等。在防台风、防汛季节，应有组织、有部署地及时采取预防措施。

如检查发现其品质变化、包装破损、渗漏、稳定剂短缺等，必须及时处理。

（3）严格控制库房温度、湿度，经常检查，发现变化及时调整。

危险化学品库房、料棚、料场都应设置温度计、湿度计，有专人负责记录并采取相应措施，以保持适当的温度、湿度，防止发生质量下降及自燃、爆炸等事故。温度计、湿度计的设置位置要合理，库内宜悬挂在库房的中部，避免靠墙，高度1.5m左右；库外挂在百叶箱内，防止日光直射。

（4）危险化学品入库，必须保持包装完好，封口密闭。如有破损包装，仓库应及时修理。维修作业必须在库外安全地点进行。

（5）对两种有抵触性的危险化学品，不得同时同地进行工作。对易燃、爆炸物品要避免曝晒在日光下，须隔绝火种与热源；在搬运操作中，防止撞击、摩擦而引起火星，发生事故。

（6）对换包装危险品的空容器，在使用前，必须进行检查，彻底清洗，以防遗留物品与装入物品发生抵触引起燃烧、爆炸和中毒。在工作过程中，对遗留在地上和垫仓板上的散漏物资，必须及时清除处理，如没有利用价值的废物，应挖深坑埋掉，防止发生意外事故。

（7）由于自然环境的影响（因突发事故如火灾、水灾、风灾等）所造成的亏损或变质等报废物品，应先行鉴定，编制鉴定证件，确定损失数量和残值，注明原因，按规定进行废弃处理。

（8）凡是经雨淋、日晒而受影响及损坏的，但对气温、温度的作用不受显著影响的可存放在料棚内，如氢氧化钾、硫化碱等；封口密闭的铁桶包装或一般箱装、袋装化学品，地下必须垫起15~30cm的高度。凡是对雨淋、日晒和温度、湿度的作用不发生或较少发生影响及损坏的化学品，可存放于露天料场，但必须根据其不同性质，配备苦垫、遮盖设备以及其他确保安全的措施，包括消防设施的布局，日常检查制度等。

（9）对特别危险或剧毒化学品的保管，如爆炸物品、氰化钾、氰化钠等，必须选派思想素质和技术素质过硬的人员负责，并实行双人双锁保管制度，加强检查。

7. 危险化学品仓库防火管理

（1）严格控制火源

库房内一般不允许动火，确需动火作业时，必须办理动火审批手续。库房内动火，必须撤离库内和附近可燃物品，在指定地点，按指定项目进行，并有专人监护。

进入化学危险品储存区域的人员、机动车辆和作业车辆，必须采取有效的防火措施。进入库区的汽车，其排气管应装火星熄灭器；汽车与库房之间，应划定安全停车线（一般为5m）；严禁在库区内检修汽车；拖拉机不准进入库区。蒸汽机车必须与装载危险化学品的货车隔离开，并在烟囱上设火星熄灭装置；在库区内不准清炉，且要关闭灰箱上部两侧风门。

（2）严禁混存

必须严格遵守危险性物品共同储存的规则，性能上或灭火方法相互抵触的物品，严禁混存。危险性物品共同储存的规则请查相关标准。

（3）控制库房的温、湿度

对于储存氧化剂、自燃物品、遇水燃烧物品等物品的库房，应设有温、湿度计，定时进行观测记录，发现偏离即应采取整库密封、分垛密封、自然通风以及翻桩倒垛等方法进行调节。当不能采取通风措施时，应采用吸潮和人工降温的方法进行控制。一般氧化剂的库温均不宜超过35℃，相对湿度宜保持80%以下；一级自燃物品库温一般不应超过28℃，相对湿度应低于80%。每种物品的储存温度、湿度都有具体要求，须认真执行。

（4）防止超期超量储存

氧化剂、自燃物品、遇水燃烧物品等超过储存期或储量超过规定要求，极易发生变质、积热自燃或压坏包装引发事故，故应严格控制储存量和储存期限。

（5）加强管理，严禁违章操作

严禁在库房内或堆垛附近进行试验、分装、打包和进行其他可能引起火灾的任何不安全操作。改装危险化学品或封焊修理，必须在专门的单独房间内进行，并应采用不产生火花的工具。装卸时，必须轻拿轻放，严防振动、摩擦撞击或重压、倾倒。仓库进出货物后，对遗留或散落在操作现场的危险品要及时清扫和处理。

（6）加强安全检查和保养

危险化学品仓库的安全检查，每天至少进行2次。对性质活泼、易分解变质或积热自燃的物品，应有专人定期进行测温、化验，并作好记录。

进出库的物品应该核实品名、数量、包装规格，如发现不符，须立即移至安全地点处置，不得进库或转运。

每年夏季高温、雷雨或霉雨季节以及冬季寒冷季节，更应加强巡回检查，发现漏雨进水、包装破损、积热升温等，都要及时处理。

此外，还要经常进行电气设备、灭火器材、建筑设施的维护保养和检查。

（7）加强消防教育训练

建立消防组织。位于偏远地区远离消防站的大型危险化学品仓库，应建立专职消防队；

中型仓库有条件的也应建立专职消防队，或建立义务消防组织，配备专职的防火干部；小型仓库要设置专人负责保卫和防火工作。

建立健全各种规章制度、加强防火宣传教育和灭火训练。仓库工作人员必须经消防培训合格，能熟练掌握所储存化学品的性质及其灭火方法，能熟练使用各种灭火器材。

加强消防灭火演练。制定切实可行的消防灭火预案，定期组织演练。

三、危险化学品装卸安全

（1）在装卸搬运化学危险物品前，要预先做好准备工作，了解物品性质，检查装卸搬运的工具是否牢固，不牢固的应予更换或修理。如工具上曾被易燃物、有机物、酸、碱等污染的，必须清洗后方可使用。

（2）操作人员应根据不同物资的危险特性，分别穿戴相应合适的防护用具，工作对毒害、腐蚀、放射性等物品更应加强注意。防护用具包括工作服、橡皮围裙、橡皮袖罩、橡皮手套、长筒胶靴、防毒面具、滤毒口罩、纱口罩、纱手套和护目镜等。操作前应由专人检查用具是否妥善，穿戴是否合适。操作后应进行清洗或消毒，放在专用的箱柜中保管。

（3）操作中对化学危险物品应轻拿轻放，防止撞击、摩擦、碰摔、震动。液体铁桶包装下垛时，不可用跳板快速溜放，应在地上，垛旁垫旧轮胎或其他松软物，缓慢下。标有不可倒置标志的物品切勿倒放。发现包装破漏，必须移至安全地点整修，或更换包装。整修时不应使用可能发生火花的工具。化学危险物品撒落在地面、车反上时，应及时扫除，对易燃易爆物品应用松软物经水浸湿后扫除。

（4）在装卸搬运化学危险物品时，不得饮酒、吸烟。工作完毕后根据工作情况和危险品的性质及时清洗手、脸、漱口或淋浴。装卸搬运毒害品时，必须保持现场空气流通，如果发现恶心、头晕等中毒现象，应立即到新鲜空气处休息，脱去工作服和防护用具，清洗皮肤沾染部分，重者送医院诊治。

（5）装卸搬运爆炸品，一级易燃品、一级氧化剂时，不得使用铁轮车、电瓶车(没有装控制火星设备的电瓶车)，及其他无防爆装置的运输工具。参加作业的人员不得穿带有铁钉的鞋子。禁止滚动铁桶，不得踩踏化学危险物品及其包装(指爆炸品)。装车时，必须力求稳固，不得堆装过高，如氯酸钾(钠)车后亦不准带拖车，装卸搬运一般宜在白天进行，并避免日晒。在炎热季节，应在早晚作业，晚间作业应用防爆式或封闭式的安全照明。雨、雪、冰封时作业，应有防滑措施。

（6）装卸搬运强腐蚀性物品，操作前应检查箱底是否已被腐蚀，以防脱底发生危险。搬运时禁止肩杠、背负或用双手揽抱，只能挑、抬或用车子搬运。搬运堆码时，不可倒置、倾斜、震荡，以免液体溅出发生危险。在现场须备有清水、苏打水或衡醋酸等，以备急救时应用。

（7）装卸搬运放射性物品时，不得肩扛、背负或揽抱。并尽量减少人体与物品包装的接触，应轻拿轻放，防止摔破包装。工作完毕后以肥皂和水清洗手脸和淋浴后才可进食饮水。对防护用具和使用工具，须经仔细洗刷，除去射线感染。对沾染放射性的污水，不得随便流散，应引入深沟或进行处理。废物应挖深坑埋赶掉。

（8）两种性能互相抵触的物品，不得同地装卸，同车（船）并运。对怕热、怕潮物品，应采取隔热、防潮措施。

四、危险化学品事故防范

1. 替代

控制、预防化学品危害最理想的方法是不使用有毒有害和易燃、易爆的化学品，但这很难做到，通常的做法是选用无毒或低毒的化学品替代有毒有害的化学品，选用可燃化学品替代易燃化学品。例如，甲苯替代喷漆和除漆用的苯，用脂肪族烃替代胶水或黏合剂中的芳烃等。

2. 变更工艺

虽然替代是控制化学品危害的首选方案，但是可供选择的替代品很有限，特别是因技术和经济方面的原因，不可避免地要生产、使用有害化学品。这时可通过变更工艺消除或降低化学品危害。如以往从乙炔制乙醛，采用汞做催化剂，直到发展为用乙烯为原料，通过氧化或氯化制乙醛，不需用汞做催化剂。通过变更工艺，彻底消除了汞害。

3. 隔离

隔离就是通过封闭、设置屏障等措施，避免作业人员直接暴露于有害环境中。最常用的隔离方法是将生产或使用的设备完全封闭起来，使工人在操作中不接触化学品。

隔离操作是另一种常用的隔离方法，简单地说，就是把生产设备与操作室隔离开。最简单形式就是把生产设备的管线阀门、电控开关放在与生产地点完全隔开的操作室内。

4. 通风

通风是控制作业场所中有害气体、蒸气或粉尘最有效的措施。借助于有效的通风，使作业场所空气中有害气体、蒸气或粉尘的浓度低于安全浓度，保证工人的身体健康，防止火灾、爆炸事故的发生。

通风分局部排风和全面通风两种。局部排风是把污染源罩起来，抽出污染空气，所需风量小，经济有效，并便于净化回收。全面通风亦称稀释通风，其原理是向作业场所提供新鲜空气，抽出污染空气，降低有害气体、蒸气或粉尘，在作业场所中的浓度。全面通风所需风量大，不能净化回收。

对于点式扩散源，可使用局部排风。使用局部排风时，应使污染源处于通风罩控制范围内。为了确保通风系统的高效率，通风系统设计的合理性十分重要。对于已安装的通风系统，要经常加以维护和保养，使其有效地发挥作用。

对于面式扩散源，要使用全面通风。采用全面通风时，在厂房设计阶段就要考虑空气流向等因素。因为全面通风的目的不是消除污染物，而是将污染物分散稀释，所以全面通风仅适合于低毒性作业场所，不适合于腐蚀性、污染物量大的作业场所。

像实验室中的通风橱、焊接室或喷漆室可移动的通风管和导管都是局部排风设备。在冶金厂，熔化的物质从一端流向另一端时散发出有毒的烟和气，需要两种通风系统都要使用。

5. 个体防护

当作业场所中有害化学品的浓度超标时，工人就必须使用合适的个体防护用品。个体防护用品既不能降低作业场所中有害化学品的浓度，也不能消除作业场所的有害化学品，而只是一道阻止有害物进入人体的屏障。防护用品本身的失效就意味着保护屏障的消失，因此个体防护不能被视为控制危害的主要手段，而只能作为一种辅助性措施。

防护用品主要有头部防护器具、呼吸防护器具、眼防护器具、身体防护用品、手足防护用品等。

6. 保持卫生

卫生包括保持作业场所清洁和作业人员的个人卫生两个方面。经常清洗作业场所，对废物、溢出物加以适当处置，保持作业场所清洁，也能有效地预防和控制化学品危害。作业人员应养成良好的卫生习惯，防止有害物附着在皮肤上，防止有害物通过皮肤渗入体内。

7. 火灾爆炸事故预防对策

（1）防止燃烧、爆炸系统的形成

替代、密闭、惰性气体保护、通风置换、安全监测及连锁。

（2）消除点火源

能引发事故的火源有明火、高温表面、冲击、摩擦、自燃、发热、电气、静电火花、化学反应热、光线照射等，具体做法有：

① 制明火和高温表面；

② 止摩擦和撞击产生火花；

③ 火灾爆炸危险场所采用防爆电气设备避免电气火花。

（3）限制火灾、爆炸蔓延扩散的措施

限制火灾爆炸蔓延扩散的措施包括阻火装置、阻火设施、防爆泄压装置及防火防爆分隔等。

五、危险化学品事故应急

1. 应急处置基本原则

危险化学品事故应急处置要做到"一防二撤三洗四治"。

（1）防护

呼吸防护，在确认发生毒气泄漏或危险化学品事故后，应马上用手帕、餐巾纸、衣物等随手可及的物品捂住口鼻。手头如有水或饮料，最好把手帕、衣物等浸湿。最好能及时戴上防毒面具、防毒口罩。皮肤防护，尽可能戴上手套，穿上雨衣、雨鞋等，或用床单、衣物遮住裸露的皮肤。如已备有防化服等防护装备，要及时穿戴。

眼睛防护，尽可能戴上各种防毒眼镜、防护镜或游泳用的护目镜等。食品检测，污染区及周边地区的食品和水源不可随便动用，须经检测无害后方可食用。

（2）撤离

判断毒源与风向，沿上风或上侧风路线，朝着远离毒源的方向撤离现场。

（3）洗消

到达安全地点后，要及时脱去被污染的衣服，用流动的水冲洗身体，特别是曾经裸露的部分，防止皮肤吸入性中毒。

（4）救治

迅速拨打"120"，将中毒人员及早送医院救治。中毒人员在等待救援时应保持平静，避免剧烈运动，以免加重心肺负担致使病情恶化。

2. 化学品烧灼伤事故应急

化学腐蚀物品对人体有腐蚀作用，易造成化学灼伤。腐蚀物品造成的灼伤与一般火灾的烧伤烫伤不同，开始时往往感觉不太疼，但发觉时组织已灼伤。所以对触及皮肤的腐蚀物品，应迅速采取淋洗等急救措施。对化学性皮肤烧伤，应立即移离现场，迅速脱去受污染的衣裤、鞋袜等，并用大量流动的清水冲洗创面20~30min（强烈的化学品要更长），以稀释有毒物质，防止继续损伤和通过伤口吸收。新鲜创面上严禁任意涂抹油膏或红药水、紫药水，不要用脏布包裹；黄磷烧伤时应用大量清水冲洗、浸泡或用多层干净的湿布覆盖创面。化学性眼烧伤，要在现场迅速用流动的清水进行冲洗。

3. 危险化学品急性中毒事故应急

若为沾染皮肤中毒，应迅速脱去受污染的衣物，用大量流动的清水冲洗至少15min。若为吸入中毒，应迅速脱离中毒现场，向上风方向移至空气新鲜处，同时解开患者的衣领，放松裤带，使其保持呼吸道畅通，并要注意保暖，防止受凉。若为口服中毒，中毒物为非腐蚀性物质时，可用催吐方法使其将毒物吐出。误服强碱、强酸等腐蚀性强的物品时，催吐反使食道、咽喉再次受到严重损伤，可服牛奶、蛋清、豆浆、淀粉糊等，此时不能洗胃，也不能服碳酸氢钠，以防胃胀气引起穿孔。现场如发现中毒者发生心跳、呼吸骤停，应立即实施人工呼吸和体外心脏按压术，使其维持呼吸、循环功能。

4. 危险化学品火灾事故应急

（1）先控制，后消灭。针对危险化学品火灾的火势发展蔓延快和燃烧面积大的特点，积极采取统一指挥、以快制快；堵截火势、防止蔓延；重点突破、排除险情；分割包围、速战速决的灭火战术。

（2）扑救人员应占领上风或侧风阵地。

（3）进行火情侦察、火灾扑救、火场疏散人员应有针对性地采取自我防护措施，如佩戴防护面具、穿戴专用防护服等。

（4）应迅速查明燃烧范围、燃烧物品及其周围物品的品名和主要危险特性、火势蔓延的主要途径，燃烧的危险化学品及燃烧产物是否有毒。

（5）正确选择最适当的灭火剂和灭火方法。火势较大时，应先堵截火势蔓延，控制燃烧范围，然后逐步扑灭火势。

（6）对有可能发生爆炸、爆裂、喷溅等特别危险需紧急撤退的情况，应按照统一的撤退信号和撤退方法及时撤退。

（7）火灾扑灭后，仍然要派人监护现场，消灭余火。

5. 危险化学品泄漏事故应急

（1）进入泄漏现场进行处理时，应注意安全防护，进入现场救援人员必须配备必要的个人防护器具。必须做到：①如果泄漏物是易燃易爆的，事故中心区应严禁火种、切断电源、禁止车辆进入、立即在边界设置警戒线，根据事故情况和事故发展，确定事故波及区人员的撤离；②如果泄漏物是有毒的，应使用专用防护服、隔绝式空气面具，立即在事故中心区边界设置警戒线，根据事故情况和事故发展，确定事故波及区人员的撤离；③应急处理时严禁单独行动，要有监护人，必要时用水枪、水炮掩护。

（2）泄漏源控制

关闭阀门、停止作业或改变工艺流程、物料走副线、局部停车、减负荷运行等。堵漏时，采用合适的材料和技术手段堵住泄漏处。

（3）泄漏物处理

① 围堤堵截：筑堤堵截泄漏液体或者引流到安全地点。储罐区发生液体泄漏时，要及时关闭雨水阀，防止物料沿明沟外流。

② 稀释与覆盖：向有害物蒸气云喷射雾状水，加速气体向高空扩散。对于可燃物，也可以在现场施放大量水蒸气或氮气，破坏燃烧条件。对于液体泄漏，为降低物料向大气中的蒸发速度，可用泡沫或其他覆盖物品覆盖外泄的物料，在其表面形成覆盖层，抑制其蒸发。

③ 收容(集)：对于大型泄漏，可选择用隔膜泵将泄漏出的物料抽入容器内或槽车内；当泄漏量小时，可用沙子、吸附材料、中和材料等吸收中和。

④ 废弃：将收集的泄漏物运至废物处理场所处置。用消防水冲洗剩下的少量物料，冲洗水排入污水系统处理。

第四节　化工物料事故案例

一、甲醇储罐爆炸燃烧事故

1. 事故经过

2008 年 8 月 2 日，贵州某化工有限责任公司甲醇储罐发生爆炸燃烧事故，事故造成在现场的施工人员 3 人死亡，2 人受伤(其中 1 人严重烧伤)，6 个储罐被摧毁。粗甲醇储罐 2 个(各为 1000m³)、精甲醇储罐 5 个(3 个为 1000m³、2 个为 250m³)、杂醇油储罐 1 个 250m³，事故造成 5 个精甲醇储罐和杂醇油储罐爆炸燃烧(爆炸燃烧的精甲醇约 240t、杂醇油约 30t)。2 个粗甲醇储罐未发生爆炸、泄漏。

事故发生后，政府及相关部门立即开展事故应急救援工作，控制了事故的进一步蔓延。据当地环保部门监测，事故未对环境造成影响。

2. 事故原因

此次事故是一起因严重违规违章施工作业引发的责任事故，暴露出危险化学品生产企业安全管理和安全监管上存在的一些突出问题。

（1）施工单位缺乏化工安全的基本知识，施工中严重违规违章作业。施工人员在未对储罐进行必要的安全处置的情况下，违规将精甲醇罐顶部备用短接打开与二氧化碳管道进行连接配管，造成罐体内部通过管道与大气直接连通。同时又严重违规违章在罐旁进行电焊等动火作业，没有严格履行安全操作规程和动火作业审批程序，最终引发事故。

（2）企业安全生产主体责任不落实。对施工作业管理不到位，在施工单位资质已过期的情况下，企业仍委托其进行施工作业；对外来施工单位的管理、监督不到位，现场管理混乱，生产、施工交叉作业没有统一的指挥、协调，危险区域内的施工作业现场无任何安全措施，管理人员和操作人员对施工单位的违规违章行为熟视无睹，未及时制止、纠正；对外来施工单位的培训教育不到位，施工人员不清楚作业场所危害的基本安全知识。

（3）地方安全生产监管部门的监管工作有待加强。虽然经过百日安全督查，安全生产监管部门对企业存在的管理混乱、严重违规违章等行为未能及时发现、处理。地方安监部门应加强监管，将各项监管措施落实到位。

3. 防范措施

（1）切实加强对危险化学品生产、储存场所施工作业的安全监管，对施工单位资质不符合要求、作业现场安全措施不到位、作业人员不清楚作业现场危害以及存在严重违规违章行为的施工作业要立即责令立即停工整顿并进行处罚。

（2）督促、监督企业加强对外来施工单位的管理，确保企业对外来施工单位的教育培训到位；危险区域施工现场的管理、监督到位；交叉作业的统一管理到位；动火、入罐、进入受限空间作业等危险作业的票证管理制度落实到位；危险区域施工作业的各项安全措施落实到位。对管理措施不到位的企业，要责令停止建设，并给予处罚。

（3）各地要立即将本通报转发辖区内危险化学品从业单位和各级监管部门，督促企业认真吸取事故教训，组织企业立即开展全面的自查自纠，对自查自纠工作不落实、走过场的企业，要加大处罚力度，切实消除安全隐患。

（4）各级安监部门要切实加强对危险化学品企业的监管，确保安全生产隐患排查治理专项行动和百日督查专项行动的各项要求落实到位，确保安全监管主体责任落实到位。

（5）企业应加强对从业人员的安全培训工作，增强员工安全意识，安全知识，以及应急能力。

（6）加强对外来施工人员的培训教育工作，选择有资质的施工单位来进行施工工作，严格外来施工单位资质审查。

二、一氧化碳中毒事故

1. 事故经过

2007年8月6日上午9时许，肥城市某建筑安装工程公司2名工人在对肥城某化工有限公司煤气车间5#造气炉进行修补作业时，由于煤气炉四周炉壁内积存的煤气（一氧化碳）释出，导致2人一氧化碳中毒，造成1人死亡，1人受伤。肥城市某建筑安装工程有限公司具有房屋建筑工程三级施工资质，可承担防腐保温工程施工。肥城某化工有限公司是综合化工企业，主导产品是甲酸、甲胺、甲醇、甲酸钙等。

2. 事故原因

肥城市某建筑安装工程有限公司施工队，未办理任何安全作业手续、未通知设备所在车间，安排施工人员进入肥城某化工有限公司煤气车间5#造气炉底部耐火段进行修补作业，作业过程中，由于煤气炉四周炉壁渗透的一氧化碳释放，导致一氧化碳中毒，是该起事故的直接原因。企业未与外来施工队伍签定安全协议，对外来施工队伍管理不严，是事故发生的间接原因。

3. 防范措施

（1）深入开展检维修作业过程的风险分析工作，严格执行检维修作业的票证管理制度，加强现场安全管理。

（2）制定完善的安全生产责任制、安全生产管理制度、安全操作规程，并严格落实和执行。

（3）加强员工的安全教育培训，全面提高员工的安全意识和技术水平。

（4）制定事故应急救援预案，并定期培训和演练。

（5）检维修现场配备必要的检测仪器和救援防护设备，对有危害的场所要检测，查明真相，正确选择、戴好个人防护用具并加强监护。

三、环氧乙烷再蒸馏塔爆炸事故

1. 事故经过

1991年3月12日，美国联合碳化物公司环氧乙烷1号再蒸馏塔发生爆炸火灾事故，造成1人死亡，32人受伤。导致乙烯、聚乙烯、乙二醇、乙二醇醚、乙二醇胺等装置停产。事故发生后，英国Tecnon公司高级顾问指出，英国石油公司1987年在比利时安特卫普工厂以及德国巴斯夫公司1988年在路德维希港工厂的爆炸火灾事故都与环氧乙烷蒸馏塔有关，一般说来，环氧乙烷是相当危险、很难处置的物料，操作时必须特别注意。

工厂所在地的意外事故协调员说，这次灾难的救援工作是一次真正的协作活动。由于1990年11月间进行过一次与实际事故极为相似的演练，所以事故出现后，没有人过分惊慌。在工业界与地方社区的密切合作下，当天下午就扑灭了大火，解除工厂周围2.4km范围内的预防性疏散，并且重新开放环绕工厂的道路。

2. 事故原因

OSHA的调查结果认为爆炸是再蒸馏塔内环氧乙烷加料过量（超过29t）所造成的。爆炸后的设备碎片击中附近的管架，损坏输送甲烷和其他易爆物的管路，易燃物料外逸引起第二次火灾。OSHA的调查人员还发现，环氧乙烷容器没有隔热装置，也没有装配可以测定局部过热的仪表，而且该公司不能证实装置上温度传感器上次核准的确切时间。同时，鉴定环氧乙烷储槽设施距离环氧乙烷装置太近，存在着比通常遇到爆炸更大的可能性。

联合碳化物公司坚持爆炸是由在36.5m高的蒸馏塔中环氧乙烷分解时产生的特别高压引起的，提出再沸器正常操作温度最高为154.4℃。当温度升高到482.2℃时，环氧乙烷发生分解。该公司认为由于几种因素的结合使塔内液体中止循环，从而使管路外壳过热，同时，聚合物中所含的特殊形状的氧化铁对于环氧乙烷有高度的催化活性。该公司并不了解这种独特的氧化铁，更不清楚其对环氧乙烷的催化活性。这些在科学文献上都没有提到过。

3. 防范措施

为吸取这次事故的沉痛教训，联合碳化物公司采取了以下措施：

（1）改进所有的环氧乙烷再蒸馏塔，消除再沸器中止循环的可能性。

（2）防止催化的氧化铁聚合物接触干燥的环氧乙烷蒸气。

（3）尽量降低再沸器中蒸汽的温度。

（4）安装自动关闭系统，一旦环氧乙烷的基准液位下降到90%，就自动停止设备运转。

（5）增添新的仪表，改进现有的仪表。

（6）加快凝缩液的排除。

经过反复检查，联合碳化物公司在环氧乙烷的生产操作中已经消除了可能造成这次事故的任何因素。

第三章　化工反应安全工程

化工生产是以化学反应为主要特征的生产过程，具有易燃、易爆、有毒、有害、有腐蚀等特点。我国化工反应风险研究及工艺风险评估，与西方发达国家相比较，起步较晚，相对落后。国内一些企业只注重推进生产和追求近期效益，注意力普遍集中在化学反应工艺的研究开发以及生产方面，而对于化工反应潜在的风险研究、工艺风险评估、应对措施的建立，没能得到足够的重视，往往忽视了工艺研发过程中潜在的本质风险，进而严重地忽视了环境保护和安全生产。

化工生产中最常见的化学反应有：氧化反应、还原反应、硝化反应、聚合反应、裂化反应、氯化反应、氟化反应、催化反应、电解反应、磺化反应、烷基化反应、重氮化反应、光气化反应等。通过认识各种化工反应过程的危险物质，可以有效地采取相应的安全措施。不同类型的化学反应，因其反应特点不同，潜在的危险性亦不同，生产中规定有相应的操作要求和安全技术。热危险性是化工生产过程中可能造成反应失控的最典型表现，过度的反应放热超过了反应器冷却能力的控制极限，导致喷料、反应器破坏，甚至燃烧、爆炸等事故。因此，掌握热危险性的规律是实现化工生产过程安全的关键。

第一节　化工反应的危险性

化工反应危险性的特点主要有易燃易爆性、扩散性、突发性、毒害性。在不同的化工生产过程中，工艺不同所造成的危险性也不同。

一、化工反应主要危险性

1. 易燃易爆性

易燃易爆的化学品在常温下经撞击、摩擦、热源、火花等火源作用，会发生燃烧与爆炸。燃烧爆炸的能力大小取决于这类物质的化学组成。化学组成决定着化学物质的燃点、闪点的高低，燃烧范围、爆炸极限、燃速、发热量等。

一般来说，气体比液体、固体易燃易爆，燃速更快。这是因为气体分子间作用力小，化学键容易断裂，无需溶解、溶化和分解。

分子越小，分子量越低，其物质化学性质越活泼，越容易引起燃烧爆炸。由简单成分组成的气体比复杂成分组成的气体易燃易爆，含有不饱和键的化合物比含有饱和键的易燃易爆，如火灾爆炸危险性 $H_2 > CO > CH_4$。可燃性气体燃烧前必须与助燃气体先混合，当可燃气体从内外逸时，与空气混合，会形成爆炸性混合物，两者互为条件，缺一不可。而分解爆炸性气体，如乙烯、乙炔、环氧乙烷等，不需与助燃气体混合，其本身就会发生爆炸。

有些化学物质之间不能接触，否则将会发生爆炸。如硝酸与苯，高锰酸钾与甘油等。

任何物体的摩擦都会产生静电，当易燃易爆的化学危险物品从破损的容器或管道口高速喷出时也会产生静电，这些气体或液体中的杂质越多，流速越快，产生的静电荷也越多，是极危险的点火源。

燃点较低的危险品易燃性较强，如黄磷在常温下遇空气即发生燃烧，某些遇湿易燃的化学物质在受潮或遇水后会放出氧气引燃，如电石、五氧化二磷等。

2. 扩散性

化学事故中化学物质溢出，向周围扩散，比空气轻的可燃气体会在空气中迅速扩散，与空气形成混合物，随风飘荡，致使燃烧、爆炸与毒害蔓延扩大。比空气重的物质多漂流于地表、沟、角落等处，若长时间积聚不散，会造成迟发性燃烧、爆炸和引起人员中毒。

这些气体的扩散性受气体本身密度影响，相对分子质量越小的物质扩散越快。如氢气，其扩散速度最快，在空气中达到爆炸极限的时间最短。气体扩散速度与其相对分子质量的平方根成正比。

3. 突发性

化学物质引起的事故多是突然发生，在很短的时间内或瞬间即产生危害。一般的火灾要经过起火、蔓延扩大到猛烈燃烧几个阶段，需经历几分钟到几十分钟；而化学危险品一旦起火往往是轰然而起，迅速蔓延，燃烧、爆炸交替发生，加之有毒物质的弥散，迅速产生危害，短时间内喷出大量气体，使大片地区迅速变成污染区。

4. 毒害性

有毒的化学物质，无论是脂溶性还是水溶性的，都有进入人的机体、损坏机体正常功能的能力。这些化学物质通过一种或多种途径进入机体达到一定量的时候，便会引起机体损伤，破坏正常的生理功能，引起中毒。

二、化工反应危险性分类

在化工生产过程中，根据不同的危险性，化工反应一般分类如下：

（1）有本质上不稳定物质存在的工艺过程，这些不稳定物质可能是原料、中间产物、成品、副产品、添加物或杂质；

（2）放热的化学反应过程；

（3）含有易燃物料且在高温、高压下运行的化工反应；

（4）含有易燃物料且在低温状况下运行的化工反应；

（5）在爆炸极限内或接近爆炸极限的化工反应；

（6）有可能形成尘雾爆炸性混合物的化工反应；

（7）有高毒物料存在的化工反应；

（8）高压或超高压的化工反应。

在化工生产过程中，比较危险的反应类型主要有：燃烧、氧化、加氢、还原、聚合、卤化、硝化、烷基化、胺化、芳化、缩合、重氮化、电解、催化、裂解、氯化、磺化、酯化、中和、闭环、酰化、酸化、盐析、脱溶、水解、偶合等。

按热反应的危险性程度增加的次序可将化工过程分为以下四类。

（1）第一类化工过程包括：

① 加氢，将氢原子加到双键或三键的两侧；

② 水解，化合物和水反应，如以硫或磷的氧化物生产硫酸或磷酸；

③ 异构化，在一个有机物分子中原子的重新排列，如直链分子变为支链分子；

④ 磺化，通过与硫酸反应将—SO_3H 根导入有机物分子；

⑤ 中和，酸与碱反应生成盐和水。

（2）第二类化工过程包括：

① 烷基化(烃化)，将一个烷基原子团加到一个化合物上形成各种有机化合物；

② 氧化，某些物质与氧化合，反应控制在不生成 CO_2 及 H_2O 的阶段，采用强氧化剂如氯酸盐、高氯酸、次氯酸及其盐时，危险性较大；

③ 酯化，酸与醇或不饱和烃反应，当酸是强活性物料时，危险性增加；

④ 聚合，分子连接在一起形成链或其他连接方式；

⑤ 缩聚，连接两种或更多的有机物分子，析出水、HCl 或其他化合物。

（3）第三类化工过程是卤化等，将卤族元素(氟、氯、溴或碘)引入有机分子。

（4）第四类化工过程是硝化等，用硝基取代有机化合物中的氢原子。

化工反应过程危险性的识别，不仅应考虑主反应还需考虑可能发生的副反应、杂质或杂质积累所引起的反应，以及对构造材料腐蚀产生的腐蚀产物引起的反应等。

第二节　反应设备安全技术

在工业生产过程中，为化学反应提供反应空间和反应条件的装置，称为反应设备或反应器。它是石油、化工、医药、生物、橡胶、染料等行业生产中的关键设备之一，主要用于完成氧化、氢化、磺化、烃化、水解、裂解、聚合、缩合及物料混合、溶解、传热和悬浮液制备等工艺过程，使物质发生质的变化，生成新的物质而得到所需的中间产物或最终产品。可见反应器对产品生产的产量和质量起着决定作用。

一、反应设备的类型及操作方式

1. 反应设备的类型及特点

反应设备的结构形式与工艺过程密切相关，种类也各不相同，如用于有机染料和制药工业的各种反应锅、制碱工业的苛化桶、化肥工业的甲烷合成塔和氨合成塔以及乙烯工程高压聚乙烯聚合釜等。常见反应设备的类型、反应过程见表3-1。

表3-1　化工生产常见反应器类型

类　型	反应过程	反应器举例
单相反应器	气相	管式反应器、喷射反应器、燃烧炉
	液相	釜式反应器、喷射反应器、管式反应器
	固相	回转窑

类　型	反应过程	反应器举例
多相反应器	气-固	固定床反应器、流化床反应器、移动床反应器
	气-液	鼓泡塔、鼓泡搅拌釜、填充塔、板式塔、喷射反应器
	液-液	釜式反应器、喷射反应器、填充塔
	液-固	固定床反应器、流化床反应器、移动床反应器
	气-液-固	滑流床反应器、浆态反应器
	固-固	搅拌釜、回转窑、反射炉

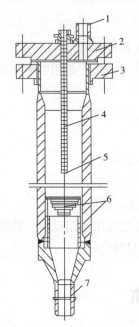

图 3-1　侧烧式转化反应器

1—进气管；2—上法兰；3—下法兰；
4—温度计；5—管子；
6—催化剂支承；7—下猪尾巴管

（1）管式反应器

管式反应器由长径比值较大的空管或填充管构成，一般用于大规模的气相反应和某些液相反应，还可用于强烈放热或吸热的化学反应。反应时将混合好的气相或液相反应物从管道一端进入，连续流动，连续反应，从管道另一端排出。图 3-1 所示是石脑油分解转化管式反应器。管式反应器结构简单，制造方便，耐高压，传热面积较大，传热系数较高，流体流速较快，因此反应物停留时间短，便于分段控制以创造最适宜的温度梯度和浓度梯度。此外，不同的反应，管径和管长可根据需要设计；管式反应器可连续或间歇操作，反应物不返混，高温、高压下操作。

（2）釜式反应器

由长径比值较小的圆筒形容器构成，常装有机械搅拌或气流搅拌装置，可用于液相单相反应过程和液-液相、气-液相、气-液-固相等多相反应过程。用于气-液相反应过程的称为鼓泡搅拌釜；用于气-液-固相反应过程的称为搅拌釜式浆态反应器。按换热方式，分为夹套加热式釜式反应器和内盘管加热式釜式反应器，如图 3-2 所示。

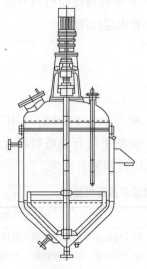

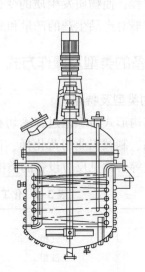

(a) 带夹套的釜式反应器　　　　(b) 带内盘管的釜式反应器

图 3-2　釜式反应器

（3）有固体颗粒床层的反应器

气体或（和）液体通过固定的或运动的固体颗粒床层以实现多相反应过程，包括固定床反应器、流化床反应器、移动床反应器、涓流床反应器等，具有结构简单、操作稳定、便于控制、易实现大型化和连续化生产等优点，在现代化工和反应中应用很广泛，如氨合成塔、甲醇合成塔、硝酸生产的 CO 变换塔、SO_2 转换器等。图 3-3 是固定床反应器的三种基本形式。

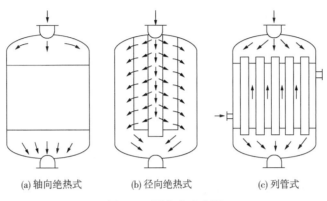

(a) 轴向绝热式   (b) 径向绝热式   (c) 列管式

图 3-3　固定床反应器

（4）塔式反应器

塔式反应器是用于实现气-液相或液-液相反应过程的塔式设备，包括填料塔、板式塔、鼓泡塔和喷淋塔等。

鼓泡塔反应器广泛应用于液相也参与反应的中速、慢速反应和放热量大的反应。例如，各种有机化合物的氧化反应、各种石蜡和芳烃的氯化反应、各种生物化学反应、污水处理曝气氧化和氨水碳化生成固体碳酸氢铵等反应，都采用这种鼓泡塔反应器。

填料塔反应器是用于气体吸收的设备，也可用作气-液相反应器，由于液体沿填料表面下流，在填料表面形成液膜而与气相接触进行反应，故液相主体量较少，适用于瞬间反应、快速和中速反应过程。例如，催化热碱吸收 CO_2，水吸收 NO_x、HCl 和 SO_3 分别形成硝酸、盐酸和硫酸等通常都使用填料塔反应器。填料塔反应器具有结构简单、压降小、易于适应各种腐蚀介质和不易造成溶液起泡的优点。

板式塔反应器的液体是连续相而气体是分散相，借助于气相通过塔板分散成小气泡而与板上液体相接触进行化学反应。板式塔反应器适用于快速及中速反应。采用多板可以将轴向返混降低至最小程度，并且它可以在很小的液体流速下进行操作，从而能在单塔中直接获得极高的液相转化率。同时，板式塔反应器的气-液传质系数较大，可以在板上安置冷却或加热元件，以适应维持所需温度的要求。

喷淋塔反应器结构较为简单，液体以细小液滴的方式分散于气体中，气体为连续相，液体为分散相，具有相接触面积大和气相压降小等优点。适用于瞬间、界面和快速反应，也适用于生成固体的反应。

（5）喷射反应器

喷射反应器是利用喷射进行混合，实现气相或液相单相反应过程和气-液相、液-液相等多相反应过程的设备（图 3-4）。喷射反应器具有设备操作简单、反应时间短、传质效果好、转化率高、生成物纯度高等优点，是一类高效的多相反应器。目前喷射反应器不再是简单的单元设备，而是由喷射器、釜体以及其他附属装置(如气液分离器、换热器、循环泵等)组成的一套装置的总称。根据不同的生产要求，还可将喷射反应器直接与参加反应的设备串联使用。喷射反应器在化工领域，主要用于磺化、氧化、烷基化等反应。

除上述几种反应器外，在化工生产中还有其他多种非典型反应器，如回转窑、曝气池等。

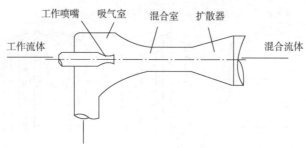

图 3-4　喷射反应器结构简图

2. 反应设备的操作方式与加料方式

反应器的操作方式分间歇式、连续式和半连续式。

（1）间歇操作反应器

间歇操作反应器系将原料按一定配比一次加入反应器，待反应达到一定要求后，一次卸出物料，操作灵活，设备简单，易于适应不同操作条件和产品品种，适用于小批量、多品种、反应时间较长的产品生产，且反应器中不存在物料的返混，对大多数反应有利。其缺点是需要装卸料、清洗等辅助工序，产品质量不易稳定。有些反应过程，如一些发酵反应和聚合反应，实现连续生产尚有困难，至今还采用间歇釜式反应器。

（2）连续操作反应器

连续操作反应器系连续加入原料，连续排出反应产物。当操作达到定态时，反应器内任何位置上物料的组成、温度等状态参数不随时间而变化。连续反应器的优点是产品质量稳定，易于操作控制，适用于大规模生产。其缺点是连续反应器中都存在程度不同的返混，这对大多数反应皆为不利因素，应通过反应器合理选型和结构设计加以抑制(图 3-5)。

（3）半连续操作反应器

半连续操作反应器也称为半间歇操作反应器，介于上述两者之间，通常是将一种反应物一次加入，然后连续加入另一种反应物。反应达到一定要求后，停止操作并卸出物料。

反应器加料方式，须根据反应过程的特征决定。对有两种以上原料的连续反应器，物料流向可采用并流或逆流。对几个反应器组成级联的设备，还可采用错流加料，即一种原料依次通过各个反应器，另一种原料分别加入各反应器。除流向外，还有原料是从反应器的一端(或两端)加入和分段加入之分。分段加入指一种原料由一端加入，另一种原料分成几段从反应器的不同位置加入，错流也可看成一种分段加料方式。

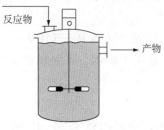

图 3-5　连续釜式反应器

二、反应设备的危险性

反应设备中的化学反应需在一定的条件(压力、温度、催化剂等)下进行，因此，反应设备属于维持一定压力、完成化学反应的压力容器，通常还装设一些加热(冷却)装置、触媒筐和搅拌器，以便于对反应进行控制。此外，由于涉及反应器物系配置、投料速度、投料量、升温冷却系统、检测、显示、控制系统以及反应器结构、搅拌、安全装置、泄压系统等，反应设备具有较大的危险性，易于引发各类事故，如检修中为进行彻底置换、违章动火、物料性能不清、开车程序不严格、操作中超压和泄漏造成的爆炸事故，因泄漏严重、违章进入釜内作业造成的中毒事故等。触媒中毒、冷管失效也是常见反应器事故形式。

1. 固有危险性

（1）物料

化工反应设备中的物料大多属于危险化学品。如果物料属于自燃点和闪点较低的物质，一旦泄漏后，会与空气形成爆炸性混合物，遇到点火源(明火、火花、静电等)，可能引起火灾爆炸；如果物料属于毒害品，一旦泄漏，可能造成人员中毒窒息。

（2）设备装置

反应器设计不合理、设备结构形状不连续、焊缝布置不当等，可能引起应力集中；材质选择不当，制造容器时焊接质量达不到要求，以及热处理不当等，可能使材料韧性降低；容器壳体受到腐蚀性介质的侵蚀，强度降低或安全附件缺失等，均有可能使容器在使用过程中发生爆炸。

2. 操作过程危险性

反应设备在生产操作过程中主要存在以下风险：

（1）反应失控引起火灾爆炸

许多化学反应，如氧化、氯化、硝化、聚合等均为强放热反应，若反应失控或突遇停电、停水，造成反应热蓄积，反应釜内温度急剧升高、压力增大，超过其耐压能力，会导致容器破裂。物料从破裂处喷出，可能引起火灾爆炸事故；反应釜爆裂导致物料蒸气压的平衡状态被破坏，不稳定的过热液体会引起二次爆炸(蒸气爆炸)；喷出的物料再迅速扩散，反应釜周围空间被可燃液体的雾滴或蒸气笼罩，遇点火源还会发生三次爆炸(混合气体爆炸)。导致反应失控的主要原因有：反应热未能及时移出，反应物料没有均匀分散和操作失误等。

（2）反应容器中高压物料窜入低压系统引起爆炸

与反应容器相连的常压或低压设备，由于高压物料窜入，超过反应容器承压极限，从而发生物理性容器爆炸。

（3）水蒸气或水漏入反应容器发生事故

如果加热用的水蒸气、导热油，或冷却用的水漏入反应釜、蒸馏釜，可能与釜内的物料发生反应，分解放热，造成温度压力急剧上升，物料冲出，发生火灾事故。

（4）蒸馏冷凝系统缺少冷却水发生爆炸

物料在蒸馏过程中，如果塔顶冷凝器冷却水中断，而釜内的物料仍在继续蒸馏循环，会造成系统中原来的常压或负压状态变成正压，超过设备的承受能力发生爆炸。

（5）容器受热引起爆炸事故

反应容器由于外部可燃物起火，或受到高温热源热辐射，引起容器内温度急剧上升，压力增大发生冲料或爆炸事故。

（6）物料进出容器操作不当引发事故

很多低闪点的甲类易燃液体通过液泵或抽真空的办法从管道进入反应釜、蒸馏釜，这些物料大多数属绝缘物质，导电性较差，如果物料流速过快，会造成积聚的静电不能及时导除，发生燃烧爆炸事故。

三、反应器安全运行的基本要求

反应器应该满足反应动力学要求、热量传递的要求、质量传递过程与流体动力学过程的要求、工程控制的要求、机械工程的要求、安全运行要求。

基本要求如下：

（1）必须有足够的反应容积，以保证设备具有一定的生产能力，保证物料在设备中有足够的停留时间，使反应物达到规定的转化率；

（2）有良好的传质性能，使反应物料之间或与催化剂之间达到良好的接触；

（3）有良好的传热性能，能及时有效地输入或引出热量，保证反应过程是在最适宜的操作温度下进行；

（4）有足够的机械强度和耐腐蚀能力，并要求运行可靠，经济适用；

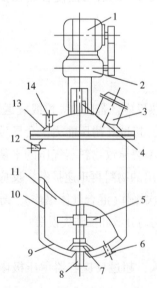

图 3-6　反应釜的基本结构

1—电动机；2—传动装置；3—人孔；
4—密封装置；5—搅拌器；6，12—夹套直管；
7—搅拌器轴承；8—出料管；9—釜底；
10—夹套；11—釜体；13—顶盖；
14—加料管

（5）在满足工艺条件的前提下结构尽量合理，并具有进行原料混合和搅拌的性能，易加工；

（6）材料易得到，价格便宜；

（7）操作方便，易于安装、维护和检修。

四、釜式反应器的选择与安全运行

1. 釜式反应器的结构

在化工生产中，釜式反应器（又称为反应釜）因原料的物态、反应条件和反应效应的不同则有多种多样的类型和结构，但它们具有以下共同特点：

（1）结构基本相同，除有反应釜体外，还有传动装置、搅拌器和加热（冷却）装置等；

（2）操作压力、操作温度较高，适用于各种不同的生产规模；

（3）可间歇操作或连续操作。投资少，投产快、操作灵活性大等优点。

典型的釜式反应器结构如图 3-6 所示。

主要由以下部件组成：

（1）釜体及封头　提供足够的反应体积以保证反应物达到规定转化率所需的时间，并且有足够的强度、刚度和稳定性及耐腐蚀能力以保证运行可靠；

（2）换热装置　有效地输入或移出热量，以保证反应过程最适宜的温度；

（3）搅拌器　使各种反应物、催化剂等均匀混合，充分接触，强化釜内传热与传质；

（4）轴密封装置　用来防止釜体与搅拌轴之间的泄漏。

2. 釜式反应器的安全运行

（1）釜体及封头的安全

釜体及封头提供足够的反应体积以保证反应物达到规定转化率所需的时间。釜体及封头应有足够的强度、刚度和稳定性及耐腐蚀能力以保证运行可靠。

（2）搅拌器的安全

搅拌器的安全可靠是许多放热反应、聚合过程等安全运行的必要条件。搅拌器选择不当，可能发生中断或突然失效，造成物料反应停滞、分层、局部过热等，以至发生各种事故。

搅拌器又称搅拌桨或搅拌叶轮，是搅拌反应器的关键部件，其功能是提供过程所需要的能量和适宜的流动状态。工作原理是搅拌器旋转时把机械能传递给流体，在搅拌器附近形成高湍动的充分混合区，并产生一股高速射流推动液体在搅拌容器内循环流动。

搅拌器的类型比较多，其中桨式、推进式、涡轮式和锚式搅拌器，在搅拌反应设备中应用最为广泛，据统计约占搅拌器总数的 75%~80%。

① 桨式搅拌器　结构如图 3-7（a）所示，叶片用扁钢制成，焊接或用螺栓固定在轮毂上，叶片数有 2 片、3 片或 4 片，叶片形式可分为平直叶式和折边叶式两种。优点是结构最简单，缺点是不能用于以保持气体和以细微化为目的的气-液分散操作中。主要用于液-液系中，可以防止分离，使罐内温度分布均匀，固-液系中多用于防止固体沉降。也用于高的流体搅拌，促进流体的上下交换，代替价格高的螺带式叶轮，能获得良好的效果。

② 推进式搅拌器　又称船用推进器，结构如图 3-7（b）所示。标准推进式搅拌器有三瓣叶片，其螺距与桨直径 d 相等。它直径较小，$d/D = 1/4~1/3$，叶端速度一般为 7~10m/s，最高达 15m/s。流体由桨叶上方吸入，下方以圆筒状螺旋形排出，流体至容器底再沿壁面返至桨叶上方，形成轴向流动。其特点是推进式搅拌器搅拌时流体的湍流程度不高，但循环量大。结构简单，制造方便。适用于黏度低、流量大的场合，利用较小的搅拌功率，通过高速转动的桨叶能获得较好的搅拌效果。主要用于液-液系混合，使温度均匀，在低浓度固-液系中防止淤泥沉降等。

③ 涡轮式搅拌器又称透平式叶轮，结构如图 3-7（c）所示，是应用较广的一种搅拌器，能有效地完成几乎所有的搅拌操作，并能处理黏度范围很广的流体。涡轮式搅拌器有较大的剪切力，可使流体微团分散得很细，适用于低黏度到中等黏度流体的混合、液-液分散、液-固悬浮，以及促进良好的传热、传质和化学反应。

④ 锚式搅拌器　结构如图 3-7（d）所示。它适用于黏度在 100Pa·s 以下的流体搅拌，当流体黏度在 10~100Pa·s 时，可在锚式桨中间加一横桨叶，即为框式搅拌器，以增加容器中部的混合。常用于对混合要求不太高的场合。

搅拌器的选型一般从搅拌目的、物料黏度和搅拌容器容积大小等三个方面考虑。选用时除满足工艺要求外，还应考虑功耗、操作费用，以及制造、维护和检修是否方便等因素。

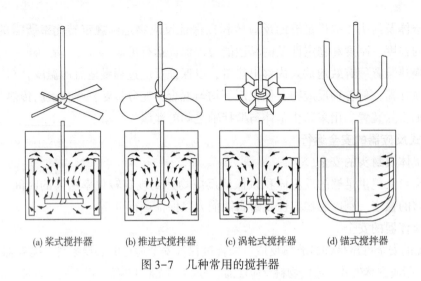

| (a) 桨式搅拌器 | (b) 推进式搅拌器 | (c) 涡轮式搅拌器 | (d) 锚式搅拌器 |

图 3-7　几种常用的搅拌器

第三节　反应工艺安全技术

化工生产中有许多化工工艺，不同的工艺有其自身的工艺危险性，本节主要分析典型化工工艺的危险性，并提出了安全措施。

一、光气化反应

光气及光气化工艺是指包含光气的制备工艺，以及以光气为原料制备光气化产品的工艺过程。光气化工艺主要分为气相和液相两种。

1. 光气化反应的危险性分析

（1）光气又称碳酰氯，为剧毒气体，在储运、使用过程中发生泄漏后，易造成大面积污染、中毒事故。光气的毒性比氯气大 10 倍，相对密度比空气大，是一种窒息性毒气，高浓度吸入易导致肺水肿。光气沸点为 8.3℃，常温下为无色气体，低温时为黄绿色液体，泄漏到大气后可汽化成烟雾，吸入后损害呼吸通道，具有致死危险。一旦泄漏，很容易造成严重的灾害。

（2）工艺反应介质具有燃爆危险性。光气及光气化工艺中所涉及的原料中间体及产品等反应介质，不仅有易燃的有机溶剂，还有氯气等助燃物质。

（3）主要副产物氯化氢具有腐蚀性，对设备和管线腐蚀严重，易造成设备和管线泄漏，有毒光气逸出后，使人员发生中毒事故。

2. 光气化反应的安全技术

（1）生产车间设备的布置应有利于安全生产。光气及光气化装置处于密闭车间或区域时，需配备机械排气系统。重要设备如光气化反应器等，最好安装局部排风罩，排出的气体接入应急破坏处理系统。装置控制室需做隔离设置，控制室内应保持良好的正压通风状态。用于安全疏散的通道，应畅通无阻，便于操作人员迅速撤离现场，车间应不少于 2 个出入口。

（2）光气生产车间须设置氨水喷淋或蒸汽喷淋管线，便于现场破坏有毒气体。在可能泄漏光气部位设置可移动式弹性软管负压抽气系统，将有毒气体输送至破坏处理系统。

（3）设置有毒、易爆气体泄漏监测和报警系统。当有氯气、一氧化碳和光气等有毒气体泄漏时，可进行报警或启动预设的紧急处置程序。

（4）光气管道严禁穿过办公室、休息室、生活间，也不应穿过不使用光气的其他厂房或者车间。光气及光气化产品的生产安全防护设施用电，应配备双电源供电。

（5）设置自控联锁装置。光气及光气化生产系统一旦出现异常现象或发生光气及其剧毒产品泄漏事故时，应通过自控联锁装置启动紧急停车，并自动切断所有进出生产装置的物料，将反应装置迅速冷却降温。根据事故的严重程度，将发生事故设备内的剧毒物料导入事故槽内，开启氨水、稀碱液喷淋装置，启动通风排毒系统，将发生事故区域内的有毒气体排至处理系统。

二、电解反应

电流通过电解质溶液或熔融电解质时，在两个极上所引起的化学变化称为电解。电解反应在工业上有着广泛的作用，许多有色金属（如钠、钾、镁、铅等）和稀有金属冶炼，金属铜、锌、铝的精炼，许多基本化学工业产品（如氢、氧、氯、烧碱、氯酸钾等）的制备，以及电镀、电抛光、阳极氧化等，都是通过电解来实现的。如食盐水电解产生氢氧化钠、氢气、氯气、电解水制氢等。下面以食盐水电解为例分析电解过程的危险性及安全技术。

1. 食盐水电解的危险性分析

（1）电解食盐水过程中产生的氢气是极易燃烧的气体，氯气是氧化性很强的剧毒气体，两种气体混合极易发生爆炸，当氯气中含氢量达到5%以上，则随时可能在光照或受热情况下发生爆炸。

（2）如果盐水中存在的铵盐超标，在适宜的条件（pH<4.5）下，铵盐和氯作用可生成氯化铵，浓氯化铵溶液与氯还可生成黄色油状的三氯化氮。三氯化氮是一种爆炸性物质，与许多有机物接触或加热至90℃以上以及被撞击、摩擦等，即发生剧烈的分解而爆炸。

（3）电解溶液腐蚀性强。

（4）液氯的生产、储存、包装、输送、运输可能发生液氯的泄漏。

2. 食盐水电解的安全技术

（1）盐水应保证质量

盐水中如含有铁杂质，能够产生第二阴极而放出氢气。盐水中带入铵盐，在适宜条件下 pH<4.5 时，铵盐和氯作用可产生氯化铵，氯作用于浓氯化铵溶液还可生成黄色油状的三氯化氮。三氯化氮是一种爆炸性物质，与多种有机物接触或加热至90℃及其以上被撞击，即发生剧烈的分解爆炸。因此，盐水配制必须严格控制质量，尤其是铁、钙、镁和无机铵盐的含量，应尽可能采用盐水纯度自动分析装置，这样可以观察盐水成分的变化，随时调节碳酸钠、苛性钠、氯化钠和丙烯酸铵的用量。

（2）盐水添加高度应适当

在操作中向电解槽的阳极室内添加盐水，如盐水液面过低，氢气有可能通过阳极网渗入到阳极室内与氯气混合；若电解槽盐水装得过满，在压力下盐水会上涨。因此，盐水添加不可过少或过多，应保持一定的安全高度。采用盐水供应器应间断供给盐水，以避免电流的损失，防止盐水导管被电流腐蚀。

（3）防止氢气与氯气混合

氢气是极易燃烧的气体，氯气是氧化性很强的有毒气体，一旦两种气体混合极易发生爆炸。当氯气中含氢量达到5%以上，则随时可能在光照或受热情况下发生爆炸。造成氢气和氯气混合的原因主要有：阳极室内盐水液面过低；电解槽氢气的出口堵塞，引起阳极室压力升高；电解槽的隔膜吸附质量差；石棉绒质量不好，在安装电解槽时破坏隔膜，造成隔膜局部脱落或送电前注入的盐水量过大将隔膜冲坏等，这些都可能引起氯气中含氢量增高。此时应对电解槽进行全面检查，将单槽氯含氢浓度以及总管氯含氢浓度控制在规定值内。

（4）严格电解设备的安装要求

由于在电解过程中氢气存在，故有着火爆炸的危险，所以电解槽应安装在自然通风良好的单层建筑物内，厂房应有足够的防爆泄压面积。

（5）掌握正确的应急处理方法

在生产中当遇到突然停电或其他原因突然停车时，高压阀不能立即关闭，以免电解槽中氯气倒流而发生爆炸。应在电解槽后安装放空管，以及时减压，并在高压阀门上安装单向阀，以有效地防止跑氯，避免污染环境和带来火灾危险。

三、氯化反应

以氯原子取代有机化合物中氢原子的过程称为氯化反应。化工生产中的此种取代过程是直接用氯化剂处理被氯化的原料。

1. 氯化反应的危险性分析

（1）氯化反应的各种原料、中间产物及部分产品都具有不同程度的火灾危险性。

（2）氯化剂具有极大的危险性。氯气为强氧化剂，能与可燃气体形成爆炸性气体混合物；能与可燃烃类、醇类、羧酸和氯代烃等形成二元混合物，极易发生爆炸。氯气与烯烃形成的混合物，在受热时可自燃；与二硫化碳混合，会突然出现自行加速过程而增加爆炸危险；与乙炔的反应极为剧烈，有氧气存在时，甚至在-78℃的低温也可发生爆炸。漂白粉、光气等均具有较大的火灾危险性。有些氯化剂还具有较强的腐蚀性，损坏设备。

（3）氯化反应是放热反应，有些反应温度高达500℃，如温度失控，可造成超压爆炸。某些氯化反应会发生自行加速过程，导致爆炸危险。在生产中如果出现投料配比差错，投料速度过快，极易导致火灾或爆炸性事故。

（4）液氯汽化时，高热使液氯剧烈汽化，可造成内压过高而爆炸。工艺、操作不当使反应物倒灌至液氯钢瓶，则可能与氯发生剧烈反应引起爆炸。

2. 氯化反应的安全技术

（1）氯气的安全使用

最常用的氯化剂是氯气。在化工生产中，氯气通常液化储存和运输，常用的容器有储罐、气瓶和槽车等。储罐中的液氯在进入氯化器使用之前必须先进入蒸发器使其汽化。在一般情况下不能把储存氯气的气瓶或槽车当储罐使用，因为这样有可能使被氯化的有机物质倒流进气瓶或槽车，引起爆炸。对于一般氯化器应装设氯气缓冲罐，防止氯气断流或压力减小时形成倒流。

（2）氯化反应过程的安全

由于氯气本身的毒性较大，储存压力较高，一旦泄漏是很危险的。反应过程所用的原料大多是有机物，易燃易爆，所以生产过程有燃烧爆炸危险，应严格控制各种点火源，电气设备应符合防火防爆的要求。

氯化反应是一个放热过程，尤其在较高温度下进行氯化，反应更为激烈。因此，一般氯化反应设备必须备有良好的冷却系统，严格控制氯气的流量，以避免因氯流量过快，温度剧升而引起事故。

液氯的蒸发汽化装置，一般采用气–水混合办法进行升温，加热温度一般不超过50℃，气–水混合的流量一般应采用自动调节装置。在氯气的入口处，应安装有氯气的计量装置，从钢瓶中放出氯气时可以用阀门来调节流量。如果阀门开得太大，一次放出大量气体时，由于汽化吸热的缘故，液氯被冷却了，瓶口处压力因而降低，放出速度则趋于缓慢，其流量往往不能满足需要，此时在钢瓶外面通常附着一层白霜。因此若需要气体氯流量较大时，可并联几个钢瓶，分别由各钢瓶供气，就可避免上述的问题。如果用此法氯气量仍不足时，可将钢瓶的一端置于温水中加温。

（3）氯化反应设备腐蚀的预防

由于氯化反应几乎都有氯化氢气体生成，因此所用的设备必须防腐蚀，设备应严密不漏。氯化氢气体可回收，这是较为经济的，因为氯化氢气体极易溶于水中，通过增设吸收和冷却装置就可以除去尾气中绝大部分氯化氢。除用水洗涤吸收之外，也可以采用活性炭吸附和化学处理方法。采用冷凝方法较合理，但要消耗一定的冷量。采用吸收法时，则须用蒸馏方法将被氯化原料分离出来，再处理有害物质。为了使逸出的有毒气体不致混入周围的大气中，采用分段碱液吸收器将有毒气体吸收。与大气相通的管子上应安装自动信号分析器，借以检查吸收处理进行得是否完全。

四、硝化反应

有机化合物分子中引入硝基取代氢原子而生成硝基化合物的反应称为硝化。硝化反应是生产染料、药物及某些炸药的重要反应。硝化过程常用的硝化剂是浓硝酸或浓硝酸和浓硫酸配制的混合酸。

1. 硝化反应的危险性分析

硝化反应是一个放热反应，温度越高，硝化反应的速度越快，放出的热量越多，极易造成温度失控而爆炸。在硝化反应中，倘若稍有疏忽，如中途搅拌停止、冷却水供应不良、加料速度过快等，都会使温度猛增、混酸的氧化能力加强，并有多硝基物生成，容易引起着火和爆炸事故。被硝化的物质大多为易燃物质，如苯、甲苯、甘油（丙三醇）、脱脂棉等，不仅易燃，有的还兼具毒性，如苯、甲苯、脱脂棉等，使用或储存不当时易造成火灾。硝化剂具有氧化性，常用硝化剂有浓硝酸、硝酸、浓硫酸、发烟硫酸、混合酸等。它们都具有较强的氧化性、吸水性和腐蚀性，与油脂、有机物特别是不饱和有机物接触即能引起燃烧。在制备硝化剂时，若温度过高或滴入少量的水，会促使硝酸大量分解和蒸发，引起突沸冲料或爆炸。

2. 硝化反应的安全技术

（1）混酸配制的安全

硝化多采用混酸，混酸中硫酸量与水量的比例应当计算（在进行浓硫酸稀释时，不可将水注入酸中，因为水的密度比浓硫酸轻，上层的水被溶解放出的热加热沸腾，引起四处飞溅，造成事故），混酸中硝酸量不应少于理论需要量，实际上稍稍过量 1% ~ 10%。

混酸制备方法，是在不断搅拌和冷却条件下，第一步应先用水将浓硫酸适当稀释，将浓硫酸缓缓加入水中，并控制温度，如温度升高过快，应停止加酸，否则易发生爆溅。第二步，浓硫酸适当稀释后加浓硝酸。在配制混酸时机械搅拌最好，其次也可用压缩空气进行搅拌或用循环泵搅拌。

（2）硝化器的安全

搅拌式反应器是常用的硝化设备，这种设备由锅体（或釜体）、搅拌器、传动装置、夹套和蛇管组成，一般是间歇操作。物料由上部加入锅内，在搅拌条件下迅速地与原料混合并进行硝化反应。如果需要加热，可在夹套或蛇管内通入蒸汽；如果需要冷却，可通冷却水或冷冻剂。

（3）硝化过程的安全

① 硝化反应温度控制。为了严格控制硝化反应温度，应控制好加料速度，硝化剂加料应采用双重阀门控制。设置必要的冷却水源备用系统。反应中应持续搅拌，保持物料混合良好，并备有保护性气体（惰性气体氮等）搅拌和人工搅拌的辅助设施。搅拌机应当有自动启动的备用电源，以防止机械搅拌在突然断电时停止而引起事故。搅拌轴采用硫酸做润滑剂，温度套管用硫酸作导热剂，不可使用普通机械油或甘油，防止机油或甘油被硝化而形成爆炸性物质。

② 防氧化控制操作。硝化过程中最危险的是有机物质的氧化，其特点是放出大量氧化氮气体的褐色蒸气并使混合物的温度迅速升高，造成硝化混合物从设备中喷出而引起爆炸事故。仔细地配置反应混合物并除去其中易氧化的组分、调节温度及连续混合是防止硝化过程中发生氧化作用的主要措施。

③ 硝化反应过程控制技术。由于硝基化合物具有爆炸性，因此，必须特别注意处理此类物质反应过程中的危险性。例如，二硝基苯酚甚至在高温下也无危险，但当形成二硝基苯酚盐时，则变为危险物质。二硝基苯酚盐（特别是铅盐）的爆炸力是很大的，在蒸馏硝基化合物（如硝基甲苯）时，必须特别小心。因蒸馏在真空下进行，硝基甲苯蒸馏后余下的热残渣能发生爆炸，这是由于热残渣与空气中氧相互作用的结果。

④ 进料操作控制技术。向硝化器中加入固体物质，必须采用漏斗或翻斗车使加料工作机械化。自加料器上部的平台上将物料沿专用的管子加入硝化器中。为了防止外界杂质进入硝化器中，应仔细检查并密闭进料。对于特别危险的硝化物，则需将其放入装有大量水的事故处理槽中。硝化器上的加料口关闭时，为了排出设备中的气体，应该安装可以移动

的排气罩。设备应当采用抽气法或利用带有铝制透平的防爆型通风机进行通风。

⑤ 出料操作控制技术。进行硝化过程时，不需要压力，但在卸出物料时，须采用一定压力出料，因此，硝化器应符合加压操作容器的要求。加压卸料时可能造成有害蒸气泄入操作厂房空气中，为了防止此类情况的发生，应改用真空卸料。硝化器应附设相当容积的紧急放料槽，准备在万一发生事故时，立即将料放出。放料阀可采用自动控制的气动阀和手动阀并用。

⑥ 取样分析安全操作。取样时可能发生烧伤事故。为了使取样操作机械化，应安装特制的真空仪器，此外最好安装自动酸度记录仪。取样时应当防止未完全硝化的产物突然着火。例如，当搅拌器下面的硝化物被放出时，未起反应的硝酸可能与被硝化产物发生反应等。

⑦ 设备使用与维护技术。搅拌轴采用硫酸作润滑剂，温度套管用硫酸作导热剂，不可使用普通机械油或甘油，防止机油或甘油被硝化而形成爆炸性物质。由填料落入硝化器中的油能引起爆炸事故，因此，在硝化器盖上不得放置用油浸过的填料。在搅拌器的轴上，应备有小槽，以防止齿轮上的油落入硝化器中。由于设备易腐烛，必须经常检修更换零部件。硝化设备应确保严密不漏，防止硝化物料溅到蒸汽管道等高温表面上而引起爆炸或燃烧。车间内严禁带入火种，电气设备要防爆。

⑧ 设备和管路检修技术。当设备需动火检修时，应拆卸设备和管道，并移至车间外安全地点，用水蒸气反复冲刷残留物质，经分析合格后，方可施焊。如管道堵塞时，可用蒸汽加温疏通，千万不能用金属棒敲打或用明火加热。需要报废的管道，应专门处理后堆放起来。不可随便拿用，避免发生意外事故。

五、合成氨反应

合成氨工艺是氮和氢两种组分按一定比例(1∶3)组成的气体(合成气)，在高温、高压下(一般为400~450℃，15~30MPa)经催化反应生成氨的工艺过程。

1. 合成氨反应的危险性分析

(1) 高温、高压使可燃气体爆炸极限扩宽，气体物料一旦过氧(亦称透氧)，极易在设备和管道内发生爆炸；

(2) 高温、高压气体物料从设备管线泄漏时会迅速膨胀与空气混合形成爆炸性混合物，遇到明火或因高流速物料与裂(喷)口处摩擦产生静电火花引起着火和空间爆炸；

(3) 气体压缩机等转动设备在高温下运行会使润滑油挥发裂解，在附近管道内造成积炭，可导致积炭燃烧或爆炸；

(4) 高温、高压可加速设备金属材料发生蠕变、改变金相组织，还会加剧氢气、氮气对钢材的氢蚀及渗氮，加剧设备的疲劳腐蚀，使其机械强度减弱，引发物理爆炸；

(5) 液氨大规模事故性泄漏会形成低温云团引起大范围人群中毒，遇明火还会发生空间爆炸。

2. 合成氨反应的安全技术

(1) 要严格控制以下工艺参数：合成塔、压缩机、氨储存系统的运行基本控制参数，包括温度、压力、液位、物料流量及比例等。

（2）要具备以下报警或联锁装置：合成氨装置温度、压力报警和联锁；物料比例控制和联锁；压缩机的温度、入口分离器液位、压力报警联锁；紧急冷却系统；紧急切断系统；安全泄放系统；可燃、有毒气体检测报警装置。

（3）合成单元自动控制还需要设置以下几个控制回路：氨分、冷交液位；废锅液位；循环量控制；废锅蒸汽流量；废锅蒸汽压力。

（4）合成氨反应系统应配备安全设施，包括安全阀、爆破片、紧急放空阀、液位计、单向阀及紧急切断装置等。

六、裂化反应

裂化有时又称为裂解，是指有机化合物在高温下分子发生分解的反应过程。在中国，习惯上把从重质油生产汽油和柴油的过程称为裂化；而把从轻质油生产小分子烯烃和芳香烃的过程称为裂解。石油产品的裂化主要是以重油为原料，在加热、加压或催化剂作用下，相对分子质量较大的烃类发生分解反应而生成相对分子质量较小的烃类，再经分馏而得到裂化气、汽油、煤油和柴油等组分。

单纯的裂化反应是吸热反应，如果在裂化反应同时又发生大量的催化加氢反应（如加氢裂化），则为放热反应。单纯的裂化是不可逆反应。裂化反应的初次产品还会发生二次裂化反应，另外少量原料也会在裂化的同时发生缩合反应。因此，裂化反应属于平行顺序反应类型。

裂化可分为热裂化、催化裂化和加氢裂化三种类型。

1. 热裂化

热裂化的主要危险性：热裂化在高温、高压下进行，装置内的油品或产生的裂化气，如泄漏容易发生爆炸。

热裂化反应过程的安全措施如下：

① 要严格遵守操作规程，严格控制温度和压力。

② 由于热裂化的管式炉经常在高温下运转，要采用高镍铬合金钢制造。

③ 裂解炉炉体应设有防爆门，备有蒸汽吹扫管线和其他灭火管线，以防止炉体爆炸或用于应急灭火。应设置紧急放空管和放空罐，以防止因阀门不严或设备漏气而造成事故。

④ 设备系统应有完善的消除静电和避雷措施。高压容器、分离塔等设备均应安装安全阀和事故放空装置。低压系统和高压系统之间应有止逆阀。同时配备固定的氮气装置、蒸汽灭火装置。

⑤ 应备有双路电源和水源，保证高温裂解气直接喷水急冷时的用水和用电，防止烧坏设备。发现停水或气压大于水压时，要紧急放空。

⑥ 经常检查，及时维修和除焦，避免炉管结焦，以免加热炉效率下降，出现局部过热，甚至烧穿。

2. 催化裂化

催化裂化的主要危险性：催化裂化在高温、高压下进行，发生火灾、爆炸的危险性也较大。操作不当时，再生器内的空气和火焰可进入反应器，引起恶性爆炸事故。U 形管上的小设备和阀门较多，易漏油着火。裂化过程中会产生易燃的裂化气。活化催化剂不正常时，可能出现可燃的一氧化碳气体。

催化裂化反应过程的安全措施如下：

① 保持反应器与再生器压差的稳定，是催化裂化反应中最重要的安全问题。

② 分馏系统要保持塔底油浆经常循环，防止催化剂从油气管线进入分馏塔，造成塔盘堵塞。要防止回流过多或太少造成的憋压和冲塔现象。

③ 再生器应防止稀相层发生二次燃烧而损坏设备。

④ 应备有单独的供水系统。降温循环水应充足，同时应注意防止冷却水量突然增大，因急冷而损坏设备。

⑤ 关键设备应备有两路以上的供电。

3. 加氢裂化

加氢裂化的主要危险性：加氢裂化在高温、高压下进行，且需要大量氧气，一旦油品和氢气泄漏，极易发生火灾或爆炸。加氢裂化是强烈的放热反应。氢气在高压下与钢接触，钢材内的碳分子易与氢气发生反应而生成碳氢化合物，使钢的强度降低，产生氢脆现象。

加氢裂化反应过程的安全措施如下：

① 要加强对设备的检查，定期更换管道、设备，防止出现氢脆现象而造成事故。

② 加热炉要平稳操作，防止局部过热和炉管烧穿。

③ 反应器必须通冷氢以控制温度。

第四节　化工反应事故案例

一、氧化反应事故案例——环己烷氧化反应罐爆炸事故

1. 事故经过和危害

1974 年 6 月 1 日，英国某公司己内酰胺制造厂发生一起环己烷氧化反应罐爆炸事故，造成 28 人死亡，105 人受伤，经济损失 6000 多万美元。周围居民的住房也受到严重破坏，致使 44 栋楼房的屋顶、墙壁遭到破坏，窗玻璃被损坏者达 300 栋以上。

6 月 1 日 16 时 53 分左右，从东侧系列的氧化装置到西侧系列的反应罐中泄漏出大量环己烷，接着发生爆炸。

2. 事故原因分析

（1）引发事故发生的主要原因是连接 4 号和 6 号反应罐的临时配管脱落，造成大量环己烷泄漏。连接 4 号和 6 号反应罐的临时管道内充满约 1.1t 的环己烷，管道为 Z 字形，全部质量由两端的接口承担，无其他支撑物。事故原因是接口处首先产生小的裂缝，管内液体通过小裂缝喷出，此时管道内充满高温液体，因急剧减压而失去平衡，瞬间达到过热状态。

（2）过热状态的液体内部产生了无数的沸腾中心，气泡迅速增长的同时急剧膨胀，冲击内压一再升高，使接口处裂缝扩大，最终使管道端部与反应罐槽脱开，管内液体一边沸腾，另一边从管口喷出。

（3）大量环己烷迅速漏出并汽化，当时气温15℃，环己烷的蒸气分压为8kPa，相对于在空气中含量为8%，使全厂被这种蒸气云所弥漫，环己烷的爆炸极限范围是1.2%~8.3%，从而引起环己烷的蒸气爆炸。

3. 纠正预防措施

（1）管道应该配装有支撑物，并且管道设置应避免易产生异常应力的形状。

（2）建立健全安全生产治理制度。在这个追求可持续发展的时代，只重视生产而忽视安全环保治理的经营理念是落伍的。由此事故可以看出其公司经营理念的不正确性，赶时生产固然重要，但是亦不能忽略生产安全而降低工程标准，省略必要的安全步骤往往欲速则不达。假如企业在经营时，能够不忽略小隐患的存在，往往能降低其生产过程中重大意外事故的风险。

（3）使用防爆型的电器设备。在整个化工生产过程中会使用到大量的电器设备，这些电器设备假如没有经过特殊的设计，很容易产生火花，成为点火源，再加上化工厂内爆炸性及可燃性的物质相当多，因此引起火灾爆炸的危险性相当高，所以应尽可能在此类作业环境中采用特定等级防爆型的电器设备，降低爆炸发生概率。

（4）落实危险物及有害物的周查制度。存在于工厂中的危险物及有害物有多种，如爆炸性、可燃性、腐蚀性、毒性、放射性等物质。为了确保这些危害物质能够被工人正确地使用而不至于产生危害，必须建立工厂危险物及有害物的周查制度，一方面有效地治理工厂中的各种危害物质，另一方面使工人能够清楚地熟悉工厂中的各种危害物质的特性及正确的使用方法，以避免工人因不正确的使用这些危害物质而发生意外。

（5）安装防漏和测漏装置。在化学物质的工艺设备上，应装有防漏与测漏装置，以防泄漏的发生或在泄漏发生后发出警报，告知工作职员事先预防爆炸的发生。

（6）设置自动火灾监测警报装置。自动火灾监测警报装置可及早发现火灾以及火灾初期的灭火，但需定期维护警报装置。

（7）建立周密的紧急应变体系。对于工厂而言，建立一套完整的紧急应变体系是不可或缺的，其应变程序主要包括：紧急状况的通报、疏散计划、救灾、应变工作、灾后复原、灾后检讨。通过有系统的规划，使得紧急应变程序在各类化学灾难中发挥其功能，其主要目的在于工厂发生化学灾难时，利用邻近的资源，在最短的时间内，有效地遏制灾难范围的扩大，以降低灾难对人类及环境的冲击，最终的目的就是保持一个安全无害的环境。

二、硝化反应事故案例——硝铵溶液爆炸事故

1. 事故经过和危害

1998年1月6日22时40分，陕西省某化肥厂硝铵生产线的中和岗位发生硝铵溶液爆炸事故，使该厂的硝铵生产线中和岗位被夷为平地，事故造成22人死亡、6人重伤、50人

轻伤，直接经济损失约 7000 万元。

陕西省某化肥厂是以重油为原料制合成氨、硝铵的化肥厂。该厂硝铵的原料是气氨和稀硝酸，其工艺流程为：常压中和、一段蒸发、造粒。事故发生时，一楼溶液槽周围地面干净，只是在溶液槽外壁上能看见有硝铵流出的痕迹。在发生爆炸前的瞬间，见习调度石某突然接到中和二楼控制室的电话，一名女工在电话中失声喊叫：硝铵失火了！石某随即向厂消防队报告，电话尚未放下爆炸就发生了。

这次爆炸事故使该公司 II 期硝铵的中和岗位被夷为平地。爆炸直接摧毁的设备装置有：硝铵车间的硝铵溶液槽及两台溶液泵、中和器、硝铵溶液蒸发器、造粒塔、两个硝酸贮槽及两台硝酸泵等，硝酸尾气筒，多孔硝铵生产装置 1 套，充氨装置 1 套，硝铵皮带输送机及其栈桥，一幢三层楼的硝铵生产厂房及其设施。临近的生产综合楼、659 分厂、II 期硝酸、东循环水等厂房设备遭到严重损坏，其中包括生产综合楼内的中心化验室精密分析仪器全部毁坏。其他车间厂房、设备、仪表、电器均有不同程度的损坏，直接经济损失约 7000 万元，事故造成 22 人死亡、6 人重伤、50 人轻伤。

2. 事故原因分析

（1）这次事故的爆炸原点是硝铵溶液槽，主要是硝铵生产过程中供氨系统不平衡，使氨系统积累了油量，而溶液槽本身已被油、氯离子污染，已处于极不稳定、极不安全的状态。

（2）导致这次爆炸事故的原因，就是硝铵溶液受到了油和氯离子的污染，提高了硝铵溶液的爆炸敏感度，降低了自热自分解和自燃临界温度。

（3）在造粒系统停车情况下，温度升高自催化热分解过程加剧，短时间内分解产生的高热和大量高温气体集聚导致燃烧以至爆炸。

3. 纠正预防措施

（1）认真贯彻"安全第一、预防为主"的方针，进一步提高硝铵生产过程中安全工作重要性的认识，对硝铵生产原安全生产操作规程进行相应的修改，健全硝铵生产过程中的安全生产操作规章制度。

（2）公司要积极落实安全生产责任制，按照有关规定对各职能部门职责进一步明确划分，加强劳动组织的管理，健全重大情况及时报告制度，加强巡回安全检查，做好现场安全操作记录。

（3）按照"四不放过"的原则，加强对全公司职工的安全教育和培训，进一步提高职工的安全素质，增强自我保护和处理紧急情况以及一般事故救护的能力，预防事故的发生。

（4）将仍在生产的硝铵溶液槽槽盖直径加大，以增大溶液槽上部的帽檐。防止今后一旦再发生冒槽时，硝铵残留在槽壁上。

（5）正常生产过程中应尽量减少由造粒塔蒸发器至溶液槽之间的回流量，防止增加溶液槽内溶液的浓度和温度，减少因过热过浓而带来的危险。

（6）严格监控油和氯离子，为避免污染物（如润滑油、氯化物等）带入硝铵溶液系统。

（7）在中和岗位氨蒸发预热器之前再增设一个过滤装置，进一步降低气氨带油的可能性；在硝酸吸收塔氯富集区另设一个受污槽，避免原定期排污仍将含氯的硝酸排进硝酸槽的情况，使硝酸储槽不再接受含氯硝酸。

三、聚合反应事故案例——聚乙烯装置爆炸事故

1. 事故经过和危害

1989 年 10 月 23 号美国某石油公司在德克萨斯州帕萨迪纳的石油化工厂聚乙烯装置发生爆炸和火灾事故，造成 23 人死亡，300 多人受伤，经济损失约 7.5 亿美元。

该事故发生在该化工厂高密度聚乙烯（HDPE）装置中。该厂年产 HDPE 约 68×10^4 t、聚丙烯约 23×10^4 t、K 树脂（苯乙烯–丁二烯共聚物）约 8×10^4 t 及其他石化产品。在 10 月 22 日，公司工人在 6 号反应器对 6 个沉降支管中的 3 个支管进行清除堵塞作业，13 时起公司生产的球阀处喷出可燃性气体(异丁烷、乙烯、氢、己烯等混合物)，约 90~120s 后发生第一次爆炸并起火。据推算，该爆炸相当于 2.4t TNT 炸药的威力。10~15min 后两台 75m³ 的异丁烷储槽发生爆炸，据首次爆炸 25~45min 后，另一系列的聚乙烯装置也发生爆炸。估计从反应器中喷出约 38t 气体。该事故造成 23 人死亡，314 人受伤，经济损失约 7.5 亿元，成为美国化学工业有史以来最大的事故。

2. 事故原因分析

(1) 对事故进行调查，可燃性气体首先从 DEMCO 球阀喷出，然后引起爆炸并起火。根据公司制定的安全作用手册，若需开始烃类等可燃性物质的工艺流程时，通常采用双重阀关闭或插入盲板等措施。但是，事故发生时，没有采取这样的措施。

(2) DEMCO 球阀没有装配动作防止装置。

(3) 球阀的开启/关闭由动力空气执行，但作业时没有按公司规定避开空气软管。

(4) 在反应器周围或其他必要的场所未安装可燃性气体泄漏报警系统。

(5) 员工没着遵守安全规章制度迅速撤离现场。

3. 纠正预防措施

(1) 对危险性高的化学工艺流程进行安全管理，企业本身在实施过程中要制定必要的规章制度。

(2) 在管理危险性大的化学工艺流程生产中，要在企业中实施以下 9 项内容：

① 发生紧急情况时对应的运行操作方法和停车操作方法。

② 建立审核工厂设备异常的方法。

③ 在制造、储存、使用危险物品时，分析存在发生危险的可能性，对员工及相关人员进行安全教育。

④ 确立对危险进行分析的方法。

⑤ 对职工进行安全教育训练。

⑥ 设备的预防保安措施。

⑦ 动火许可制度。

⑧ 现场的紧急行动计划。

⑨ 使协作公司的合同工了解现场的危险性，安全法规及紧急时的处理方法。

四、裂化反应事故案例——炼油厂爆炸及火灾事故

1. 事故经过和危害

某年1月21日，美国加州某炼油厂加氢裂解单元发生爆炸事故，造成1人死亡，46人受伤(其中13人重伤)，使周围居民发生大规模疏散、避护。

经事故调查分析，加氢裂解2段3号反应器4触媒床产生一个热点，该热点是由于触媒床层内流动和热量分布不均造成的，发生温度偏离，并通过下一触媒床5床扩散，5床产生的过热升高了反应器出口温度。由于2段3号反应器没有按照操作规程规定的"反应器温度超过426.7℃即泄压停车"执行，使温度偏离没有得到控制，致使该反应器出口管温度极高，超过760℃而发生破裂。轻质气体(主要是从甲烷到丁烷的混合物、轻质汽油、重汽油、汽油和氢气)，从管道泄出，遇到空气立即自燃，导致爆炸及火灾事故。

当反应器内部某些温度读数达到426.7℃时，操作人员未按规定启动反应器的紧急泄压系统，这是因为他们对是否发生温度偏离无法准确判断。而这又是由各种因素造成的，包括温度读数波动，氢纯度分析的误导及缺乏首次高温出现后的高温发声报警器。

2. 事故原因分析

（1）事故的直接原因分析

① 加氢裂解2段3号反应器4触媒床产生一个热点，该热点是由于触媒床层内流动和热量分布不均造成的，通过下一触媒床5床扩散，5床产生的过热升高了反应器的出口温度，致使该反应器出口管极度高温而发生破裂，轻质气体从管道泄出，遇到空气立即自燃，导致火灾和爆炸事故。

② 由于操作人员没有按照操作规程规定的"反应器温度超过426.7℃即泄压停车"执行，使温度偏离没有得到控制。

（2）事故的间接原因分析

① 在设计和运行反应器的温度监控系统过程中考虑人的因素不够。

② 监督管理不力。

③ 生产运行和维护工作不充分。

④ 工艺危险分析存在错误。

3. 纠正预防措施

（1）保持设备的完好性

设备如有问题应停止运行，加氢处理操作尤其需要可靠的温度监控装置和紧急停车装置。设备应定期检测，应急技能应定期训练。在设备安装或大修后，在运行期间，应提供维护和仪表支持。

（2）在设计工艺控制仪表时应考虑便于操作

加氢处理反应器的温度控制，应将控制室内所有可以利用的、必要的数据汇总到一起。使用某种备用温度指示系统，以便在仪表发生故障时加氢处理反应器仍可继续安全运行。在设计报警系统时，应允许将关键的紧急报警从其他操作报警中分出来。

（3）加强对操作人员的培训

管理层必须确保操作人员在工艺单元操作和化学知识方面接受定期培训。对于加氢裂解器，培训内容应包括反应动力学和发生温度偏移的原因及控制措施。操作人员应在工艺仪表的限制方面，以及如何处理仪表故障方面受到培训。企业应确保操作人员在如何及何时使用紧急停车装置方面接受培训。

（4）更新完善操作程序

该炼油厂的管理层必须为加氢裂解操作的所有阶段制定操作程序，操作程序中应包括操作极限和偏离操作极限的后果。操作程序应得到定期审查和更新，以反映设备、工艺化学和操作的变更。操作程序还应根据工艺危险分析和事故调查结果得出的建议及时进行更新。

（5）进行工艺危险性分析

工艺危险分析应基于实际存在的设备和操作条件。分析中应包括关键操作系统，如温度监控或紧急操作系统的故障。制定操作人员在必要时能有效执行的紧急停车程序。对于设备或工艺的所有变更情况，应进行变更管理审查，必要时还应进行相应的安全评价。

五、磺化反应事故案例——磺酸离心机解体事故

1. 事故经过和危害

1995年3月4日下午2点20分，南京某化工有限公司化工分厂磺酸车间发生1号离心机在运行过程中解体，事故造成3人死亡，经济损失达10.415万元。

南京某化工有限公司化工分厂磺酸车间的产品为对甲苯磺酸，生产工艺上设置离心工段，共四台离心机，离心机用于磺酸脱酸。1994年3月4日，在第五次投料完毕后，即下午2点20分左右，离心机突然解体，外套和基座、机脚向西南方向飞出，离心机内衬向东北方向飞出，将正在操作的陈某、崔某二人砸伤，并把距离离心机4m的吸收工朱某同时砸伤，事故发生后车间人员立即向厂部汇报，全厂全力救护伤者并及时送往医院抢救。朱某于当日下午4点抢救无效死亡。陈某、崔某于3月5日上午6点全力抢救无效死亡。这起事故造成的经济损失达10.415万元。

2. 事故原因分析

这起事故主要是由于设备老化、腐蚀严重且设备不能承受离心机工作时突然增大的离心力，因而造成解体事故。

（1）事故的直接原因。

① 1号离心机完好程度差，无法保证系统的安全运行。

② 转鼓与鼓底连结的不锈钢铆钉仅剩总数的1/6。

③ 转鼓上应有三道腰箍，而实际上没有。

（2）事故的间接原因。

① 公司设备管理部门软弱无力，缺乏专门的技术人员及必要的管理手段，公司对新增设备及配件没有严格的入厂检验制度与技术审批制度，对离心机的技术性能和危险性认识不足，也没有充分考虑到磺酸车间离心机的维修和改造能力。公司对离心机等设备的选型、

维修、改造、保养、使用等环节没有科学的规定，公司、分厂、车间在设备管理体系方面职责不明。

② 岗位操作规程不健全，操作工没有严格的岗位操作规程可循。

③ 安全教育不力，职工的安全知识较差，没有接受过规范的培训和技术教育。

3. 纠正预防措施

（1）鉴于离心机属于连续性生产设备，又在强腐蚀的条件下工作，对这类设备要实行定期强制检修更新的制度，做到该降级限制使用的降级限制使用，该淘汰报废的要坚决淘汰报废，并制定离心机从选型、安装、使用、维修、改造等环节的管理制度，以防止类似事故发生。

（2）必须建立健全以企业法定代表人为第一责任人的安全生产责任制；细化各部门和各级各类人员的安全责任，做到"横向到边、竖向到底"，尤其是车间、工段领导的安全责任要落实到人，工作到位。

（3）化工企业对员工素质要求较高，应全面开展、落实安全教育培训工作，努力提高全厂干部职工素质，尤其是安全素质，对干部职工安全教育工作要制度化、经常化。重点设备、特种设备的操作人员应先教育培训，取得资格证后，方准上岗作业。

第四章　化工单元操作安全工程

　　一个化工产品的生产是通过若干个物理操作与若干个化学反应实现的。长期的实践与研究发现，尽管化工产品千差万别，生产工艺多种多样，但这些产品的生产过程所包含的物理过程并不是很多，而且是相似的。比如，流体输送不论用来输送何种物料，其目的都是将流体从一个设备输送至另一个设备；加热与冷却的目的都是得到需要的操作温度；分离提纯的目的都是得到指定浓度的混合物等。把这些包含在不同化工产品生产过程中，发生同样物理变化，遵循共同的物理学规律，使用相似设备，具有相同功能的基本物理操作，称为单元操作。只有将各种不同的化工过程分解为单元操作来进行研究，才能揭示其共性的本质、原理和规律。以"干燥"这个单元操作为例，可在造纸、染料、制药等有机工业中使用，在制碱、制盐、陶瓷等无机工业中也可以使用。在不同的行业中处理不同物料所使用的"干燥"技术都遵循一样的原则。

第一节　化工单元操作的危险性

　　在化工单元操作过程中根据物料的理化性质，采取必要的安全对策，主要的操作过程有蒸馏、过滤、蒸发、过筛、萃取、结晶、再循环、旋转、回流、凝结、搅拌、升温等。

一、化工单元操作的危险性分类

　　在蒸馏、过滤、蒸发、过筛、萃取、结晶、再循环、旋转、回流、凝结、搅拌、升温等单元操作过程中，有可能使不稳定物质发生积聚或浓缩的，进而产生危险，主要分为：

　　① 不稳定物质减压蒸馏时，若温度超过某一极限值，有可能发生分解爆炸。

　　② 粉末过筛时容易产生静电，而干燥的不稳定物质过筛时，微细粉末飞扬，可能在某些地区积聚而发生危险。

　　③ 反应物料循环使用时，可能造成不稳定物质的积聚而使危险性增大。

　　④ 反应液静置中，以不稳定物质为主的相，可能分离而形成分层积聚。不分层时，所含不稳定的物质也有可能在局部地点相对集中。在搅拌含有有机过氧化物等不稳定物质的反应混合物时，如果搅拌停止而处于静置状态，那么，所含不稳定物质的溶液就附在壁上，若溶剂蒸发了，不稳定物质被浓缩，往往成为自燃的火源。

　　⑤ 在大型设备里进行反应，如果含有回流操作时，危险物在回流操作中有可能被浓缩。

　　⑥ 在不稳定物质的合成反应中，搅拌是个重要因素。在采用间歇式的反应操作过程中，化学反应速度很快。大多数情况下，加料速度与设备的冷却能力是相适应的，这时反

应是扩散控制，应使加入的物料马上反应掉，如果搅拌能力差，反应速度慢，加进的原料过剩，未反应的部分积蓄在反应系统中，若再强力搅拌，所积存的物料一齐反应，使体系的温度上升，往往造成反应无法控制。一般的原则是搅拌停止的时候应停止加料。

⑦ 在对含不稳定物质的物料升温时，控制不当有可能引起突发性反应或热爆炸。如果在低温下将两种能发生放热反应的液体混合，然后再升温引起反应将是特别危险的。在生产过程中，一般将一种液体保持在能起反应的温度下，边搅拌边加入另一种物料反应。

二、化工单元操作的注意事项

化工单元操作的危险性主要是由所处理物料的危险性所决定的。其中，处理易燃物料或含有不稳定物质物料的单元操作的危险性最大。在进行危险单元操作过程中，除了要根据物料理化性质，采取必要的安全对策外，还要特别注意以下情况的产生：

① 防止易燃气体物料形成爆炸性混合体系。处理易燃气体物料时要防止与空气或其他氧化剂形成爆炸性混合体系。特别是负压状态下的操作，要防止空气进入系统而形成系统内爆炸性混合体系。同时也要注意在正压状态下操作易燃气体物料的泄漏，与环境空气混合，形成系统外爆炸性混合体系。

② 防止易燃固体或可燃固体物料形成爆炸性粉尘混合体系。在处理易燃固体或可燃固体物料时，要防止形成爆炸性粉尘混合体系。

③ 防止不稳定物质的积聚或浓缩。处理含有不稳定物质的物料时，要防止不稳定物质的积聚或浓缩。

第二节　化工单元操作安全技术

化工单元操作的主要研究领域，是在化学工业生产中具有共同的物理变化特点的基本操作，是由各种化工生产操作概括得来的，基本包括六个方面：

① 流体流动过程，包括液态输送、气态输送、过滤等。
② 传热过程，包括加热、蒸发、熔融、冷却、冷凝等。
③ 传质过程，即物质的传递，包括蒸馏、干燥、吸收、萃取、结晶等。
④ 热力过程，即温度和压力变化的过程，包括液化、冷冻等。
⑤ 机械过程，包括固体输送、粉碎、混合、筛分等。
⑥ 储运过程，包括储罐、槽车、管道等。
化工单元操作的特点：
① 属于物理过程，不改变物料的性质，只改变物料的状态(温度、压力等)。
② 是化工生产中所共有的操作。
③ 设备可以通用。

一、流体流动过程

化工生产中处理的物料，大多数是流体，其过程大部分是在流动条件下进行。流体的压缩性是流体的基本属性，任何流体都是可压缩的，根据压缩程度分为液体流体（不可压缩流体）和气体流体（可压缩流体）。流体的流动和输送过程包括液态物料输送、气态物料输送和过滤等单元操作。

1. 液态物料输送安全技术

液态物料可借其位能沿管道向低处输送。而将其由低处输往高处或由一地输往另一地（水平输送），或由低压处输往高压处，以及为保证一定流量克服阻力所需要的压头，则需要依靠泵来完成。

（1）输送易燃液体宜采用蒸汽往复泵。如采用离心泵，则泵的叶轮应用有色金属制造，以防撞击产生火花。设备和管道均应有良好的接地，以防静电引起火灾。由于采用虹吸和自流的输送方法较为安全，故应优先选择。

（2）对于易燃液体，不可采用压缩空气压送，因为空气与易燃液体蒸气混合，可形成爆炸性混合物，且有产生静电的可能。对于闪点很低的可燃液体，应用氮气或二氧化碳等惰性气体压送。闪点较高及沸点在130℃以上的可燃液体，如有良好的接地装置，可用空气压送。

（3）临时输送可燃液体的泵和管道（胶管）连接处必须紧密、牢固，以免输送过程中管道受压脱落漏料而引起火灾。

（4）用各种泵类输送可燃液体时，其管道内流速不应超过安全速度，且管道应有可靠的接地措施，以防静电聚集。同时要避免吸入口产生负压，以防空气进入系统导致爆炸或抽瘪设备。

2. 气态物料输送安全技术

用于气体输送的设备有风机、压缩机、真空泵等。

（1）输送液化可燃气体宜采用液环泵，因液环泵比较安全。但在抽送或压送可燃气体时，进气入口应该保持一定余压，以免造成负压吸入空气形成爆炸性混合物。

（2）为避免压缩机气缸、储气罐以及输送管路因压力增高而引起爆炸，要求这些部分要有足够的强度。此外，要安装经核验准确可靠的压力表和安全阀（或爆破片）。安全阀泄压应将危险气体导致安全的地点。还可安装压力超高报警器、自动调节装置或压力超高自动停车装置。

（3）压缩机在运行中不能中断润滑油和冷却水，并注意冷却水不能进入气缸，以防发生水锤。

（4）气体抽送、压缩设备上的垫圈易损坏漏气，应注意经常检查及时换修。

（5）压送特殊气体的压缩机，应根据所压送气体物料的化学性质，采取相应的防火措施。如乙炔压缩机同乙炔接触的部件不允许用铜来制造，以防产生具有爆炸危险的乙炔铜。

（6）可燃气体的管道应经常保持正压，并根据实际需要安装逆止阀、水封和阻火器等安全装置，管内流速不应过高。管道应有良好的接地装置，以防静电聚集放电引起火灾。

（7）可燃气体和易燃蒸气的抽送、压缩设备的电机部分，应为符合防爆等级要求的电气设备，否则，应穿墙隔离设置。

（8）当输送可燃气体的管道着火时，应及时采取灭火措施。管径在150mm以下的管道。一般可直接关闭闸阀熄火；管径在150mm以上的管道着火时，不可直接关闭闸阀熄火，应采取逐渐降低气压。通入大量水蒸气或氨气灭火的措施。但气体压力不得低于 $50\sim100Pa$。严禁突然关闭闸阀或水封。以防回火爆炸。当着火管道被烧红时，不得用水骤然冷却。

3. 过滤过程安全技术

（1）过滤操作简介

过滤是使悬浮液在重力、真空、加压及离心的作用下，通过细孔物体，将固体悬浮微粒截留进行分离的操作。过滤采用的设备为过滤机。在生产中将悬浮液中的液体与悬浮固体颗粒有效的分离，一般采用过滤方法。按操作方法，过滤分为间歇过滤和连续过滤两种；按推动力分为重力过滤、加压过滤、真空过滤和离心过滤。

（2）过滤材料介质的选择

一般工业上所用的过滤介质需具备下列基本条件：

① 必须具有多孔性、使滤液易通过，且孔隙的大小应能使悬浮液粒子得以截留。

② 必须具有化学稳定性，如耐腐蚀性、耐热性等。

③ 具有足够的机械强度。

根据上述条件对过滤介质进行选择，通常归纳为下面两类：

① 粒状介质　如细沙、石砾、玻璃渣、木炭、骨灰、酸性白土等。此类介质适于过滤固相含量极少的悬浮液。

② 织物介质　由金属或非金属丝织成，金属材料可用不锈钢、镍、黄铜及蒙氏合金等，它适于盐、酸及粗油等的过滤。非金属滤布可由天然或人工纤维织成，常用材料有棉、麻、羊毛、蚕丝等。

（3）过滤过程存在的问题

过滤过程存在的问题大致可分为三类：

① 过滤方法选择的失误；

② 过滤机本身机械结构上的问题；

③ 操作方法上的问题。

过滤方法选择失误是最基本问题，按用途选择过滤机非常重要。过滤机种类有：按过滤速度分为缓速过滤和快速过滤；按过滤压力分为重力过滤、加压过滤、减压过滤和离心过滤等；按生产方法分为连续式和间歇式。这些问题要根据过滤介质性质，经过研究再选定过滤方法、过滤面积和机种选型。

过滤机本身机械结构问题主要表现在滤布蠕动、密封部位不良造成浆液混入，过滤机材质不良等。故障最多的是操作方法问题，过滤机进厂时没有发现问题，这些故障及其措施因机种、过滤材料、使用助剂和制造厂的不同而各异。

（4）过滤安全技术

涉及到机械行业的操作都会具备一定的危险性，过滤也不例外，严格控制用规范的操作是非常有必要的，因为，在过滤的作业过程中，危险也是不可避免的，所以，控制过滤作业的危险性非常重要。

① 规范操作：过滤操作中要严格防止超温、超压、超负荷运转，并不许高速启动，离心机应设限速装置，避免超速，以防因摩擦撞击发热而产生火花。

② 仪表及通风：过滤机设置可燃气体检测和报警装置，设置有效的通风设施。

③ 防静电措施：对具有易燃易爆危险的过滤场所应选用防爆型电气设备，并经常维护检查。过滤设备应有可靠的接地，以免产生静电。

④ 选择合适的过滤设备：选择过滤机的基本原则是根据滤浆的过滤特性及理化性质以及生产规模等因素来选型。一般对黏度大的滤浆，其过滤阻力大，宜采用加压过滤式；滤浆温度高、蒸气压高也宜采用加压过滤。过滤机在日常生活的使用中需要注意对具有易燃易爆、挥发性强和有毒的物料，应采用密闭型加压过滤式。火灾爆炸危险性大的物料过滤时，宜采用转鼓式、带式等真空过滤设备。

二、传热过程

传热类单元操作主要有加热、蒸发、熔融等，这类单元操作的共同点是均伴有热量传递和转换。

1. 加热

（1）加热操作简介

加热操作是化工生产的基本操作，是促进化学反应、物料升温、液体物料蒸发和浓缩、蒸馏和精馏、固体物料干燥、热量综合应用等操作的必要手段，生产中常用的加热方式有直接火加热（包括烟道气加热）、蒸汽或热水加热、有机载体（或无机载体）加热以及电加热等，加热温度在100℃以下的，常用热水或蒸汽加热；100～140℃用蒸汽加热；超过140℃则用加热炉直接加热或用热载体加热；超过250℃时，一般用电加热，加热操作的主要目的是物料的升温或干燥操作，提供热源的设备主要为蒸汽锅炉、导热油炉、热风炉等，其均属于特种设备。

（2）加热操作过程的危险性分析

化工生产中加热操作是控制温度的重要手段，均伴有热量的传递，加热操作对人员的直接危害是热灼烫，间接危害是加热操作不当诱发的人的损伤和物的损失。加热操作的关键是按规定严格控制温度范围和升温速度，通常加热操作存在的主要危险性如下：

① 一般情况下反应温度升高会使化学反应速度加快，温度过高或升温速度过快会导致反应过于剧烈，造成温度失控，甚至发生冲料。

② 若化学反应是放热反应，则反应温度升高会使放热量增加，易因散热不及时，造成安全隐患。

③ 若反应物料为易燃化学品，反应温度过高会导致易燃化学品大量汽化，较易在有限空间达到爆炸极限的范围，防护不当就会引起燃烧和爆炸事故。

④ 升温速度过快不仅容易使反应超温，而且还会损坏设备，例如，升温过快会使带有衬里的设备及各种加热炉、反应炉等设备损坏。

⑤ 用高压蒸汽加热时，对设备耐压要求高，须严防其泄漏或与物料混合，避免造成事故。

⑥ 使用导热油系统加热时，要防止导热油循环系统堵塞，热油喷出，酿成事故。

⑦ 使用电加热系统时可能发生电气伤害，在燃爆环境中电气设备不符合防爆要求时，

可能诱发燃爆事故。

⑧ 直接火加热危险性最大，温度不易控制，可能造成局部过热烧坏设备，甚至引起易燃物质的分解爆炸。

⑨ 当加热温度接近或超过物料的自燃点时，若该加热温度接近物料分解温度，易引起燃爆事故。

⑩ 管内有热物料的管道外壁，若未进行隔热保护时，易造成人员热烫伤。

以上几种加热操作中，电加热比较安全，且易控制和调节温度，一旦发生事故，可以迅速切断电源，但其主要制约因素是成本较高，普通的电加热方法是用电炉加热。采用电炉加热易燃物质时，应采用封闭式电炉。电炉丝与被加热的器壁应有良好的绝缘，以防短路击穿器壁，使设备内易燃物质漏出产生气体或蒸气而着火、爆炸。电感加热是一种新型加热设备，它是在钢制容器或管道上缠绕绝缘导线，通入交流电，利用容器或管道器壁中电感涡流产生的温度而加热物料(家用的电磁炉即应用这一原理)。电感加热不用灼热的电阻丝，是电加热中一种较安全的设备。但如果电感线圈绝缘破坏、受潮、发生漏电、短路、产生电火花、电弧、或接触不良发热，均能引起易燃、易爆物质着火、爆炸。因此，应该提高电感加热设备的安全可靠程度。例如，采用较大截面积的导线，以防过负荷；采用防潮、防腐蚀、耐高温的绝缘，增加绝缘层厚度，添加绝缘保护层等；接线部分加大接触面积，以成产生接触电阻等。

（3）加热操作过程安全技术

加热操作的安全技术主要是针对加热过程存在的危险性而采用的安全对策措施和安全设施，主要的目的是防止加热操作过程中产生对人的伤害和物的损失。热过程危险性较大。装置加热方法一般为蒸汽或热水加热、载热体加热以及电加热等。可采用的安全技术主要有：

① 采用水蒸气或热水加热时，应定期检查蒸汽夹套和管道的耐压强度，并应装设压力计和安全阀。与水会发生反应的物料，不宜采用水蒸气或热水加热。

② 采用充油夹套加热时，需将加热炉门与反应设备用砖墙隔绝，或将加热炉设在车间外面。油循环系统应严格密闭，不准热油泄漏。

③ 为了提高电感加热设备的安全可靠程度，可采用较大截面的导线，以防过负荷；采用防潮、防腐蚀、耐高温的绝缘，增加绝缘层厚度。添加绝缘保护层等措施。电感应线圈应密封起来，防止与可燃物接触。

④ 在加热或烘干易燃物质，以及受热能挥发可燃气体或蒸气的物质，应采用封闭式电加热器。电加热器不能安放在易燃物质附近。导线的负荷能力应能满足加热器的要求，应采用插头向插座上连接方式，工业上用的电加热器，在任何情况下都要设置单独的电路，并要安装适合的熔断器。

⑤ 在采用直接用火加热工艺过程时，加热炉门与加热设备间应用砖墙完全隔离，不使厂房内存在明火。加热锅内残渣应经常清除以免局部过热引起锅底破裂。以煤粉为燃料时，料斗应保持一定存量，不许倒空，避免空气进入，防止煤粉爆炸；制粉系统应安装爆破片。以气体、液体为燃料时，点火前应吹扫炉膛，排除积存的爆炸性混合气体，防止点火时发生爆炸。当加热温度接近或超过物料的自燃点时，应采用惰性气体保护。

⑥ 保证适宜的反应温度和升温速度。在进行加热操作时，必须按工艺要求升温，升温速度不能过快，温度不能过高；否则将导致催化剂烧坏，反应被迫停止。

⑦ 严密注意压力变化。加热操作时，要严密注意设备的压力变化，通过排气等措施，及时调节压力，以免在升温过程中造成压力过高，发生冲料、燃烧和爆炸事故。

2. 蒸发

（1）蒸发操作简介

蒸发是借加热作用使溶液中所含溶剂不断汽化、不断被除去，以提高溶液中溶质浓度或使溶质析出，使挥发性溶剂与不挥发性溶质分离的物理操作过程。蒸发按其采用的压力可以为常压蒸发、加压蒸发和减压蒸发(真空蒸发)。按其蒸发所需热量的利用次数可分为单效蒸发和多效蒸发。按蒸发器操作所依据溶液循环原理，蒸发器可分为自然循环蒸发器、强制循环蒸发器、单程蒸发器和其他操作原理的蒸发器。

蒸发过程要注意如下问题：

① 蒸发器的选择应考虑蒸发溶液的性质，如溶液的黏度、发泡性、腐蚀性、热敏性，以及是否容易结垢、结晶等情况。

② 在蒸发操作中，管内壁出现结垢现象是不可避免的，尤其当处理易结晶和腐蚀性物料时，使传热量下降。在这些蒸发操作中，一方面应定期停车清洗、除垢；另一方面改进蒸发器的结构，如把蒸发器的加热管加工光滑些，使污垢不易生成，即使生成也易清洗，提高溶液循环的速度，从而可降低污垢生成的速度。

（2）蒸发操作危险性分析和安全技术

① 对腐蚀性溶液的蒸发处理。有的设备需要采用特种钢材制造。

② 对热敏性物质处理。防止热敏性物质分解，可采用真空蒸发的方法，降低蒸发温度，或使溶液在蒸发器里停留时间和与加热面接触时间尽量短，可采用单程循环、高速蒸发。

③ 严格控制蒸发温度。操作中要按工艺要求严格控制蒸发温度，防止结晶、沉淀和污垢的产生，因此对加热部分需经常清洗。

④ 保证蒸发器内液位。一旦蒸发器内溶液被蒸干，应停止供热，待冷却后，再加料开始操作。

3. 熔融

（1）熔融操作简介

在化工生产中常常需将某些固体物料(如苛性钠、苛性钾、硫磺、黄磷、固体石蜡、萘、磺酸盐等)加热熔融，以便进行后续反应或加工。这种单元操作称为熔融。熔融操作的危险在碱熔操作过程中较为突出。

（2）熔融操作危险性分析

熔融操作的主要危险来源于被熔融物料的化学性质、熔融时的黏度、熔融过程中副产物的生成、熔融设备、加热方式以及物料的破碎等方面。对人的主要危害形式为热灼烫、化学灼烫。

① 熔融物料的性质诱发的危险。被熔固体物料本身的危险特性对操作安全有很大影响。例如，碱熔过程中的碱，可使蛋白质变为一种胶装化合物，又可使脂肪变为胶状皂化

物质。碱比酸具有更强的渗透能力，且深入组织较快，因此碱对皮肤的灼伤要比酸更为严重。尤其是固碱粉碎、熔融过程中，碱屑或碱液飞溅至眼部时其危险性更大，不仅可使眼角膜、结膜立即坏死糜烂，同时还会向深部渗入，损坏眼球内部，致使视力严重减退甚至失明。

② 熔融物中的杂质诱发的危险。熔融物中的杂质种类和数量会对安全操作产生很大的影响。例如，在碱熔过程中，碱和磺酸盐的纯度是该过程中影响安全的最重要因素之一。若碱和磺酸盐中含有无机盐杂质，应尽量除去，否则，其中的无机盐杂质不熔融，并且呈块状残留于反应物内。块状杂质的存在，会妨碍反应物的混合，并能使其局部过热、烧焦，致使熔融物喷出，烧伤操作人员。因此必须经常清除锅垢。

③ 物料的黏度诱发的危险。为使熔融物具有较大的流动性，可用水将碱适当稀释。当苛性钠或苛性钾中有水存在时，其熔点就显著降低，从而使熔融过程可以在危险性较小的低温状态下进行。能否安全进行熔融，与反应设备中物质的黏度有密切关系。反应物质流动性越好，熔融过程就越安全。

④ 碱熔设备的危险性。碱熔设备一般分为常压操作设备与加压操作设备两种。常压操作一般采用铸铁锅，加压操作一般采用钢制设备。

为了加热均匀，避免局部过热，熔融应在搅拌下进行。对液体熔融物（如苯磺酸钠）可用桨式搅拌。对于非常黏稠的糊状熔融物可采用锚式搅拌。

熔融过程在150~350℃下进行时，一般采用烟道气加热，也可采用油浴或金属浴加热。使用煤气加热时，应注意煤气可能泄漏而引起爆炸或中毒。

（3）熔融操作安全技术

① 在化学反应过程中，若使用40%~50%的碱液代替固碱较为合理时，应尽量使用液碱。这样可以免去固碱粉碎及熔融过程。在必须用固碱时，也最好使用片状碱。

② 对于加压熔融的操作设备，应安装压力表、安全阀和排放装置。

③ 碱熔过程中的碱屑或碱液飞溅到皮肤上或眼睛里会造成灼伤，为此作业岗位应设置淋洗和洗眼设施，保护半径应不大于15m。

④ 碱熔操作中，碱融物和磺酸盐中若含有无机盐等杂质，应尽量除去，否则这些无机盐会因不熔融而造成局部过热、烧焦，致使熔融物喷出，容易造成烧伤。

⑤ 碱熔过程中为防止局部过热，应设置搅拌装置并不间断地进行搅拌。

4. 冷却、冷凝

（1）冷却与冷凝操作简介

冷却与冷凝是化工生产的基本操作之一，冷却与冷凝的主要区别在于被冷却的物料是否发生相的改变。若发生相变（如气相变为液相）则称为冷凝，无相变而只是温度降低则称为冷却。

直接冷却法，可直接向所需冷却的物料加入冷水或冰；也可将物料置入敞口槽中或喷洒于空气中，使之自然汽化而达到冷却的目的。在直接冷却中常用的冷却剂为水。一般采用自来水，依季节不同其温度变化为4~25℃，而地下水温度较低，平均为8~15℃。直接冷却法的缺点是物料被稀释。

间接冷却法，间接冷却通常是在具有间壁式的换热器（冷却器）中进行的。壁的一边为低温载体。如冷水、盐水、冷冻混合物以及固体二氧化碳等。而壁的另一边为所需冷却的物料。

一般冷却水所达到的冷却效果不能低于 0℃，浓度约 20% 的盐水，其冷却效果可达 0~−15℃；冷冻混合物(以压碎的冰或雪与盐类混合制成)，依其成分不同，冷却效果可达 0~−45℃。间接冷却法在化工生产中使用较为广泛。

冷却、冷凝操作在化工生产中十分重要，它不仅涉及到生产，而且也严重影响防火安全，反应设备和物料由于未能及时得到应有的冷却或冷凝，常是导致火灾、爆炸的原因。

（2）冷却与冷凝操作危险性分析

冷却与冷凝的操作在化工生产中易被人们所忽视。实际上它不仅涉及原材料消耗定额以及产品收率，而且严重影响安全生产，因此必须予以应有的注意。

① 化工生产中，有些工艺过程在冷却操作时，冷却介质不能中断，否则会造成积热，使系统温度、压力骤增，引起爆炸。

② 化工生产时，有些凝固点较高的物料，遇冷易变得黏稠或凝固，可能会导致物料卡住搅拌器或堵塞设备及管道。

③ 通常需要进行冷却的工艺设备所用的冷却水不能中断，否则，反应热不能及时导出，会使反应异常，系统压力增高，甚至产生爆炸。冷却、冷凝器如断水，会使后部系统温度增高，若未凝的危险气体外逸排空，可能导致燃烧或爆炸。

（3）冷却与冷凝操作安全技术

① 根据被冷却物料的温度、压力、理化性质以及工艺条件，正确选用冷却设备和冷却剂。

② 对于腐蚀性物料的冷却，最好选用耐腐蚀材料的冷却设备。如石墨冷却器、塑料冷却器，以及用高硅铁管、陶瓷管制成的套管冷却器和钛材冷却器等。

③ 严格注意冷却设备的密闭性，不允许物料窜入冷却剂中。也不允许冷却剂窜入被冷却的物料中(特别是酸性气体)。

④ 冷却设备所用的冷却水不能中断。否则，反应热不能及时导出，致使反应异常，系统压力增高，甚至产生爆炸。冷凝、冷却器如断水，会使后部系统温度增高，未凝的危险气体外逸排空，可能导致燃烧或爆炸。以冷却水控制温度，最好采用自动调节装置。

⑤ 开车前首先清除冷凝器中的积液，再打开冷却水、然后通入高温物料。

⑥ 排空保护。为保证不凝性可燃气体安全排空，可充氮保护。

⑦ 检修冷凝、冷却器，应彻底清洗、置换，切勿带料焊接。

三、传质过程

物质以扩散的方式，从一相转移到另一相的相界面的转移过程，称为物质的传递过程，简称传质过程。传质过程中主要包括干燥、蒸馏、吸收、萃取、结晶操作等。

1. 干燥

（1）干燥操作简介

干燥操作是利用热能将固体物料中的水分(或溶剂)除去的单元操作。干燥的热源有热空气、过热蒸汽、烟道气和明火等。在化工生产中，将固体与液体分离可采用过滤的方法，但过滤方法得到的滤饼中，液相量仍相当多。要进一步除去固体中的液体，必须采用干燥的方法。

干燥按其热量供给湿物料的方式，可分为传导干燥、对流干燥、辐射干燥和介电加热干燥。干燥按操作压强可分为常压干燥和减压干燥；按操作方式可分为间歇式干燥与连续式干燥。按干燥介质分为空气、烟道气或其他介质的干燥；按干燥介质与物料流动方式分为并流、逆流和错流干燥。常用的干燥设备有厢式干燥器、转筒干燥器、气流干燥器、沸腾床干燥器、喷雾干燥器。

（2）干燥操作危险性分析和安全技术

干燥过程要采取以下安全措施：

① 当干燥物料中含有自燃点很低或含有其他有害杂质时必须在烘干前彻底清除掉，干燥室内也不得放置容易自燃的物质。

② 干燥室与生产车间应用防火墙隔绝，并安装良好的通风设备，电气设备应防爆或将开关安装在室外。在干燥室或干燥箱内操作时，应防止可燃的干燥物直接接触热源，以免引起燃烧。

③ 干燥易燃易爆物质，应采用蒸汽加热的真空干燥箱，当烘干结束后，去除真空时，一定要等到温度降低后才能放进空气；对易燃易爆物质采用流速较大的热空气干燥时，排气用的设备和电动机应采用防爆的；在用电烘箱烘烤能够蒸发易燃蒸气的物质时，电炉丝应完全封闭，箱上应加防爆门；利用烟道气直接加热可燃物时，在滚筒或干燥器上应安装防爆片，以防烟道气混入一氧化碳而引起爆炸。

④ 间歇式干燥，物料大部分靠人力输送，热源采用热空气自然循环或鼓风机强制循环，温度较难控制，易造成局部过热，引起物料分解造成火灾或爆炸。因此，在干燥过程中，应严格控制温度。

⑤ 在采用洞道式、滚筒式干燥器干燥时，主要是防止机械伤害。在气流干燥、喷雾干燥、沸腾床干燥以及滚筒式干燥中，多以烟道气、热空气为干燥热源。

⑥ 干燥过程中所产生的易燃气体和粉尘同空气混合易达到爆炸极限。在气流干燥中，物料由于迅速运动相互激烈碰撞、摩擦易产生静电；滚筒干燥过程中，刮刀有时和滚筒壁摩擦产生火花。因此，应该严格控制干燥气流风速，并将设备接地；对于滚筒干燥，应适当调整刮刀与筒壁间隙，并将刮刀牢牢固定，或采用有色金属材料制造刮刀，以防产生火花。用烟道气加热的滚筒式干燥器，应注意加热均匀，不可断料，滚筒不可中途停止运转。斗口有断料或停转应切断烟道气并通氮。干燥设备上应安装爆破片。

⑦ 真空干燥，在干燥易燃、易爆的物料时，最好采用连续式或间歇式真空干燥比较安全。因为在真空条件下，易燃液体蒸发速度快，并且干燥温度可适当控制低一些，从而防止由于高温引起物料局部过热和分解。因此，大大降低了火灾、爆炸危险性。当真空干燥后消除真空时，一定要使温度降低后方能放入空气。否则，空气过早放入，会引起干燥物着火或爆炸。

2. 蒸（精）馏

（1）蒸（精）馏操作简介

化工生产中常常要将混合物进行分离，以实现产品的提纯和回收或原料的精制。对于均相液体混合物，最常用的分离方法是蒸馏。要实现混合液的高纯度分离，需采用精馏操作。蒸馏是借液体混合物各组分挥发度的不同，使其分离为纯组分的操作。

① 常压蒸馏(一般蒸馏，物料在常压下沸点100℃左右)；

② 减压蒸馏(真空蒸馏，物料在常压下沸点150℃以上)；

③ 加压蒸馏(高压蒸馏，物料在常压下沸点低于30℃)；

④ 特殊蒸馏。如蒸汽蒸馏，萃取蒸馏、恒沸蒸馏和分子蒸馏等。

(2) 真空蒸馏安全技术

真空蒸馏是一种比较安全的蒸馏方法。对于沸点较高(常压下1500℃以上)、而在高温下蒸馏时又能引起分解、爆炸或聚合的物质，采用真空蒸馏较为合适。如硝基甲苯在高温下易分解爆炸，而苯乙烯在高温下则易聚合，类似这类物质的蒸馏，必须采用真空蒸馏的方法降低液体的沸点，借以降低蒸馏温度，确保其安全。

注意：

① 保证系统密闭。蒸馏过程中，一旦吸入空气，很容易引起燃烧爆炸事故。因此，减压(真空)蒸馏系统所用的真空泵应安装单向阀，防止突然停泵造成空气倒吸入设备。

② 保证停车安全。减压(真空)蒸馏系统停车时，应先冷却，然后通入氮气吹扫置换，再停真空泵。

③ 保证开车安全。减压(真空)蒸馏系统停车时，应先开真空泵，然后开塔顶冷却水，最后开再沸蒸汽。否则，液体会被吸入真空泵，可能引起冲料，引起爆炸。

真空蒸馏应注意其操作顺序。先打开真空活门，然后开冷却器活门，最后打开蒸汽阀门。否则，物料会被吸入真空泵并引起冲料，使设备受压甚至产生爆炸。真空蒸馏易燃物质的排气管应通至厂房外，管道上应安装阻火器。

(3) 常压蒸馏安全技术

主要用于分离中等挥发度(沸点100℃左右)的液体。

注意：

① 正确选择再沸热源。蒸馏操作一般不采用明火作热源，应采用水蒸气或过热水蒸气较为安全。

② 注意防腐和密闭。为防止易燃液体或蒸气泄漏，引起火灾爆炸，应保证系统的密闭性；对于蒸馏有腐蚀性的液体，应防止塔壁、塔板等被腐蚀，以免引起泄漏。

③ 防止冷却水漏入塔内。对于高温蒸馏系统，一定要防止塔顶冷凝器的冷却水突然漏入蒸馏塔内。

④ 防止堵塔。常压蒸馏操作中，还应防止因液体所含高沸物或聚合物凝结造成塔塞，使塔压升高引起爆炸。

⑤ 保证塔顶冷凝。塔顶冷凝器中的冷却水不能中断。否则，未凝易燃蒸气逸出可能引起燃烧。

(4) 加压蒸馏

对于常压下沸点低于30℃的液体，应采用加压蒸馏操作。常压操作的安全要求也适用于加压蒸馏。它的缺点是气体或蒸气更容易从装置的不严密处泄漏，极易造成燃烧、中毒的危险。

注意：

① 严格地进行气密性和耐压试验检查，并应安装安全阀和温度、压力调节、控制装置。

② 防静电和雷。对不易导电液体，应将蒸馏设备、管道良好接地。室外蒸馏塔应安装避雷装置。

③ 在石油产品的蒸馏中，应将安全阀的排气管与火炬系统相接，安全阀起跳即可将物料排入火炬烧掉。

④ 保证系统密闭。加压操作，气体或蒸气容易向外泄漏，设备必须保证很好的密闭性。

⑤ 严格控制压力和温度。为防止冲料等事故发生，必须严格控制蒸馏压力和温度。并应安装安全阀。对易燃易爆物质的蒸馏，厂房要符合防爆要求，有足够的泄压面积，室内电机、照明等电气设备均应符合场所的防爆要求。

（5）特殊蒸馏

由于处理的液体具有不同的性质，或对产品的质量要求不同，不能使用一般的蒸馏方法，必须采取特殊的方法，以达到分离组分的目的，如蒸汽蒸馏、萃取蒸馏、恒沸蒸馏与分子蒸馏等。

① 蒸汽蒸馏　通常用于在常压下沸点较高、或在其沸点时易于分解物质的蒸馏，也常用于高沸点物与不挥发杂质的分离，如硝基苯、松节油、苯胺类以及脂肪类物质，但其应用只限于所得产品完全（或几乎）不与水互溶的场合。

② 萃取蒸馏与恒沸蒸馏　主要用来分离由沸点极相近或恒沸组成的各组分所组成的难以用普通蒸馏方法分离的混合物。当分离结构上不相同的两组分，并在加入第三组分后，它们挥发度的改变彼此不同时，采用这两种方法很有效。

恒沸蒸馏即添加的第三组分与原组分之一形成二元最低恒沸物或与原来的两组分形成三元最低恒沸物，其沸点比原组分或原恒沸物低得多，使溶液变成"恒沸物-纯组分"的蒸馏，其相对挥发度大而易分离。

萃取蒸馏即添加的第三种与原来两种组分 A、B 分子作用力不同，故能有选择改变 A、B 蒸气压，从而增大其相对挥发度；原来有恒沸物的，也被破坏，第三者组分为萃取剂，其沸点应比原两组分都高得多，又不形成恒沸物，故蒸馏中从塔底排出。

③ 分子蒸馏　是用于从矿物油及其残渣中提取特种油和脂，用于分离煤焦油的精制产品，用于从原油及原脂中获取维他命和碳氢化合物。分子蒸馏也能有效地分离和净化许多化合物，特别是用在常温和其他情况下，不能以简单蒸馏与精馏进行分离或其他蒸馏时会分解的高分子化合物。

（6）精馏操作安全技术

① 管道连接处、管接头处、塔圈法兰连接处、人孔处容易泄漏，精馏的危险性在于系统中存在大量可燃易爆蒸气和气体液体混合物，在高温和高压下在与空气接触处、法兰连接处、管件等处都存在混合气体着火的可能性。

② 气密性破坏的原因可能是系统内压力过高、腐蚀、机械损伤和振动。

③ 分离装置（塔板、填料）的孔、设备和管道被淤泥、盐沉积物、焦炭沉积物及聚合物

堵塞可能导致塔内压力升高和精馏规程破坏，特别是塔底有许多沉积物时，塔内进水可能导致压力急剧升高可能引起设备破坏。

④ 精馏塔应当安装压力和温度自动调节器、控制测量仪表、自动连锁装置以及安全阀或防爆膜，向大气或火炬系统的排放管线。

3. 吸收、萃取、结晶

(1) 气体吸收与解吸

气体吸收按溶质与溶剂是否发生显著的化学反应可分为物理吸收和化学吸收；按被吸收组分的不同，可分为单组分吸收和多组分吸收；按吸收体系(主要是液相)的温度是否显著变化，可分为等温吸收和非等温吸收。在选择吸收剂时，应注意溶解度、选择性、挥发度、黏度。工业生产中使用的吸收塔的主要类型有板式塔、填料塔、湍球塔、喷洒塔和喷射式吸收器等。

解吸又称脱吸，是脱除吸收剂中已被吸收的溶质，而使溶质从液相逸出到气相的过程。在生产中解吸过程用来获得所需较纯的气体溶质，使溶剂得以再生，返回吸收塔循环使用。工业上常采用的解吸方法有加热解吸、减压解吸、在惰性气体中解吸、精馏等。

(2) 结晶

结晶是固体物质以晶体状态从蒸气、溶液或熔融物中析出的过程。结晶是一个重要的化工单元操作，主要用于制备产品与中间产品、获得高纯度的纯净固体物料。

结晶过程常采用搅拌装置。搅动液体使之发生某种方式的循环流动，从而使物料混合均匀或促使物理、化学过程加速操作。

结晶过程的搅拌器要注意如下安全问题：

① 当结晶设备内存在易燃液体蒸气和空气的爆炸性混合物时，要防止产生静电，避免火灾和爆炸事故的发生。

② 避免搅拌轴的填料函漏油，因为填料函中的油漏入反应器会发生危险。例如硝化反应时，反应器内有浓硝酸，如有润滑油漏入，则油在浓硝酸的作用下氧化发热，使反应物料温度升高，可能发生冲料和燃烧爆炸。当反应器内有强氧化剂存在时，也有类似危险。

③ 对于危险易燃物料不得中途停止搅拌。因为搅拌停止时，物料不能充分混匀，反应不良，且大量积聚；而当搅拌恢复时，则大量未反应的物料迅速混合，反应剧烈，往往造成冲料，有燃烧、爆炸危险。如因故障而导致搅拌停止时，应立即停止加料，迅速冷却；恢复搅拌时，必须待温度平稳、反应正常后方可续加料，恢复正常操作。

④ 搅拌器应定期维修，严防搅拌器断落造成物料混合不匀，最后突然反应而发生猛烈冲料，甚至爆炸起火，搅拌器应灵活，防止卡死引起电动机温升过高而起火。搅拌器应有足够的机械强度，以防止因变形而与反应器器壁摩擦造成事故。

(3) 萃取

萃取时溶剂的选择是萃取操作的关键，萃取剂的性质决定了萃取过程的危险性大小和特点。萃取剂的选择性、物理性质(密度、界面张力、黏度)、化学性质(稳定性、热稳定性和抗氧化稳定性)、萃取剂回收的难易和萃取的安全问题(毒性、易燃性、易爆性)是选择萃取剂时需要特别考虑的问题。工业生产中所采用的萃取流程有多种，主要有单级和多级之分。

萃取设备的主要性能是能为两液相提供充分混合与充分分离的条件，使两液相之间具有很大的接触面积，这种界面通常是将一种液相分散在另一种液相中所形成，两相流体在萃取设备内以逆流流动方式进行操作。萃取的设备有填料萃取塔、筛板萃取塔、转盘萃取塔、往复振动筛板塔和脉冲萃取塔。

（4）吸收、萃取、结晶操作危险性分析和安全技术

吸收、萃取、结晶单元操作通常除了物料性质本身的危险外，其他固有危险一般较少。同时由于吸收、萃取、结晶单元操作中可能伴有加热、冷却、搅拌等操作，故这些操作的危险性分析和安全技术基本相同。

四、热力过程

在环境作用下，系统从一个平衡态变化到另一个平衡态的过程，简称热力过程。本小节主要讨论热力过程中的冷冻操作。

1. 冷冻操作简介

在某些化工生产过程中，如蒸气、气体的液化，某些组分的低温分离，以及某些物品的输送、储藏等，常需将物料降到比水或周围空气更低的温度，这种操作称为冷冻或制冷。

冷冻操作的实质是不断地由低温物体（被冷冻物）取出热量并传给高温物质（水或空气），以使被冷冻的物料温度降低。热量由低温物体到高温物体这一传递过程是借助于冷冻剂实现的。适当选择冷冻剂及其操作过程，几乎可以获得由摄氏零度至接近于绝对零度的任何程度的冷冻。一般说来，冷冻程度与冷冻操作的技术有关，凡冷冻范围在-100℃以内的称冷冻，而在-100~-210℃或更低的温度，则称为深度冷冻或简称深冷。

在现代工业中冷冻有以下几种方法：

① 低沸点液体的蒸发，如液氨在 2 个绝对大气压下蒸发，可以获得-15℃的低温，若在 0.4119 绝对大气压下蒸发，则可达-50℃。液态乙烷在 0.5354 绝对大气压下蒸发可达-100℃，而液态氮蒸发可达-210℃等。

② 冷冻剂于膨胀机中膨胀，气体对外做功，致使内能减少而获取低温。该法主要用于那些难以液化气体（空气、氢等）的液化过程。

③ 利用气体或蒸气在节流时所产生的降温而获取低温的方法。

2. 冷冻操作危险性分析

冷冻操作对人的危害主要为中毒和窒息、化学灼烫、冷灼烫、机械伤害、电气伤害等。主要表现在：

① 氨制冷剂易燃且有毒，可产生中毒和窒息危害。

② 对于制冷系统的压缩机、冷凝器、蒸发器以及管路，应注意耐压等级和气密性，防止因泄漏而导致的中毒和窒息危害、化学灼伤。

③ 低温设备辅机及管道，人员接触时可能产生冷灼烫。

制冷机械的转动和往复运动位置，在缺少防护或防护不当时，可导致人员的缠绕、挤压等机械伤害发生。

3. 冷冻操作安全技术

压缩冷冻机由压缩机、冷凝器、蒸发器与膨胀阀四个基本部分组成。

（1）采用不发生火花的电气设备(如短路感应电动机、密闭的电气开关及照明设备等)。

（2）在压缩机出口方向，应于气缸与排气阀间设一个能使氨通到吸入管的安全装置，以防压力超高。为避免管路爆裂，在旁通管路上不装任何阻气设施。

（3）易于污染空气的油分离器应设于室外。压缩机要采用低温不冻结且不与氨发生化学反应的润滑油。

（4）制冷系统压缩机、冷凝器、蒸发器以及管路系统，应注意其耐压程度和气密性，防止设备、管路裂纹、泄漏。同时要加强安全阀、压力表等安全装置的检查、维护。

（5）制冷系统因发生事故或停电而紧急停车，应注意其被冷物料的排空处理。

（6）装有冷料的设备及容器，应注意其低温材质的选择，防止低温脆裂。

（7）对于氨压缩机，应采用不产生火花的电气设备；压缩机应选用低温下不冻结且不与制冷剂发生化学反应的润滑油，且油分离器应设于室外。

（8）注意冷载体盐水系统的防腐蚀。

五、机械过程

机械过程是涉及物理定律的一种常见的化工操作过程，主要包括固体输送、粉碎、混合、筛分等。

1. 固态物料输送

（1）固态物料输送操作简介

在化工生产过程中，经常需将各种原材料、中间体、产品以及副产品和废弃物，由前一工序输往后一工序，或由一个车间输往另一个车间，或输往储运地点。在现代化工企业中，这些输送过程是借助于各种输送机械设备来实现的。

物料输送又可分为固体物料输送、液体物料输送和气体物料输送。由于所输送的物料形态不同(块状、粉态、液态、气态等)，其所采用的输送设备也各有不同。但不论何种形式的输送，保证它的安全运行都十分重要，因为若一处受阻，不仅影响整条生产线的正常运行，还可能导致各种事故。

固体物料分为块状物料与粉料，在实际生产中多采用皮带输送机、螺旋输送机、刮板输送机、链斗输送机、斗式提升机以及气力输送(风送)等多种形式进行输送，有时还可以利用位差，采用密闭溜槽等简单方式进行输送。

（2）固体物料输送的危险性分析和安全技术

固态物料的形状多样，对于不同形态的固态物料应该采用不同的输送装置。

① 皮带、刮板、链斗、螺旋、斗式提升机等输送设备的危险性分析和安全技术

这类输送设备连续往返运转，可连续加料，连续卸载。在运行中除设备本身会发生故障外也能造成人身伤害。

a. 传动机构：

皮带传动　皮带的规格与形式应根据输送物料的性质、负荷情况进行合理选择。皮带要有足够的强度，胶接应平滑，并要根据负荷调整松紧度。要防止在运行过程中，因物料高温而烧坏皮带，或因斜偏刮挡而发生撕裂皮带等事故。

皮带同皮带轮接触的部位，对于操作者是极其危险的部位，可造成断肢伤害甚至危及生命安全。在正常生产时，这个部位应安装防护罩。因检修拆卸下的防护罩，事后应立即复原。

齿轮传动　齿轮传动的安全运行，在于齿轮同齿轮以及齿轮同齿条、链带的良好啮合，以及齿轮本身具有足够的强度。此外，要严密注意负荷的均匀情况、物料的粒度以及混入其中的杂物，防止因卡料而拉断链条、链板，甚至拉毁整个输送设备机架。

同样，齿轮与齿轮、齿条、链带相啮合的部位，也是极其危险的部位。该处连同它的端面均应采取防护措施，以防发生重大人身伤亡事故。

斗式提升机应有防止因链带拉断而坠落的防护装置。链式输送机还应注意下料器的操作，防止下料过多、料面过高造成链带拉断。

螺旋输送器，要注意螺旋导叶与壳体间隙大小、物料粒度变化和混入杂物清理（如铁筋、铁块等），以防止挤坏螺旋导叶与壳体。

轴、联轴节、联轴器、键及固定螺钉　这些部件表面光滑程度有限，易有突起。特别是固定螺钉不准超长，否则在高速旋转中易将人刮倒。这些部位要安装防护罩，并不得随意拆卸。

b. 输送设备的开、停车。在生产中，物料输送设备有自动开停系统和手动开停系统，有因故障而装设的事故自动停车和就地手动事故按钮停车系统。为保证输送设备本身的安全，还应安装超负荷、超行程停车保护装置。紧急事故停车开关应设在操作者经常停留的部位。停车检修时，开关应上锁或撤掉电源。

对于长距离输送系统，应安装开停车联锁信号装置，以及给料、输送、中转系统的自动联锁装置或程序控制系统。

c. 输送设备的日常维护。在输送设备的日常维护中，润滑、加油和清扫工作，是操作者致伤的主要原因，减少这类工作的次数就能够减少操作者发生危险的概率。所以，应提倡安装自动注油和清扫装置。

② 粉料气力输送的危险性分析和安全技术

气力输送凭借真空泵或风机产生的气流动力将物料吹走而实现物料输送。

a. 吸送式系统。吸送式气力输送是负压输送，系统的风机或真空泵安装在尾部，靠吸力将空气与物料一起吸入，经分离器将物料与空气分离，由分离器底部排除。空气则由除尘器净化后排入大气或循环使用。真空输送系统具有输送量大、动力消耗小、防尘效果好、系统紧凑、工作可靠和磨损小等优点。宜于输送干燥、松散、流动性好的粉状物料。

b. 压送式系统。风机在系统前端，风机启动后管道压力高于大气压，从料斗下来的物料通过喉管与空气混合送至分离器。被分离出的物料经卸料器卸出，空气经除尘器净化后排入大气。一般低压输送压力在 0.2MPa 以下，高压输送压力在 0.2~0.7MPa 之间。该系统加料器结构复杂，且加料装置需一定高度，适宜于长距离输送。

从安全技术考虑，使用气力输送系统输送固体物料时，除设备本身会产生故障之外，最大的问题是系统的堵塞和由静电引起的粉尘爆炸。

a. 堵塞。易发生堵塞的有下述几种情况：

黏性或湿度过高的物料较易在供料处、转弯处黏附管壁造成堵塞；

管道连接不同心，有错偏或焊渣凸起等障碍处易堵塞；

大管径长距离输送管比小管径短距离输送管，更易发生堵塞；

输料管径突然扩大，物料在输送状态中突然停车易造成堵塞。

最易堵塞的部位是弯管和供料处附近的加速段，如由水平向垂直过渡的弯管易堵塞。为避免堵塞，设计时应确定合适的输送速度，选择合理的管系结构和布置形式，尽量减少弯管的数量。

输料管壁厚通常为 3~8mm，输送磨削性较强的物料时，应采用管壁较厚的管道，管内表面要求光滑、不准有褶皱或凸起。

此外，气力输送系统应保持良好的严密性。否则，吸送式系统的漏风会导致管道堵塞。而压送式系统漏风，会将物料带出而污染环境。

b. 静电。粉料在气力输送系统中，会同管壁发生摩擦而使系统产生静电，这是导致粉尘爆炸的重要原因之一。因此，必须采取下列措施加以消除：

粉料输送应选用导电性材料制造管道，并应有良好的接地，如采用绝缘材料管道，且能产生静电时，管外应采取接地措施；

应对粉料的粒度、形状，物料与输送管道材料的匹配，管道直径大小问题等进行试验，优选产生静电小的进行配置；

输送管道直径要尽量大些，管路弯曲和变径应缓慢，弯曲和变径处要少，管内壁应平滑、不要装设网格之类的部件；

输送速度不应超过规定风速值，输送量不应有急剧的变化；

粉料不要堆积管内，要定期使用空气进行管壁清扫。

2. 筛分

（1）筛分操作简介

在工业生产中，为满足生产工艺的要求，常常需将固体原料、产品进行筛选，以选取符合工艺要求的粒度，这一操作过程称为筛分。筛分分为人工筛分和机械筛分。人工筛分劳动强度大，操作者直接接触粉尘，对呼吸器官及皮肤有很大危害。机械筛分，大大减轻体力劳动、减少与粉尘接触机会，如能很好密闭，实现自动控制，操作者将摆脱尘害。

筛分所用的设备称为筛子，通过筛网孔眼控制物料的粒度，分固定筛和运动筛。按筛网的形状可分为转动式筛网和平板式运动筛网两类。物料粒度是通过筛网孔眼尺寸控制的。在筛分过程中，有的是筛余物符合工艺要求、有的是筛下部分符合工艺要求的。根据工艺要求还可进行多次筛分，去掉颗粒较大和较小部分而留取中间部分。

（2）筛分安全技术措施

① 筛分过程中，粉尘如有可燃性，须注意因碰撞和静电引起粉尘燃烧爆炸；如粉尘具有毒性、吸水性或腐蚀性，须注意呼吸器官及皮肤的保护，以防引起中毒或皮肤伤害。

② 要加强检查，注意筛网的磨损和筛孔堵塞、卡料，以防筛网损坏和混料。

③ 筛分操作是大量扬尘过程，在不妨碍操作、检查的前提下，应将其筛分设备最大限度地进行密闭。

④ 筛分设备的运转部分应加防护罩以防绞伤人体。

⑤ 振动筛会产生大量噪声，应采用隔离等消声措施。

3. 粉碎和混合

（1）粉碎操作简介

化工生产中，采用固体物料作反应原料或作催化剂，为增大表面积，经常要进行固体粉碎或研磨操作。将大块物料变成小块物料的操作称粉碎；将小块变成粉末的操作称研磨。粉碎分为湿法与干法两类。干法粉碎是使物料处于干燥状态下进行粉碎的操作。湿法粉碎是指在药物中加入适量的水或其他液体进行研磨的方法。

粉碎方法可按实际操作时的作用力分为挤压、撞击、研磨、劈裂等方法。一般对于特别坚硬的物料，挤压和撞击有效。对韧性物料用研磨或剪力较好，而对脆性物料则以劈裂为宜。

粉碎设备在干法粉碎中，按被粉碎物料的大小和粉碎后所获得成品的尺寸，将其设备分成四类：

① 粗碎或预碎设备。用于处理直径为 40～1500mm 范围的原料，所得成品的直径为 5～50mm。

② 中碎和细碎设备。用以处理直径为 5～50mm 范围的原料，所得成品的直径为 0.1～5mm。

③ 磨碎或研磨设备。用以处理直径为 2～5mm 范围的原料，所得成品的直径为 0.1mm 上下，并可小于 0.074mm。

④ 胶体磨。用以处理直径在 0.2mm 上下的原料，所得产品可以小到 0.01μm，即 10^{-5}mm。

（2）粉碎操作安全技术

① 对于破碎机安全条件：

a. 加料、出料最好是连续化、自动化；

b. 具有防止破碎机损坏的安全装置；

c. 产生粉末应尽可能少；

d. 发生事故能迅速停车。

② 粉碎研磨过程的应注意以下问题：

a. 系统密闭、通风。粉碎研磨设备必须要做好密闭，同时操作环境要保持良好的通风，必要时可装设喷淋设备。

b. 系统的惰性保护。为确保易燃易爆物质粉碎研磨过程的安全，密闭的研磨系统内应通入惰性气体进行保护。

c. 系统内摩擦。对于进行可燃、易燃物质粉碎研磨的设备，应有可靠的接地和防爆装置，要保持设备良好的润滑状态，防止摩擦生热和产生静电，引起粉尘燃烧爆炸。

d. 运转中的破碎机严禁检查、清理、调节、检修。

e. 破碎装置周围的过道宽度必须大于 1m；操作台必须坚固，操作台与地面高度在 1.5～2.0m；台周边应设高 1m 安全护栏；破碎机加料口与地面一般平或低于地面不到 1mm 均应设安全格子。

f. 为防止金属物件落入破碎装置，必须装设磁性分离器。

g. 可燃物研磨后，应先冷却，再装桶，以防发热引起燃烧。

4. 混合

（1）混合操作简介

两种以上物料相互分散，而达到温度、浓度以及组成一致的操作，均称为混合。混合分液态与液态物料混合、固态与液态物料混合和固态与固态物料的混合，而固态混合分为粉末、散粒的混合。

混合设备分为两大类，即液体混合设备和固体、糊状物混合设备，其中液体混合设备又包括机械搅拌和气流搅拌两种。

① 机械搅拌设备

a. 桨式搅拌器，按桨叶形状可分为平板式、框式和锚式。

b. 螺旋桨式搅拌器。

c. 涡轮式搅拌器，涡轮式搅拌器具有较高的转速、能适应于大容量及含固体小于60%、黏度较大的液体，或用以制备乳浊液及比重差大的悬浮液。

d. 特种搅拌器，如盘式搅拌器等。

② 气流搅拌设备

用压缩空气或蒸汽以及氮气通入液体介质中进行鼓泡，以达到混合目的的一种装置，其搅拌气体压强须超过容器中液体的静压头，此外，尚需一定气体的流速。按单位时间搅拌气体的耗量可将气流搅拌分为微弱搅拌（$0.4m^3/min$）、中强搅拌（$0.8m^3/min$）、剧烈搅拌（$1.0m^3/min$）。

③ 固体、糊状物混合设备

固体介质的混合包括固体粉末捏合和固体粉末与糊状物捏合。此类设备常用于化学工业中的有三类：捏合机、螺旋混合器和干粉混合器。

（2）混合操作安全技术

① 根据物料性质（如腐蚀性、易燃易爆性、粒度、黏度等）正确选用设备。

② 桨叶强度与转速。桨叶强度要高，安装要牢固，桨叶的长度不能过长，搅拌转速不能随意提高，否则容易导致电机超负荷、桨叶折断以及物料飞溅等事故。

③ 设备密闭。对于混合能产生易燃易爆或有毒物质的过程，混合设备应保证很好的密闭，并充入惰性气体进行保护。

④ 防静电。对于混合易燃、可燃粉尘的设备，应有很好的接地装置，并应在设备上安装爆破片。

⑤ 搅拌突然停止。由于负荷过大导致电机烧坏或突然停电造成的搅拌停止，会导致物料局部过热，引发事故。

⑥ 混合设备不允许落入金属物件，以防卡住叶片，烧毁电机。

⑦ 设置超负荷停车装置。

⑧ 检修安全。机械搅拌设备检修时，应切断电源并在电闸处明示或派专人看守。

六、物料储运过程危险性分析和安全技术

在化工生产企业中，大至货场料堆、大型罐区、气柜、大型料仓、仓库，小至车间中

转罐、料斗、小型料池等，物料储存的场所、形式多种多样，这正是由物料种类、环境条件及使用需求的多样性所决定的。

（1）许多储存场所中的易燃易爆物料数量巨大，存放集中，一旦着火爆炸，火势猛烈，极易蔓延扩大。特别是周边及内部防火间距不足、消防设施器材配置不当时，可能造成重大损失。

（2）多种性质相抵触的物品若不按禁忌规定混存，例如可燃物与强氧化剂、酸与碱等混放或间距不足，便可能发生激烈反应而起火爆炸。

（3）不少物品在存放时，因露天曝晒、库房漏雨、地面积水、通风不良等，未能满足一定的温度、压力、湿度等必要的储存条件，就可能出现受潮、变质、发热、自燃等危险。

（4）储存危险化学品的容器破坏、包装不合要求，就可能发生泄漏，引发火灾或爆炸事故。故可燃危化品应设置专门的储罐区，并设置防火堤、消防灭火系统等安全设施。

（5）周边烟囱飞火、机动车辆排气管火星、明火作业，储存场所电气系统不合要求，静电、雷击等，都可能形成火源。这些火源与可燃危化品罐（库）区应保持符合相关技术标准规定的防火间距。

（6）在储存场所装卸、搬运过程中，违规使用铁器工具、开密封容器时撞击摩擦、违规堆垛、野蛮装卸、可燃粉尘飞扬等，都可能引发火灾或爆炸。

（7）易燃液体储罐应采用浮顶式储罐，必要时可充装惰性气体以保证安全。

（8）危险化学品仓库周边应设置环形消防通道。易燃液体、有毒物质的储罐区和仓库中应设置可燃（或有毒）气体报警装置。

第三节　化工单元设备安全

化工单元设备主要包括流体流动和传输设备、传热设备、传质设备、热力设备、机械设备和储运设备，本节主要介绍了各单元设备仪器的原理及使用操作安全。

一、流体流动和输送设备

流体流动需要一定的推动力来克服管路和设备的阻力才能把流体从低处送到高处，或从低压系统输送到高压系统。一般把输送液体的机械通称为泵，输送气体的机械称为风机或压缩机，过滤中主要用到过滤机。本节以泵、压缩机、风机和过滤机为例，简单介绍流体流动和输送设备的结构、安全运行以及故障处理。

1. 泵

泵是一种用来移动液体、气体或特殊流体介质的装置，即是对流体作功的机械。泵主要用来输送液体，包括水、油、酸碱液、乳化液、悬乳液和液态金属等；也可输送气体、气-液混合物、固-液混合物，如泥浆、煤浆、矿浆等，以及气固液三相混合物，如水空气泥沙等。按泵的作用原理不同可分为以下几种类型：

① 动力式泵　利用高速回转的叶轮将能量连续地施加给液体，使其提高压力能和速度能，随后通过打压元件将大部分速度能转化为压力能，如离心泵、旋涡泵、混流泵和轴流泵等。由于它们都具有叶片，又称叶片泵。

② 容积式泵　利用泵的工作容积周期性变化，将能量施加给液体，使其提高压力能并强行排出，如往复泵、回转泵、活塞泵、柱塞泵、齿轮泵等。

③ 其他类型泵　利用液体的能量(势能、动能等)来输送液体，如射流泵。

2. 离心泵

（1）离心泵简介

离心泵是依靠叶轮的高速回转使液体获得能量，产生吸、排作用，从而达到输送液体的目的。离心泵种类繁多，相应的分类方法也多种多样，但基本构造和原理相同，如图4-1是单级单吸离心泵的结构。叶轮是离心机的核心元件，一般有6~12片后弯叶片。叶轮有开式、半闭式和闭式三种，如图4-2所示。吸液方式有单吸式和双吸式两种，如图4-3所示。多级泵，可达到较高的压头，如图4-4所示。

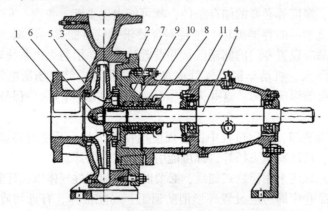

图4-1　单级单吸离心泵的结构

1—泵体；2—泵盖；3—叶轮；4—轴；5—密封环；6—叶轮螺母；7—轴套；
8—填料压盖；9—填料环；10—填料；11—悬架轴承部件

(a) 开式　　　　　　(b) 半闭式　　　　　　(c) 闭式

图4-2　离心泵的叶轮

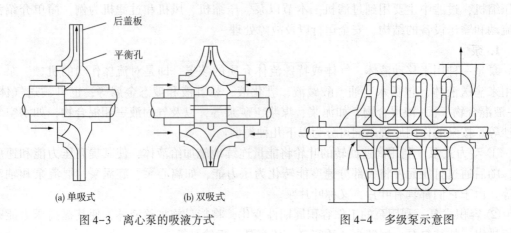

(a) 单吸式　　　　　　(b) 双吸式

图4-3　离心泵的吸液方式　　　　　　图4-4　多级泵示意图

离心泵具有结构简单、性能稳定、检修方便、操作容易和适应性强等特点，在化工生产中应用十分广泛。

（2）离心泵的安全运行与操作

① 开泵前，检查泵的进排出阀门的开关情况，泵的冷却和润滑情况，压力表、温度计、流量表等是否灵敏，安全防护装置是否齐全。

② 盘车数周，检查是否有异常声响或阻滞现象。

③ 按要求进行排气和灌注。如果是输送易燃、易爆、易中毒介质的泵，在灌注、排气时，应特别注意勿使介质从排气阀内喷出。如果是易腐蚀介质，勿使介质喷到电机或其他设备上。

④ 应检查泵及管路的密封情况。

⑤ 启动泵后，检查泵的转动方向是否正确。当泵达到额定转数时，检查空负荷电流是否超高。当泵内压力达到工艺要求后，立即缓慢打开出口阀。泵开启后，关闭出口阀的时间不能超过 3min。因为泵在关闭排出阀运转时，叶轮所产生的全部能量都变成热能使泵变热，时间一长有可能把泵的摩擦部位烧毁。

⑥ 停泵时，应先关闭出口阀，使泵进入空转，然后停下原动机，关闭泵入口阀。

⑦ 泵运转时，应经常检查泵的压力、流量、电流、温度等情况，应保持良好的润滑和冷却，应经常保持各连接部位、密封部位的密封性。

⑧ 如果泵突然发出异声、振动、压力下降、流量减小、电流增大等不正常情况时，应停泵检查，找出原因后再重新开泵。

⑨ 结构复杂的离心泵必须按制造厂家的要求进行启动、停泵和维护。

3. 往复泵

（1）往复泵简介

往复泵是依靠活塞在泵缸内作往复运动，使二者所围成的容积作周期性的变化，实现压送液体的目的。往复泵类型很多，一般按泵头的形式、泵缸的数目、布置方式、驱动方式及其用途来分类。按泵头的工作形式分为活塞(柱塞)泵和隔膜泵。如图 4-5 所示。

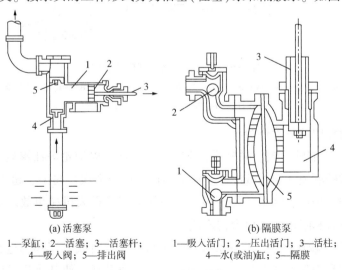

(a) 活塞泵
1—泵缸；2—活塞；3—活塞杆；
4—吸入阀；5—排出阀

(b) 隔膜泵
1—吸入活门；2—压出活门；3—活柱；
4—水(或油)缸；5—隔膜

图 4-5　往复泵结构

（2）往复泵的安全运行与操作

① 泵在启动前必须进行全面检查，检查的重点是：盘根箱的密封性、润滑和冷却系统状况、各阀门的开关情况、泵和管线的各连接部位的密封情况等。

② 盘车数周，检查是否有异常声响或阻滞现象。

③ 具有空气室的往复泵，应保证空气室内有一定体积的气体，应及时补充损失的气体。

④ 检查各安全防护装置是否完好、齐全，各种仪表是否灵敏。

⑤ 为了保证额定的工作状态，对蒸汽泵通过调节进气管路阀门改变双冲程数；对动力泵则通过调节原动机转数或其他装置。

⑥ 泵启动后，应检查各传动部件是否有异响，泵负荷是否过大，一切正常后方可投入使用。

⑦ 泵运转时突然出现不正常，应停泵检查。

⑧ 结构复杂的往复泵必须按制造厂家的操作规程进行启动、停泵和维护。

4. 压缩机

压缩机，是一种将气体压缩并同时提升气体压力的机械，其应用广泛，常见的应用领域包括：暖通空调、冷冻循环、提供工业驱动动力、硅化工、石油化工、天然气输送等。压缩机分活塞压缩机（图4-6）、螺杆压缩机（图4-7）、离心压缩机等。活塞压缩机一般由壳体、电动机、缸体、活塞、控制设备（启动器和热保护器）及冷却系统组成。螺杆压缩机由一对平行，互相啮合的阴、阳螺杆构成，分单螺杆和双螺杆两种，通常说的螺杆压缩机指的是双螺杆压缩机。离心压缩机由转子、定子和轴承等组成。按结构形式分类，一般可分为水平剖分型（图4-8）、筒型和多轴型3类。

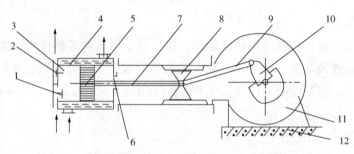

图4-6 活塞式压缩机结构原理图

1—吸气阀；2—排气阀；3—气缸；4—水套；5—活塞；6—填料函；8—十字头；
9—连杆；10—曲轴；11—机身；12—基础

（1）压缩机操作中的危险性分析

① 机械伤害。压缩机的轴、联轴器、飞轮、活塞杆、皮带轮等裸露运动部件可造成对人的伤害。零部件的磨损、腐蚀或冷却、润滑不良及操作失误，超温、超压、超负荷运转，均有可能引起断轴、烧瓦、烧缸、烧填料、零部件损害等重大机械事故。这不仅造成机械设备损坏，对操作者和附近的人也会构成威胁。

② 爆炸和着火。输送易燃、易爆介质的压缩机，在运转或开停车的过程中极易发生爆炸和着火事故。这是因为气体在压缩过程中温度和压力升高，使其爆炸下限降低，爆炸危

险性增大；同时，温度和压力的变化，易发生泄漏。处于高温、高压的可燃介质一旦泄漏，体积会迅速膨胀并与空气形成爆炸性气体。加上泄漏点漏出的气体流速很高，极易在喷射口产生静电火花而导致着火爆炸。

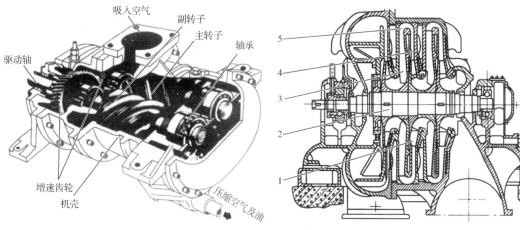

图 4-7　螺杆式压缩机

图 4-8　水平剖分型离心式压缩机

1—叶轮；2—主轴；3—扩压器；4—回流器；5—弯道

③ 中毒。输送有毒介质的压缩机，由于泄漏、操作失误、防护不当等，易发生中毒事故。另外，在生产过程中对废气、废液的排放管理不善或违反操作规程进行不合理排放；操作现场通风、排气不好等，也易发生中毒。

④ 噪声危害。压缩机在运转时会产生很强的噪声。如空气鼓风机、煤气鼓风机、空气透平机等的工业噪声级常可达到 92~110dB，大大超过国家规定的噪声级标准，对操作者有很大危害。

⑤ 高温与中暑。压缩机操作岗位环境温度一般比较高，特别是夏季，受太阳辐射热的影响，常产生高温、高湿度、强热辐射的特殊气候条件，影响人体的正常散热功能，引起体温调节障碍而引起中暑。

(2)压缩机的安全运行与操作

压缩机操作应遵守下列原则：

① 时刻注意压缩机的压力、温度等各项工艺指标是否符合要求。如有超标现象应及时查找原因，及时处理。

② 经常检查润滑系统，使之通畅、良好。所用润滑油的牌号必须符合设计要求。润滑油必须严格实行三级过滤制度，充分保证润滑油的质量。属于循环使用的润滑油，必须定期分析化验，并定期补加新油或全部更换再生，使润滑油的闪点、黏度、水分、杂质、灰分等各项指标保持在设计要求范围之内。采用循环油泵供油的，应注意油箱的油压和油位；采用注油泵自动注油的，则应注意各注油点的注油量。

③ 气体在压缩过程中会产生热量，这些热量是靠冷却器和气缸夹套中的冷却水带走的。必须保证冷却器和水夹套的水畅通，不得有堵塞现象。冷却器和水夹套必须定期清洗，冷却水温度不应超过 40℃。如果压缩机运转时，冷却水突然中断，应立即关闭冷却水入口阀，而后停机令其自然冷却，以防设备很热时，放进冷却水使设备骤冷发生炸裂。

④ 应随时注意压缩机各级出入口的温度。如果压缩机某段温度升高，则有可能是压缩比过大、活门坏、活塞环坏、活塞托瓦磨损、冷却或润滑不良等原因造成的。应立即查明原因，作相应的处理。如不能立即确定原因，则应停机全面检查。

⑤ 应定时(每30min)把分离器、冷却器、缓冲器分离下来的油水排掉。如果油水太多，就会带入下一级气缸。少量带入会污染气缸、破坏润滑，加速活塞托瓦、活塞环、气缸的磨损；大量带入则会造成液击，毁坏设备。

⑥ 应经常注意压缩机的各运动部件的工作状况。如有不正常的声音、局部过热、异常气味等，应立即查明原因，作相应的处理。如不能准确判断原因，应紧急停车处理。待查明原因，处理好后方可开车。

⑦ 压缩机运转时，如果气缸盖、活门盖、管道连接法兰、阀门法兰等部位漏气，需停机卸掉压力后再行处理。严禁带压松紧螺栓，以防受力不均、负荷较大导致螺栓断裂。

⑧ 在寒冷季节，压缩机停车后，必须把气缸水夹套和冷却器中的水排净或使水在系统中强制循环，以防气缸、设备和管线冻裂。

⑨ 压缩机开车前必须盘车。压缩可燃气体的压缩机开车前必须进行置换，分析合格后方可开车。

5. 风机

风机是输送气体，将原动机的机械能转变为气体的动能和压力能的机械。

(1) 风机的类型

按照输送气体的压力不同，风机可分为通风机(9.8~14.7kPa)和鼓风机(<0.294MPa)两种类型。

按照介质在风机内部流动的方向不同，风机可分为离心式风机、轴流式风机和混流式风机。

按照工作原理不同，风机可分为回转式(罗茨鼓风机)、速度式(离心式、轴流式、混流式风机)和其他类型风机，如再生式鼓风机(或称旋涡风机)。

① 离心式风机 离心式风机主要由叶片、叶轮前后盘、机壳、截流板、支架和吸入口等部件构成，如图4-9所示。机壳内的叶轮固装在原动机拖动的转轴上，叶片与叶轮前后盘连接成一体。

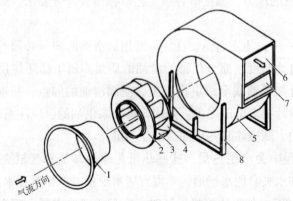

图4-9 多级轴流式压缩机

1—吸入口；2—叶轮前盘；3—叶片；4—后盘；5—机壳；6—出口；7—截流板(即风舌)；8—支架

当叶轮随原动机拖动转轴旋转时，叶片间的气体也随叶轮一起旋转而获得离心力，并使气体从叶片之间的开口处甩出，被甩出的气体挤入机壳，于是机壳内的气体压强增高，最后被导向出口排出。气体被甩出后，叶轮中心部位的压强降低，从而外界气体就能从风机吸入口通过叶轮前盘中央的孔口吸入，源源不断地输送气体。

离心式风机常见故障是煤气倒流入风机内引起爆炸；叶轮、轴承、轴瓦烧坏；压力偏高或偏低；风机不规则振动和风机与电机一起振动等。

②罗茨鼓风机 罗茨鼓风机是最早制造的两转子回转式压缩机之一，其结构如图4-10所示。它由一截面呈"8"字形、外形近似椭圆形的气缸和缸内配置的一对相同截面（也呈"8"字形）彼此啮合的叶轮（又称转子）组成。在转子之间以及转子与气缸之间都留有0.15~0.35mm微小的啮合间隙，以避免相互接触。两个转子的轴由原动机轴通过齿轮驱动，且相互以相反的方向旋转。气缸的两侧面分别设置与吸、排气管道相连通的吸、排气口。

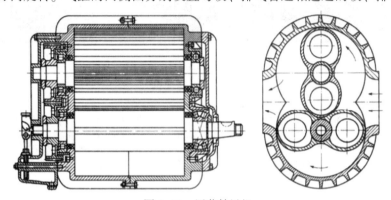

图4-10 罗茨鼓风机

罗茨鼓风机在运行中常见的故障有因抽负压，空气进入系统，形成爆炸性混合气体而发生爆炸；鼓风机内带水，转子损坏，盘车盘不动，机壳发烫、振动、噪声大；电机电流超高或跳闸；出口压力波动大和泄漏中毒等。

（2）风机安全操作规程

① 起动前：

a. 检查风机、电机地脚螺栓和联轴器螺栓是否松动、风机的风门是否灵活可靠，置于关闭位置。

b. 检查确认机械、电气部分处于良好状态，润滑油位符合要求。

c. 清除风机周围障碍物。

② 起动后，待转速正常，再逐渐打开调节门至规定位置。

③ 运行中：

a. 发现异常情况，要及时处理，需要检修时，必须停机。

b. 禁止超负荷运行，必须经常检查轴承温度。

c. 根据需求及时调整风量。

d. 要经常检查轴承箱油位，发现油位过低时，要及时加润滑油。

④ 停机

a. 按停止按钮，停止运转。

b. 关闭风机进口调节门。

6. 过滤机

(1) 过滤机简介

过滤机是利用多孔性过滤介质，截留液体与固体颗粒混合物中的固体颗粒，而实现固、液分离的设备。过滤机广泛应用于化工、石油、制药、轻工、食品、选矿、煤炭和水处理等部门。过滤机按获得过滤推动力的方法不同，分为重力过滤机、真空过滤机和加压过滤机三类(图4-11)。

(a) 重力过滤机　　　　　　　(b) 真空过滤机　　　　　　　(c) 加压过滤机

图 4-11　过滤机

重力过滤机是靠料液自身重量产生的静压进行过滤的装置。一般在离圆筒底适当高度处放置多孔板并铺上过滤介质即形成重力过滤器。由于静压比较低，仅适用于较易过滤的物料或者对过滤速率要求不高的操作过程。常用的类型还有袋滤器、砂滤器等。其操作多为间歇式。

真空过滤机是以真空负压为推动力实现固液分离的设备，在结构上，过滤区段沿水平长度方向布置，可以连续完成过滤、洗涤、吸干、滤布再生等作业。

加压过滤机是一种高效、节能、全自动操作的新型脱水设备。与真空过滤机相比具有数倍过滤推动力，因而具有很大的生产能力。它以在悬浮液进口处施加的压力或对湿物料施加的机械压榨力作为过滤推动力，适用于要求过滤压差较大的悬浮液，也分为间歇操作和连续操作两种。

(2) 过滤机安全技术

① 加压过滤

最常用的是板框式压滤机。操作时应注意几点：

a. 当加压过滤机散发有害和爆炸性气体时，要采用密闭式过滤机，并以压缩空气或惰性气体保持压力；取滤渣时，应先释放压力，否则会发生事故。

b. 防静电。为防静电，压滤机应有良好的接地装置。

c. 做好个人防护。卸渣和装卸板框如需要人力操作，作业时应注意做好个人防护，避免发生接触伤害等。

② 真空过滤

a. 防静电。抽滤开始时，滤速要慢，经过一点时间后，再慢慢提高滤速。真空过滤机应有良好的接地装置。

b. 防止滤液蒸气进入真空系统。在真空泵前应设置蒸气冷凝回收装置。

③ 离心过滤

最常用的是三足离心机。操作时应注意：

a. 腐蚀性物料处理。不应采用铜制转鼓而采用钢质衬铝或衬硬橡胶的转鼓。

b. 注意离心机选材与安装。转鼓、盖子、外壳及底座应用韧性材料，对于负轻荷转鼓（50kg 以内），可用铜制造。安装时应用工字钢或槽钢制成金属骨架，并注意内、外壁间隙，转鼓与刮刀间隙。

c. 防止剧烈振动。离心机过滤操作中，当负荷不均匀时会发生剧烈振动，造成轴承磨损、转鼓撞击外壳引发事故，设备应有减振装置。

d. 限制转鼓转速。以防止转鼓承受高压而引起爆炸。在有爆炸危险的生产中，最好不使用离心机而采用转鼓式、带式等真空过滤机。

e. 防止杂物落入。当离心机无盖时，工具和其他杂物容易落入其中，并可能以高速飞出，造成人员伤害；有盖时应与离心机启动联锁。

f. 严禁不停车清理。不停车或未停稳进行器壁清理，工具会脱手飞出，使人致伤。

二、传热设备

1. 换热器

换热器是将热流体的部分热量传递给冷流体的设备，使流体温度达到工艺流程规定的指标的热量交换设备，又称热交换器。换热器种类很多，但根据冷、热流体热量交换的原理和方式基本上可分三大类即：间壁式、混合式和蓄热式。三类换热器中，间壁式换热器应用最多。换热器是化工、石油、动力、食品及其他许多工业部门的通用设备，在生产中占有重要地位。在化工生产中换热器可作为加热器、冷却器、冷凝器、蒸发器和再沸器等，应用更加广泛。

间壁式换热器，是通过将两种流体隔开的固体壁面进行传热的换热器，间壁式换热器有管壁传热式换热器(图 4-12)和板壁传热式换热器(图 4-13)两种。间壁式换热器的特点是冷、热两流体被一层固体壁面(管或板)隔开，不相混合，通过间壁进行热交换。

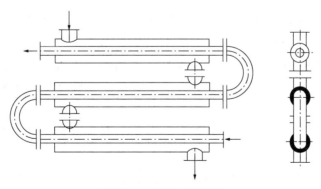

图 4-12　套管式换热器

混合式热交换器是依靠冷、热流体直接接触而进行传热的，这种传热方式避免了传热间壁及其两侧的污垢热阻，只要流体间的接触情况良好，就有较大的传热速率。故凡允许流体相互混合的场合，都可以采用混合式热交换器，例如气体的洗涤与冷却、循环水的冷

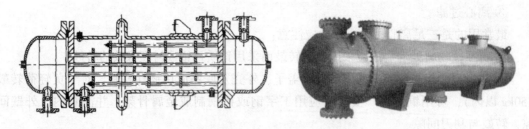

图 4-13 固定管板式换热器

却、汽-水之间的混合加热、蒸汽的冷凝等。它的应用遍及化工和冶金企业、动力工程、空气调节工程以及其他许多生产部门中。

蓄热式换热器用于进行蓄热式换热的设备。内装固体填充物，用以储蓄热量。一般用耐火砖等砌成火格子(有时用金属波形带等)。换热分两个阶段进行。第一阶段，热气体通过火格子，将热量传给火格子而储蓄起来。第二阶段，冷气体通过火格子，接受火格子所储蓄的热量而被加热。这两个阶段交替进行。通常用两个蓄热器交替使用，即当热气体进入一器时，冷气体进入另一器。

(1) 换热器的安全选择

换热器的运行中涉及工艺过程中的热量交换、热量传递和热量变化，过程中如果热量积累，造成超温就会发生事故。选择换热器形式时，要根据流体的性质，操作压力和温度及允许压力损失的范围，对清洗、维修的要求，以及材料的价格、使用寿命等合理选择。其要点如下：

① 确定基本信息，如流体流量，进、出口温度，操作压力，流体的腐蚀情况等；

② 确定定性温度下流体的物性数据，如动力黏度、密度、比热容、热导率等；

③ 根据设计任务计算热负荷与加热剂(或冷却剂)用量；

④ 根据工艺条件确定换热器类型，并确定走管程、壳程的流体；

⑤ 计算传热面积，选换热器型号，确定换热器的基本结构参数(所选换热器的传热面积应为计算面积的 1.15~1.25 倍)。

(2) 换热器的安全运行

化工生产中对物料进行加热(沸腾)、冷却(冷凝)，由于加热剂、冷却剂等的不同，换热器具体的安全运行要点也有所不同。

① 蒸汽加热必须不断排除冷凝水，否则积于换热器中，部分或全部变为无相变传热，传热速率下降。同时还必须及时排放不凝性气体。因为不凝性气体的存在使蒸汽冷凝的给热系数大大降低。

② 热水加热，一般温度不高，加热速度慢，操作稳定，只要定期排放不凝性气体，就能保证正常操作。

③ 烟道气一般用于生产蒸汽或加热、汽化液体，烟道气的温度较高，且温度不易调节，在操作过程中，必须时时注意被加热物料的液位、流量和蒸汽产量，还必须做到定期排污。

④ 导热油加热的特点是温度高(可达 400℃)、黏度较大、热稳定性差、易燃、温度调节困难，操作时必须严格控制进出口温度，定期检查进出管口及介质流道是否结垢，做到定期排污，定期放空，过滤或更换导热油。

⑤ 水和空气冷却操作时，应注意根据季节变化调节水和空气的用量，用水冷却时，还应注意定期清洗。

⑥ 冷冻盐水冷却操作时，温度低，腐蚀性较大，在操作时应严格控制进出口的温度防止结晶堵塞介质通道，要定期放空和排污。

⑦ 冷凝操作需要注意的是，定期排放蒸汽侧的不凝性气体，特别是减压条件下不凝性气体的排放。

2. 废热锅炉

废热锅炉是利用工业生产过程中的余热来生产蒸汽的锅炉。它属于一种高温、高压的换热器。废热锅炉较早是用来产生一些低压蒸汽，回收的热量有限，只是作为生产的一般辅助性设备。随着生产技术的发展，废热锅炉的参数逐渐提高，废热锅炉由生产低压蒸汽的工艺锅炉转变为生产高压蒸汽的动力锅炉。

（1）废热锅炉的特点及分类

废热锅炉与普通动力锅炉一样，都是生产动力蒸汽的一种高温高压设备，所不同的是热源不同。它不是采用煤油、天然气、煤等燃料而是利用化工生产工艺气中的废热。因此，它既是一种能量回收装置，也是一种化工介质工艺设备。

废热锅炉的共同特点是：操作条件比较恶劣（如高温、高压、热流强度大，锅炉受压元件的热应力大等），并要求连续、稳定地安全运行，对高温工艺气的温度和冷却速度的控制要求十分严格。

废热锅炉的运行比常规锅炉更复杂，废热锅炉利用的是余热，不仅是高温气体的显热，而且还利用某些废气中所含少量的可燃物质（如一氧化碳、氢气、甲烷）等化学热能。例如，催化裂解装置中再生器排出的再生气体，其温度可达550~750℃。

另外催化裂解装置再生器排出的高温烟气中含有很多粉状催化剂。烟气中灰分含量高，不但对流受热面的磨损加剧，而且因为受热面积灰严重，需要经常除灰和定期停炉清扫，给生产带来一定困难。有些高温烟气中含有较多的二氧化硫和三氧化硫，使得烟气露点升高，受热面的低温腐蚀严重，检修工作量增加。

在废热锅炉中进行的是热量传递的过程，因此废热锅炉的基本结构也是一具有一定传热表面的换热设备。但是由于化工生产中，各种工艺条件和要求差别很大，因此化工用的废热锅炉结构类型也是多种多样的（表4-1）。

表4-1　废热锅炉的分类

分类方法	类型	适用范围
炉管内流动介质	水管式	蒸汽压力高、蒸发量大的工厂
	火管式	中小型低压锅炉
炉管的位置	卧式	中小型废热锅炉
	立式	回收热负荷大、蒸汽压力较高的大型化工装置
操作压力	低压	$p<1.3MPa$
	中压	$1.4MPa<p<3.9MPa$
	高压	$4MPa<p<10MPa$

分类方法	类型	适用范围
汽-水循环系统工作特性	自然循环式	化工厂中的废热锅炉
	强制循环式	
结构形式	列管式	中小型氨厂转化气、乙烯、制氢、硫酸等
	U 形管式	高温高压
	刺刀管式	
	螺旋盘管式	压力较高、管壳之间热膨胀差较大、重化气的废热回收
	双套管式	急冷高温裂解气
工艺用途	重油汽化	
	乙烯生产裂解急冷	
	甲烷-氢转化气	
	合成氨(前、中、后)置式	

（2）废热锅炉的危险有害因素

① 炉膛和壳体爆炸

锅炉炉膛爆炸是指可燃性物质与空气混合浓度达到爆炸极限，遇到明火时发生的爆炸；锅炉壳体爆炸是指压力急剧升高，超过锅炉受压元件材料所能承受的极限压力时发生的爆炸。同时，由于废热锅炉内有相当数量的水没被放净，而进出口阀门又关闭，形成了水蒸气系统的封闭状态，当高温煤气通过列管时使炉水蒸发，炉内压力不断升高导致爆炸。

② 爆裂和变形及失效

炉管爆裂、炉管变形、列管失效是导致锅炉被迫停车检修的重大事故，而锅炉严重缺水、烧干后加水、管子局部过热是导致炉管爆裂的典型事故。发生此类事故的主要原因如下：

a. 快速和连续排污，使用锅炉严重缺水。

b. 锅炉仪表失灵，水表安装不良，有向下倾斜的现象，致使水表连管积水或未按规定冲洗水位计，使之严重缺水后形成假液面，液位指示报警失灵。

c. 水质管理差，锅炉给水处理长期不良或根本没有进行水质处理，致使水质硬度、碱度、含盐量大大超过规定指标，在炉管内壁沉积形成严重的水垢或使炉管堵死。

d. 自动给水失灵，发生严重缺水烧干时，锅炉工不但没有停炉反而大量补水，致使锅炉水冷壁管爆炸，炉顶下塌，渗漏严重。

e. 设计制造缺陷，锅炉过热器发生磨穿爆管事故。

f. 列管失效。引起固定管板式火管废热锅炉列管失效的原因比较复杂，它涉及结构设计、材料选择、制造工艺和水质处理等问题。如制造中管束不胀段控制不严或漏胀，使管子与管板形成间隙，积液浓缩对管子产生腐蚀，振动引起应力腐蚀，给水处理失控，水质硬度增高，洗炉时清洗液中块状物质排放不净都会引起列管失效事故发生。

③ 严重缺水

锅炉严重缺水或烧干是化工、石油化工生产用锅炉普遍发生的一种事故。据不完全统计，我国小氮肥行业发生锅炉严重缺水、烧干事故 172 起，其中因违章操作而发生的事故占 62.8%，因设备缺陷、仪表失灵而发生的事故占 9.9%。(《废热锅炉的危险有害因素分析和对策》，2007)这种事故不仅会造成炉管爆裂、水冷壁管全部或局部变形、炉胆严重变形、设备报废，甚至因处理不当，如在炉管或炉筒烧红的情况下大量补水，使其产生大量蒸汽，引起气压突然猛增而导致锅炉爆炸。

④ 锅炉火管漏水

当废热锅炉火管漏水时，由于管间蒸汽和水的压力大于管内可燃气体的压力，因此，蒸汽和水就容易进入管内。废热锅炉气体的进出口压差增大，汽化炉炉压升高；锅炉产蒸汽量减少，给水量增加。

⑤ 锅炉火管堵塞

废热锅炉火管堵塞是指碎耐火砖、油焦和炭黑等造成火管堵塞时，将出现汽化炉压力逐渐上升，废热锅炉的进出口压差增大，由于汽化炉超压，被迫减量生产或停车处理。

3. 蒸发器

蒸发器也是一种热交换器，蒸发器的作用是使低压、低温制冷剂液体在沸腾过程中吸收被冷却介质(空气、水、盐水或其他载冷剂)的热量，从而达到制冷的目的。蒸发器主要由加热室和蒸发室两个部分组成。加热室是用蒸汽将溶液加热并使之沸腾的部分，但有些设备则另有沸腾室。蒸发室又称分离室，是使气-液分离的部分。加热室(或沸腾室)中沸腾所产生的蒸汽带有大量的液沫，到了空间较大的分离室，液沫由于自身凝聚或室内的捕沫器等的作用而得以与蒸汽分离。蒸汽常用真空泵抽引到冷凝器进行凝缩，冷凝液由器底排出。

(1) 蒸发器的类型

① 按蒸发方式分类

自然蒸发：即溶液在低于沸点温度下蒸发，如海水晒盐，这种情况下，因溶剂仅在溶液表面汽化，溶剂汽化速率低。

沸腾蒸发：将溶液加热至沸点，使之在沸腾状态下蒸发。工业上的蒸发操作基本上皆是此类。

② 按加热方式分类

直接热源加热：它是将燃料与空气混合，使其燃烧产生的高温火焰和烟气经喷嘴直接喷入被蒸发的溶液中来加热溶液、使溶剂汽化的蒸发过程。

间接热源加热：容器间壁传给被蒸发的溶液。即在间壁式换热器中进行的传热过程。

③ 按操作压力分类

可分为常压、加压和减压(真空)蒸发操作。很显然，对于热敏性物料，如抗生素溶液、果汁等应在减压下进行。而高粘度物料就应采用加压高温热源加热(如导热油、熔盐等)进行蒸发。

④ 按效数分类

可分为单效与多效蒸发。若蒸发产生的二次蒸汽直接冷凝不再利用，称为单效蒸发。若将二次蒸汽作为下一效加热蒸汽，并将多个蒸发器串联，此蒸发过程即为多效蒸发。

(2) 蒸发器危险性分析

① 腐蚀危害

管板受介质及焊接应力的影响，极易出现渗漏串液及腐蚀现象，致使设备功能下降，严重影响企业正常生产。若处理不及时，不但会导致设备报废，甚至造成重大的生产事故。

② 结垢危害

蒸发器循环冷却水中含有大量的盐类物质、腐蚀产物和各种微生物，由于未对其进行水处理，蒸发器运行一段时间后水侧会结有大量的钙镁碳酸盐垢及藻类、微生物淤泥、黏泥等，这些污垢牢固附着于铜管内表面，导致传热恶化、循环压力上升、机组真空度降低、影响机组的运行效率，造成较大的经济损失。

③ 结霜危害

冷库制冷系统正常运行时蒸发器的表面温度远低于空气的露点温度，食品和空气中的水分会析出而凝结在管壁上。若管壁温度低于零度时水露则凝结成霜。结霜也是制冷系统正常运行的结果，所以蒸发器表面允许少量的结霜。

由于霜的热导率太小，它是金属的百分之一，甚至几百分之一，因而霜层就形成了较大的热阻。特别是霜层较厚时，犹如保温一样，使蒸发器中的冷量不容易散发出来，影响了蒸发器的制冷效果，最终使冷库达不到所要求的温度。同时，制冷剂在蒸发器内的蒸发情况也要减弱，不完全蒸发的氨液有可能被压缩机吸入而造成液击事故。

（3）蒸发器的安全运行

经常进行蒸发器的检漏工作。泄漏是蒸发器常见的故障现象，在使用过程中应注意经常检漏。

氨蒸发器泄漏时，有刺激性气味，漏点处不结霜。对泄漏处可用酚酞试纸检查，因为氨是碱性，遇酚酞试纸变红色。用眼看时，一般在蒸发器的某处不结霜的地方通常就是泄漏点，也可在泄漏处用肥皂水找漏。

氟利昂蒸发器泄漏的检查可使用卤素灯和卤素检漏仪，也可用肥皂水找漏。检查时可先用眼查看蒸发排管上是否有油迹，因为氟利昂与油能互溶，氟利昂泄漏时，油也会从漏点渗出，因此，哪里有油迹，哪里就泄漏。用卤素灯检漏，若某处有氟利昂泄漏时，卤素灯燃烧的火焰由蓝色变成微绿、浅绿、草绿、紫绿、紫色等颜色可判断氟利昂泄漏量的多少。若火焰呈深绿或紫色时，火焰中的光气有毒，不能长时间用此方法检查。这种情况下，可用肥皂水检查泄漏点。对于微量泄漏时，应使用卤素检漏仪进行检漏。

经常对蒸发器的结霜状况进行检查。当霜层过厚时，应及时除霜。当结霜异常时，可能是由于堵塞造成的，应及时查找原因并予以排除。

蒸发器长期停用时，将制冷剂抽到储液器或冷凝器中，使蒸发器的压力保持在 0.05MPa（表压）左右为宜。若为盐水池中的蒸发器，还需用自来水冲洗，冲洗后在池内注满自来水。

4. 加热炉

加热炉（或称工业炉）是指用燃料燃烧的方式将工艺介质加热到相当高温度的设备。从广义上说，它也是一种传热设备。加热炉的传热方式主要是热辐射，而工作介质在受热过程中往往伴随有化学反应，因此，它是一种比较复杂的特殊的传热设备。

在化肥、化工、炼油生产中，加热炉的应用非常广泛，其种类也多种多样。

加热炉的形状及热物料的状态不同，可将其分类，见表4-2。

表 4-2　加热炉的分类

炉型	结构型式	应用
加热流体型	釜式炉	焦油蒸馏釜式炉
		精萘蒸馏釜式炉
	管式炉	炼油管式加热炉
		烃类裂解管式炉
		烃类蒸汽转化管式炉
		可燃气体的各种管式炉
熔融固体型	反射炉型	硅酸钠制造炉
移动层炉型	发生炉型	煤气发生炉、水煤气发生炉
		鲁奇加压煤气发生炉
		油页岩干馏炉
	熔矿炉型	钙、镁、磷肥高炉
气流反应炉型		重油加压汽化炉
		硫黄焚烧炉
		重油制炭黑炉
		天然气制炭黑炉
		天然气部分燃烧制乙炔炉

加热炉的结构形式很多，不论是哪种形式，加热炉的结构一般由四部分组成，即燃烧装置、燃烧室(或炉膛)、余热回收室和通风装置。

加热炉所用的燃料可分为固体燃料、液体燃料和气体燃料。合成氨厂的转化炉是以天然气为原料的，汽化炉是以重油为燃料的，煤气发生炉则是以煤为燃料的。炼油厂的加油路如各种烯烃的裂解炉等，都是生产中常见的加热炉。广泛用于炼油工业的加热炉多为管式加热炉。

由于种种原因导致加热炉炉管泄漏、严重损坏、爆炸、炉嘴环隙堵塞和整个露体爆炸是常见的事故。

5. 冷凝器

(1) 冷凝器种类及特点

冷凝器按其冷却介质不同，可分为水冷式、空气冷却式、蒸发式三大类。

① 水冷式冷凝器

水冷式冷凝器是以水作为冷却介质，靠水的温升带走冷凝热量。冷却水一般循环使用，但系统中需设有冷却塔或凉水池。水冷式冷凝器按其结构形式又可分为壳管式冷凝器和套管式冷凝器两种，常见的是壳管式冷凝器。

a. 立式壳管式冷凝器

立式冷凝器(图 4-14)的主要特点是：

由于冷却流量大流速高，故传热系数较高，一般 $K = 600 \sim 700 kcal/(m^2 \cdot h \cdot ℃)$。

垂直安装占地面积小，且可以安装在室外。

冷却水直通流动且流速大，故对水质要求不高，一般水源都可以作为冷却水。

图 4-14　立式壳管式
冷凝器

管内水垢易清除，且不必停止制冷系统工作。

但因立式冷凝器中的冷却水温升一般只有 2~4℃，对数平均温差一般在 5~6℃，故耗水量较大。且由于设备置于空气中，管子易被腐蚀，泄漏时不易被发现。

b. 卧式壳管式冷凝器

它与立式冷凝器有相类似的壳体结构，主要区别在于壳体的水平安放和水的多路流动。卧式冷凝器不仅广泛地用于氨制冷系统，也可以用于氟利昂制冷系统，但其结构略有不同。氨卧式冷凝器的冷却管采用光滑无缝钢管，而氟利昂卧式冷凝器的冷却管一般采用低肋铜管。这是由于氟利昂放热系数较低的缘故。值得注意的是，有的氟利昂制冷机组一般不设储液筒，只采用冷凝器底部少设几排管子，兼作储液筒用。

c. 套管式冷凝器

制冷剂的蒸汽从上方进入内外管之间的空腔，在内管外表面上冷凝，液体在外管底部依次下流，从下端流入储液器中。冷却水从冷凝器的下方进入，依次经过各排内管从上部流出，与制冷剂呈逆流方式。这种冷凝器的优点是结构简单，便于制造，且因系单管冷凝，介质流动方向相反，故传热效果好，当水流速为 1~2m/s 时传热系数可达 800kcal*/(m²·h·℃)。其缺点是金属消耗量大，而且当纵向管数较多时，下部的管子充有较多的液体，使传热面积不能充分利用。另外紧凑性差，清洗困难，并需大量连接弯头。因此，这种冷凝器在氨制冷装置中已很少应用。对于小型氟利昂空调机组仍广泛使用套管式冷凝器(图 4-15)。

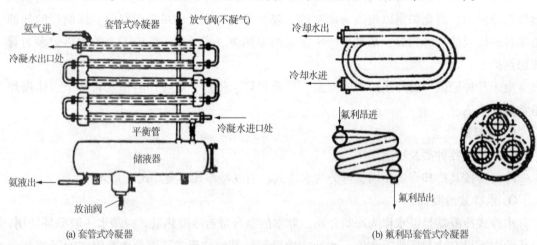

(a) 套管式冷凝器　　　　　　　　　　　　　　　　(b) 氟利昂套管式冷凝器

图 4-15　套管式冷凝器

② 空气冷却式冷凝器

空气冷却式冷凝器(图 4-16)是以空气作为冷却介质，靠空气的温升带走冷凝热量的。这种冷凝器适用于极度缺水或无法供水的场合，常见于小型氟利昂制冷机组。根据空气流动方式不同，可分为自然对流式和强迫对流式两种。自然对流式又有线管式和百叶窗式两

---

* 1cal = 4.18J。

种结构形式，从结构和性能来看，前者散热效果好，加工方便，成本低。因此，电冰箱常采用线管式冷凝器。

风冷式冷凝器的主要特点是不需冷却水且使用管理方便，但传热系数小，一般为 $20\sim25kcal/(m^2\cdot h\cdot℃)$，所以设计计算时取较大的平均温差 $\Delta t=10\sim15℃$，否则需要较大的传热面积，会造成经济上的不合理。

③ 蒸发式冷凝器

蒸发式冷凝器的换热主要是靠冷却水在空气中蒸发吸收汽化潜热而进行的。按空气流动方式可分为吸入式和压送式，如图4-17所示。

图4-16　空气冷却式冷凝器

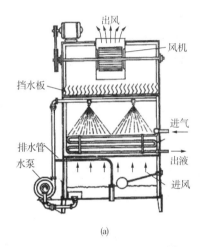

(a)

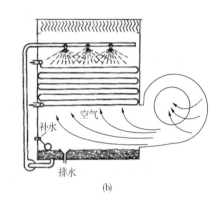

(b)

图4-17　蒸发式冷凝器

蒸发式冷凝器由冷却管组、给水设备、通风机、挡水板和箱体等部分组成。冷却管组为无缝钢管弯制成的蛇形盘管组，装在薄钢板制成的长方形箱体内。箱体的两侧或顶部设有通风机，箱体底部兼作冷却水循环水池。

蒸发式冷凝器的特点：

a. 与直流供水的水冷式冷凝器相比，节省水95%左右。但与水冷式冷凝器和冷却塔组合使用时相比较，用水量差不多。

b. 与水冷式冷凝器和冷却塔组合系统相比，二者的冷凝温度差不多，但蒸发式冷凝器结构紧凑。而与风冷式或直流供水的水冷式冷凝器相比，其尺寸就比较大。

c. 与风冷式冷凝器相比，其冷凝温度低。尤其是干燥地区更明显。全年运行时，冬季可按风冷式工作。与直流供水的水冷式冷凝器相比，其冷凝温度高些。

d. 冷凝盘管易腐蚀，管外易结垢，且维修困难。

综上所述，蒸发式冷凝器的主要优点是耗水量小，但循环水温高，冷凝压力大，清洗水垢困难，对水质要求严。特别适用于干燥缺水地区，宜在露天空气流通的场所安装，或安装在屋顶上，不得安装在室内。单位面积热负荷一般为 $1.2\sim1.86kW/m^2$。

④ 淋水式冷凝器

淋水式冷凝器(图4-18)是靠水的温升和水在空气中蒸发带走冷凝热量。这种冷凝器主

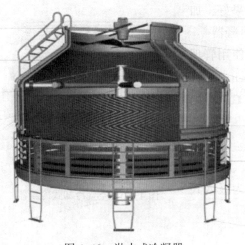

图 4-18　淋水式冷凝器

要用于大、中型氨制冷系统中。它可以露天安装，也可安装在冷却塔的下方，但应避免阳光直射。这种冷凝器主要用于大、中型氨制冷系统中。它可以露天安装，也可安装在冷却塔的下方，但应避免阳光直射。

淋水式冷凝器的主要优点为：结构简单，制造方便；漏氨时容易发现，维修方便；清洗方便；对水质要求低。

其主要缺点是：传热系数低；金属消耗量高；占地面积大。

（2）水冷式冷凝器安全操作

① 开车前，相应各冷凝器事先打开冷却水进出口的阀门，使冷凝器处于正常运行状态。

② 认真按工序的技术要求调节冷却水的流量和温度，使冷却水出口温度不超过 35℃（夏季 40℃），溶剂出口温度不超过 40℃（夏季 45℃）。

③ 冷凝器要保持管壁清洁，冷凝器防止断水，一旦断水，立即采取紧急停车。

④ 在生产时若发现冷凝器出水温度与进水温度相差很小，而冷凝液温度较高，则可能是冷凝器结垢严重或折流板腐蚀造成短路引起；若发现水中带有溶剂，表明冷凝器有渗漏。不管是哪种情况应立即停车检修，正常后再开车。

⑤ 冷凝器在相应设备停车半小时后，方可停冷却水。停车时若气温较低，应放空冷凝器中的存水，以防冷冻损坏设备。

三、传质设备

传质设备使两相密切接触，进行相际传质，从而达到组分分离的目的。干燥器、蒸馏塔、吸收塔、萃取塔、吸附塔等都属于传质设备。在化工、石油、轻工、冶金等工业部门，传质设备在整个生产设备中占很大比例。本节主要对干燥器和蒸馏塔进行简单的介绍和安全技术分析。

1. 干燥器

干燥器是利用热能除去固体物料中液体成分的设备。按操作压力，干燥可分为常压和减压干燥；按操作方式则可分为间歇式和连续式干燥，按干燥介质可分为空气、烟道气或其他干燥介质的干燥。按干燥介质与物料流动方式有并流、逆流和错流干燥。

干燥设备可分为：①间歇式常压干燥器，如箱式干燥器；②间歇式减压干燥器，如减压干燥器，附有搅拌器的减压干燥器；③连续式常压干燥器，如洞道式干燥器、多带式干燥器、回旋式干燥器、滚筒式干燥器、圆筒式干燥器、气流式干燥器和喷雾式干燥器等；④连续式减压干燥器，如减压滚筒式干燥器等。此外还有升华（冷冻干燥）、高频干燥、红外线干燥等设备。

（1）典型干燥过程的安全

① 接触式干燥

接触式干燥器中被干燥物质与热壁接触，底层物质温度接近热载体温度，如果热载体温度过高，则某些物质可能自动闪燃、起火，引起干燥器和相邻设备爆炸。

干燥器及控制自动化仪表的结构应当能排除被干燥物质过热和气体-粉尘空气混合气在设备中形成局部着火和爆炸源的可能性。为了防止粉尘进入必须严密封闭设备，干燥器装料设备应安装局部吸尘器；为保持物质干燥安全性，在许多场合下将物质与填料混合，例如为了排出粉尘爆炸危险，某些有机染料在干燥前和一定数量矿物盐混合；低温下分解或自燃产品在许多情况下通过使用真空或惰性气体介质强化干燥过程。

② 真空干燥

在干燥易燃、易爆物料时采用连续式或间歇式真空干燥比较安全，在真空条件下易燃液体快速蒸发，可适当降低干燥温度，防止由于高温引起物料局部过热和分解；大大降低火灾、爆炸危险性。当真空干燥结束后消除真空时，一定要先降低温度而后放入空气。否则空气过早进入会引起干燥物料着火或爆炸。

③ 喷雾干燥

向喷雾干燥室同时送入热载体和被干燥物质的雾滴，热载体一般为热空气或烟道气，被干燥物质一般为溶液或悬浮液并采用喷嘴使其雾化。雾滴被干燥后以粉尘形态沉落干燥室底部，再经传送装置送出；热载体用风机从干燥室抽出，经粉尘回收装置排向大气，或送去加热重新送入干燥室。由于喷雾增大了被干燥物质的表面，以及被干燥物质在高温带停留时间短暂，故喷雾干燥温度条件温和，可用于干燥高温下容易分解的有机染料、中间体、有机农药、无机及其他化工产品。

为了提高喷雾干燥器可靠性，并保证其连续工作，以避免有机物干燥时与空气形成易爆混气，应当深入研究热载体的选择，惰性气体和蒸汽可降低粉尘空气混合气的爆炸性。例如泥粉尘在空气中氧含量低于16%时不会爆炸，硬煤粉尘在空气中的二氧化碳含量高于4%时就有危险性，因此有效防止喷雾干燥器爆炸的措施可用惰性气体使热载体（空气）稀释至安全范围，并使热载体循环利用；惰性气体可使用烟道气、过热水蒸气和氮气等。

旋风分离器、储料斗、加热器、热载体加热机组不适宜安置在干燥室厂房内，一般应安置露天场所，并安装相应隔热墙和自动控制装置。

（2）干燥机常见事故和安全操作

由于干燥物料种类繁杂，装置结构各异，因此干燥操作故障也多，大致可分为三大类。

① 机种选择问题

在事先充分研究试验的基础上选定机种，一般常见机种特点如下：

a. 平行流箱式干燥机　传统干燥形式，能处理一切物料，适于少量处理。由于静态放置物料，所以要注意热风接触均匀；装料不可过厚，热风进出口温度不可降低过大，物料盘的间隔适当。

b. 通风箱式干燥机　热风通过物料层，必须使物料层通气均匀。

c. 平行流隧道式干燥机　因干燥工作时间长，处理物料量大，故障多发生于前后装置（装料、卸料及门）。

d. 通风带式干燥机　在1级至多级(有时也有10级型)的带式传送器上装载物料,从上至下或从下至上通以热风干燥,适应范围广,但设备费用大。

该机种常见故障有:从带面及带的两末端掉落物料;物料黏附于带面及由此引起带面通风不佳;带面装载不均匀;热风不能均匀地通过物料层。

e. 回转干燥机　通过一定倾斜度和回转式圆筒干燥物料,结构如图4-19所示,按加热方式可分为:直接加热式回转干燥机(对流式、并流式、通气式)和间接加热式回转干燥机(热风式、蒸汽或热液加热式)。

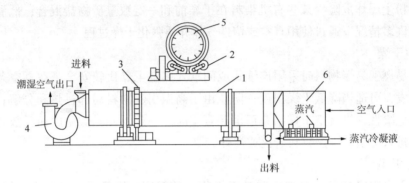

图4-19　回转干燥流程

1—圆筒;2—滚轮;3—齿轮;4—风机;5—抄板;6—蒸汽加热器

回转干燥机结构简单,不易发生故障;缺点是装置庞大,组装拆卸困难,物料各颗粒之间停留时间差别较大。因此不适用于要求受热均匀物料。该机种常见故障发生在滑动部件的气密部位,装置越大越难解决,通常在机内形成负压以防止热风向外泄漏。其次是物料黏附和结块,在很多情况下不得不加大内部通风速度,所以必须充实考虑配套除尘器结构。

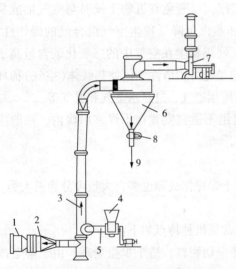

图4-20　气流干燥流程

1—空气过滤器;2—预热器;3—气流干燥管;
4—加料斗;5—旋转加料器;6—旋风分离器;
7—风机;8—气封;9—产品出口

f. 气流干燥装置　将粉粒状分散性好的物料在气流输送中干燥,体积传热系数极大,装置简单,处理量大,气流干燥流程如图4-20所示。

该机种常见故障有:干燥管等部件被黏附;物料同气体很难完全分离;干燥管磨损;物料颗粒被破坏。

g. 流化床干燥装置　热风通过多孔分布板与粉粒状物料层接触,使粉粒状物料在热风中悬浮同热风混合而加以干燥。体积传热系数大,不影响产品质量,处理能力大,装置结构简单,但适宜的物料品种较少。流化床干燥的物料必须是粉粒状,附着力小,同时粒径较小,分布不能太广;近年来由于不断改进,也可用来处理泥状物料。该机种结构简单,主体结构不易产生故障。

② 结构问题

由于机种繁多,结构也大不相同,不能一概

而论。在高温下使用漏气是主要问题，要特别注意气密方法；此外由于粉尘磨损、物料附着以及腐蚀性气体产生腐蚀等问题。

③ 使用问题

a. 装置寿命。若装置达到使用年限，即使部分修理，还是故障频繁。

b. 保养不良。由于保养不良，送风机会出现以下问题：因粉尘堵塞而引起风量减少；因热源装置脏而引起热量不足；因计量器破损而引起风量增减，温度高低等。特别要注意由于温度计破损造成高温而导致火灾。

c. 物料变化。当原料水分、性质变化时，需要重新研究设计初期的使用条件同现在使用条件差别。

d. 其他。在干燥时一般认为越干越好，但贵重物料也有不允许超过百分之几的干燥度。要特别注意对原料、风量、温度、湿度控制。

2. 精馏塔

（1）精馏设备的类型

精馏装置由精馏塔、再沸器和冷凝塔等设备构成。图 4-21 是石油常减压分馏塔。

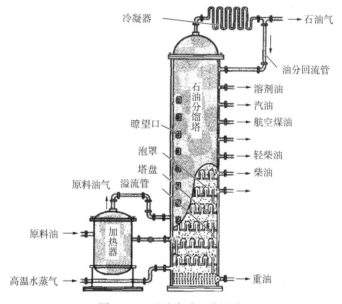

图 4-21　石油常减压分馏塔

精馏过程的主要设备是精馏塔，其基本功能是为气液两相提供充分接触的机会，使传热和传质过程迅速而有效地进行，并且使接触后的气、液两相及时分开。根据塔内气、液基础部件的结构形式，精馏塔可分为填料塔和板式塔两类。

① 填料塔　填料塔内液体在填料表面呈膜状自上而下流动，气体呈连续相通过填料的间隙自上而下与液体作逆流流动，并进行气-液两相间的传质和传热。图 4-22 是填料塔的总体结构。填料塔的优点是结构简单，压降小，传质效率高，便于采用耐腐蚀材料制造等，适用于热敏性及容易发泡的物料。

② 板式塔　板式塔结构如图 4-23 所示。按塔板的结构分有泡罩塔、筛板塔、浮阀塔和蛇形塔等多种形式。表 4-3 是各种形式的板式塔性能的比较，应用最早的是泡罩塔及筛

板塔。目前应用最广泛的板式塔是筛板塔和浮阀塔，一些新型的塔板仍在不断地开发和研究中。

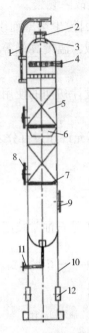

图 4-22　填料塔总体结构

1—吊柱；2—气相出口；3—除沫装置；4—液体
分布装置；5—填料；6—液体再分布器；7—填
料支撑栅板；8—卸料孔；9—气相进口；10—支
座；11—液相出口；12—人孔

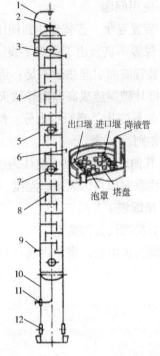

图 4-23　板式塔总体结构

1—吊柱；2—气体出口；3—回流液入口；
4—塔盘；5—壳体；6—液料进口；7—人孔；
8—提馏段塔盘；9—气体入口；10—裙座；
11—釜液出口；12—出入口

（2）精馏塔的选择

精馏塔设备选型时应满足以下要求：

① 气-液两相充分接触，相间传热面积大；

② 生产能力大，即气-液处理量大；

③ 操作稳定，操作弹性大；

④ 阻力小，结构简单，制造、安装、维修方便，设备的投资及操作费用低；

⑤ 耐腐蚀，不易堵塞。

上述要求在实际中很难同时满足，应根据塔设备在工艺流程中的地位和特点，在设计选型中应满足主要要求。表 4-4 是填料塔和板式塔性能比较。

表 4-3　板式塔性能比较

塔型	效率	操作弹性	单板压降	造价	可靠性	安装维修
泡罩塔	良	优	高	高	优	麻烦
浮阀塔	优	优	中	中	良	较麻烦
筛板塔	优	良	低	较低	优	方便
蛇形塔	优	中	高	中	中	方便

表 4-4 填料塔和板式塔性能比较

项目	填料塔	板式塔
压降	小尺寸填料，压降较大；大尺寸及规整填料较小	较大
塔效率	传统填料，效率较低；新型填料，效率较高	效率较高、较稳定
空塔气速	小尺寸填料，气速较小；大尺寸及规整填料较大	较大
液-气比	有一定要求	适用范围较大
持液量	较小	较大
安装检修	较难	较方便
材质	金属或非金属材料	一般用金属材料
造价	较大	较低

（3）精馏塔的安全运行

精馏过程涉及热源加热、液体沸腾、气-液分离、冷却冷凝等过程，热平衡安全问题和相态变化安全问题是精馏过程安全的关键。由于工艺要求不同，精馏塔的塔型和操作条件也不同。因此，保证精馏过程的安全操作控制各不相同。通常应注意以下问题：

① 精馏操作前应检查仪器、仪表、阀门等是否齐全、正确、灵活，做好启动前的准备。

② 预进料时，应先打开放空阀，充氮置换系统中的空气，防止进料时出现事故，当压力达到规定指标后停止，再打开进料阀，打入指定液位高度的料液后停止。

③ 再沸器投入使用时，应打开塔顶冷凝器的冷却水（或其他介质），对再沸器通蒸汽加热。

④ 在全回流情况下继续加热，直到塔温、塔压达到规定指标。

⑤ 进料与出产品时，应打开进料阀进料，同时从塔顶和塔釜采出产品，调节到指定的回流比。

⑥ 控制调节精馏塔。控制和调节的实质是控制塔内气、液相负荷大小，以保持塔设备良好的传质传热，获得合格的产品；但气、液相负荷是无法直接控制的，生产中主要通过控制温度、压力、进料量和回流比来实现；运行中，要注意各参数的变化，及时调整。

⑦ 停车时，应先停进料，再停再沸器，后停卸出产品（如果对产品要求高也可先停），降温降压后再停冷却水。

（4）精馏辅助设备的安全运行

精馏装置的辅助设备主要是各种形式的换热器，包括塔底溶液再沸器、塔顶蒸汽冷凝器、料液预热器、产品冷却器等，另外还需管线以及流体输送设备等。其中再沸器和冷凝器是保证精馏过程能连续进行稳定操作必不可少的两个换热设备。

再沸器的作用是将塔顶上升的蒸汽进行冷凝，使其称为液体，之后将一部分冷凝液从塔顶回流入塔，以提供塔内下降的液流，使其与上升气流进行逆流传质接触。

再沸器和冷凝器在安装时应根据塔的大小及操作是否方便而确定其安装位置。对于小塔，冷凝器一般安装在塔顶，这样冷凝液可以利用位差而回流入塔；再沸器则可安装在塔底。对于大塔（处理量大或塔板数较多时），冷凝器若安装在塔顶部则不便于安装、检修和清理，此时可将冷凝器安装在较低的位置，回流液则用泵输送入塔；再沸器一般安装在塔底外部。安装于塔顶或塔底的冷凝器、再沸器均可用夹套式或内装蛇管、列管的间壁式换热器，而安装在塔外的再沸器、冷凝器则多为卧式列管换热器。

四、热力设备

热力过程主要介绍的是冷冻操作，在制冷系统中，蒸发器、冷凝器、压缩机和节流阀是制冷系统中必不可少的四大件，这当中蒸发器是输送冷量的设备。制冷剂在其中吸收被冷却物体的热量实现制冷。压缩机是心脏，起着吸入、压缩、输送制冷剂蒸汽的作用。冷凝器是放出热量的设备，将蒸发器中吸收的热量连同压缩机功所转化的热量一起传递给冷却介质带走。节流阀对制冷剂起节流降压作用、同时控制和调节流入蒸发器中制冷剂液体的数量，并将系统分为高压侧和低压侧两大部分。蒸发器、冷凝器与压缩机分别在上节传热设备与流体流动设备中已经介绍了其安全技术措施。

五、机械设备

机械设备种类繁多，机械设备运行时，其一些部件甚至其本身可进行不同形式的机械运动。本节根据机械过程中的固体输送、粉碎、混合、筛分操作主要介绍。

1. 固体输送设备

固体物料的形态多样，包括粉末状、颗粒状、大粒状、块状等，对于不同形态的固体物料应采用不同的输送方式及设备。

（1）斗式提升机

斗式提升机适用于垂直输送粉状、颗粒及小块的物料，具有密封性好，结构紧凑、提升量大，提升度高(可达 30m)等优点，广泛应用于饲料、食品、冶金、矿山、塑料、建材、医药等工业中。

（2）刮板输送机

刮板输送机工作时其刮板链条埋于物料之中，结构简单、质量小、体积小、可单点和多点进、出料，常用于输送颗粒状、小块状和粉状物料，能在水平或 150° 范围内作倾斜和垂直输送。一般水平输送最大长度为 80 ~ 120m，垂直提升输送高度为 20 ~ 30m。在输送有毒、易爆、高温和易飞扬的物料、改善操作条件和减少环境污染等方面具有突出的优势。

（3）气力输送机

气力输送机是指在管道中借空气的动能或静压能使物料按指定路线进行输送的方式。气力输送的优点是生产效率高，设备构造简单、使用、管理和维护方便、自动化程度高、环境污染小等。在输送过程中可同时进行混合、粉碎、分级、干燥、冷却等工艺操作。缺点是动力消耗较大，在输送过程中物料易于破碎，管壁也受到一定程度的磨损，物料尺寸需小于 30mm。对于黏附性或高速运动时易产生静电的物料输送不适用。可水平、垂直或倾斜输送。

（4）O 形带输送机

O 形带输送机采用单 O 形槽或双 O 形槽滚筒作为承载体，通过主轴主高强度 O 形带传动，具有外形美观、传动平稳、噪声低、易拆换等特点，是一种应用广泛的轻型输送机，广泛用于食品、医药、饮料等精细化工行业。

（5）输送机

常用的带式输送机有移动升降式和固定式之分。类型有橡胶皮带式输送机、链条式输送机等。它的优点是结构紧凑、操作方便、动作平稳、输送能力较高、各部分摩擦阻力较小、动力消耗较低，在输送过程中对物料的破损较少，而且安装维修方便。带式输送机既可输送细散的物料，又可成包输送，广泛应用于食品、饲料、矿冶、塑料、建材、医药等行业。

（6）螺旋输送机

螺旋输送机俗称绞龙，其特点是结构简单、横截面尺寸小、密封性能好，可以中间多点加料和卸料，操作安全方便以及制造成本低等。但存在机件磨损较严重、输送量较低、消耗功率大、物料在运输过程中易破碎等缺点。螺旋输送机宜在−20～+50℃的环境和物料温度小于200℃的场合下使用。它适用于颗粒或粉状物料的水平、倾斜和垂直输送，不适宜输送易变质的、黏性大的易结块的物料。其输送距离为2～70m。它广泛应用于饲料、食品、塑料、建材、医药等精细化工行业。

2. 粉碎设备

粉碎设备是破碎机械和粉磨机械的总称。两者通常按排料粒度的大小作大致的区分：排料中粒度大于3mm的含量占总排料量50%以上者称为破碎机械；小于3mm的含量占总排料量50%以上者则称为粉磨机械。有时也将粉磨机械称为粉碎机械，这是粉碎设备的狭义含义。应用机械力对固体物料进行粉碎作业，使之变为小块、细粉或粉末的机械。利用粉碎机械进行粉碎作业的特点是能量消耗大、耐磨材料和研磨介质的用量多，粉尘严重和噪声大等。

粉碎设备一般分为机械式粉碎机、气流粉碎机、研磨机和低温粉碎机四个大类：

（1）机械式粉碎机

机械式粉碎机是以机械方式为主，对物料进行粉碎的机械，它又分为齿式粉碎机、锤式粉碎机、刀式粉碎机、涡轮式粉碎机、压磨式粉碎机和铣削式粉碎机六小类：

① 齿式粉碎机　由固定齿圈与转动齿盘的高速相对运行，对物料进行粉碎（含冲击、剪切、碰撞、摩擦等）的机器。

② 锤式粉碎机　由高速旋转的活动锤击件与固定圈的相对运动，对物料进行粉碎（含锤击、碰撞、摩擦等）的机器。锤式粉碎机又分活动锤击件为片状件的锤片式粉碎机和活动锤击件为块状件的锤块式粉碎机。

③ 刀式粉碎机　由高速旋转的刀板（块、片）与固定齿圈的相对运动对物料进行粉碎（含剪切、碰撞、摩擦等）的机器。刀式粉碎机又分为：

a. 刀式多级粉碎机。主轴卧式，刀刃与主轴平行并具有单级或多级粉碎功能的机器。

b. 斜刀多级粉碎机。主轴卧式，倾斜刀式并具有单级或多级粉碎功能的机器。

c. 组合立刀粉碎机。主轴卧式，多层立刀组合的粉碎器。

d. 立式侧刀粉碎机。主轴立式，侧刀转盘运动并带有分级功能的粉碎机器。

④ 涡轮式粉碎机　由高速旋转的涡轮叶片与固定齿圈的相对运动，对物料进行粉碎

（含剪切、碰撞、摩擦等）的机器。

⑤ 压磨式粉碎机　由各种磨轮与固定磨面的相对运动，对物料进行碾磨性粉碎的机器。

⑥ 铣削式粉碎机　通过铣齿旋转运动，对物料进行粉碎的机器。

（2）气流粉碎机

气流粉碎机是通过粉碎室内的喷嘴把压缩空气（或其他介质）形成气流束变成速度能量，促使物料之间产生强烈的冲击、摩擦达到粉碎的机器。

（3）研磨机

研磨机是通过研磨体、头、球等介质的运动对物料进行研磨，使物料研磨成超细度混合物的机器。它又分为：

① 球磨机　由瓷质球体或不锈钢球体为研磨介质的机器。

② 乳钵研磨机　由立式磨头对乳钵的相对运动，对物料进行研磨的机器。

③ 胶体磨　由成对磨体（面）的相对运动，对液固相物料进行研磨的机器。

（4）低温粉碎机

低温粉碎机是经低温（最低温度-70℃）处理，对物料进行粉碎的机器。

3. 筛分机械

筛分机械就是利用旋转、震动、往复、摇动等动作将各种原料和各种初级产品经过筛网选别按物料粒度大小分成若干个等级，或是将筛分机械的类型很多，在选矿工业中常用的根据它们的结构和运动特点，可分为下列几种类型：

① 固定筛　包括固定格筛、固定条筛、悬臂条筛和弧形筛。

② 圆筒筛　有圆筒筛、圆锥筒和角锥筛。

③ 圆振动筛　圆振动筛主要用于采石场筛分砂石料。

④ 直线振动筛　直线振动筛在矿山工业中广泛应用。

⑤ 等厚筛　等厚筛分法也叫大厚度筛分法。

⑥ 滚轴筛　主要用于煤矿用原煤分级。

⑦ 共振筛　常见的振动筛都在远离共振状态范围动作，以保持工作状态的稳定。

⑧ 概率筛　包括旋转概率筛、直线振动概率筛、等厚概率筛等。

⑨ 摇动筛　主要用于矿物的分级、脱水和脱介。

⑩ 高频振动筛、电磁振动筛　主要用于细颗粒物料的筛分。

其中的水分、杂质等去除，再进行下一步的加工和提高产品品质时所用的机械设备。

4. 机械设备的危害因素

机械的危害有运动部件的危害、静止的危害和其他危害。

（1）运动部件的危害

这种危害主要来自机械设备的危险部位，包括：

① 旋转的部件，如旋转的轴、凸块和孔，旋转的连接器、芯轴，以及旋转的刀夹具、风扇叶、飞轮等。

② 旋转部件和成切线运动部件间的咬合处，如动力传输皮带和它的传动轮，链条和链轮等。

③ 相同旋转部件间的咬合处，如齿轮、轧钢机、混合轮等。

④ 旋转部件和固定部件间的咬合处，如旋转搅拌机和无保护开口外壳搅拌机装置等。

⑤ 往复运动或滑动的危险部位，如锻锤的锤体、压力机械的滑块、剪切机的刀刃、带锯机边缘的齿等。

⑥ 旋转部件与滑动件之间的危险，如某些平板印刷机面上的机构、纺织机构等。

（2）静止的危害因素

有静止的切削刀具与刀刃，突出的机械部件，毛坯、工具和设备的锋利边缘及表面粗糙部分，以及引起滑跌坠落的工作台平面等。

（3）其他危害因素

飞出的刀具、夹具、机械部件，飞出的切削或工件，运转着的加工件打击或绞轧等。

5. 机械设备的安全技术

若对上述危害因素不加以有效控制，如对运动部件防护不当、无保险装置或保险装置失灵、设备在非正常状态下运转、安全操作规程不健全或操作者不按规程操作等，都极可能导致机械伤害事故。因此可从机械设备的设计、制造、检验；安装、使用；维护保养；作业环境诸方面加强机械伤害事故的预防：

（1）设计和制造过程中的预防措施

机械设备生产制造企业，要在设计、制造生产设备时同时设计、制造、安装安全防护装置，达到机械设备本质安全化，不得把问题留给用户。具体要求为：

① 设置防护装置，要求是，以操作人员的操作位置所在平面为基准，凡高度在 2m 之内的所有传动带、转轴、传动链、联轴节、带轮、齿轮、飞轮、链轮、电锯等危险零部件及危险部位，都必须设置防护装置。

② 机器设备的设计，必须考虑检查和维修的方便性。必要时，应随设备供应专用检查，维修工具或装置。

③ 为防止运行中的机器设备或零部件超过极限位置，应配置可靠的限位装置。

④ 机器设备应设置可靠的制动装置，以保证接近危险时能有效地制动。

⑤ 机器设备的气、液传动机械，应设有控制超压、防止泄漏等装置。

⑥ 机器设备在高速运转中易于甩出的部件，应设计防止松脱装置，配置防护罩或防护网等安全装置。

⑦ 机器设备的操作位置高出地面 2m 以上时，应配置操作台、栏杆、扶手、围板等。

⑧ 机械设备的控制装置应装在使操作者能看到整个设备的操作位置上，在操纵台处不能看到所控制设备的全部时，必须在设备的适当位置装设紧急事故开关。

⑨ 各类机器设备都必须在设计中采取防噪声措施，使机器噪声低于国家规定的噪声标准。

⑩ 凡工艺过程中产生粉尘、有害气体或有害蒸气的机器设备，应尽量采用自动加料、自动卸料装置，并必须有吸入、净化和排放装置，以保证工作场所排放的有害物浓度符合规范标准的有关要求。

⑪ 设计机器设备时，应使用安全色。易发生危险的部位，必须有安全标志。安全色和标志应保持颜色鲜明、清晰、持久。

⑫ 机器设备中产生高温、极低温、强辐射线等部位，应有屏护措施。

⑬ 有电器的机器设备都应有良好的接地(或接零)，以防止触电，同时注意防静电。

(2) 安装和使用过程中的预防措施

① 要按照制造厂提供的说明书和技术资料安装机器设备。自制的机器设备也要符合 GB 5083—1999《生产设备安全卫生设计总则》的各项要求。

② 要按照安全卫生"三同时"的原则，在安装机器设备时设置必要的安全防护装置，如防护栏栅，安全操作台等。

③ 设备主管或有关部门应制订设备操作规程、安全操作规程及设备维护保养制度，并贯彻执行。

(3) 加强维护保养

① 日常维护保养，要求操作工人在每班生产中必须做到：班前、班后要认真检查、擦拭机器设备的各个部位；按时、按质加油；使设备经常保持清洁、润滑、良好。班中严格按操作规程使用机器设备，发生故障及时排除，并做好交接班工作。

② 一级保养，以操作工人为主，维修工人配合，对机器设备进行局部解体和检查；清洗所规定的部位；清洗滤油器、分油器及油管、油孔、油毡、油线等，达到油路畅通，油标醒目；调整设备各部位配合间隙，坚固各部位。

③ 二级保养，以维修工人为主，在操作工人参加下，对设备进行针对性的局部解体检查、修复或更换磨损件，使局部恢复精度；清洗、检查润滑系统，更换陈化油液；检查、修理电气系统、安全装置等。

六、储运设备

1. 储罐

(1) 储罐的类型及结构

储罐(储罐或储槽)是指石油化工生产中用于储存盛放气体、液体、液化气体等各种介质，维持稳定压力，起到缓冲、持续进行生产和运输物料作用的容器(或设备)。储罐的种类很多，按容积大小可分为小型储罐和大型储罐。小型储罐按占地面积、安装费用和外观情况可分为立式和卧式；大型储罐按其形状可分为锥顶罐、拱顶罐、浮顶罐、球形罐等。石油炼制装置多采用大型储罐，小型储罐在化肥、化工、炼油生产中也得到了广泛应用。按储存介质种类的不同，有液氨储槽，丙烷、丁烷、液化石油气罐，液氧、液氮、液态二氧化碳容器以及压缩空气储气罐和缓冲罐等。

储罐的结构一般有以下三种：

① 中小型储罐　由圆筒体和两个封头焊接而成，通常器内为低压，其结构比较简单，如图 4-24 所示。

圆筒体一般采用无缝钢管或钢板卷焊而成。封头形状可分为四类，即蝶形、椭圆形、半球形和半锥形。随罐内所需压力的增加，可依次选用蝶形、椭圆形、半球形封头的结构型式。当容器内含有颗粒状、粉末装的物料或是黏稠液体时，它的底部常用锥形封头，以利于汇集和卸下这些物料。有时为了使气体在器内均匀分布或改变气体速度，也可采用锥形封头。

② **大型储罐** 主要用于储存不带压力、腐蚀性较小的液体和煤气。其罐顶形式有三种，即锥顶、拱顶和浮顶等，如图 4-25 所示。锥顶罐采用 1/5～1/16 锥度，圆锥顶承受的内外压力很低，只能承受-500～500Pa(-50～50mmH$_2$O)的压力。拱顶罐耐压为 0.01～0.02MPa(0.10～0.20kgf/cm^2)，罐顶为拱形，管壁上设有加强圈。

③ **球形罐** 其结构如图 4-26 所示。它也属于大型储罐，在相同容积下表面积最小。在相同压力下，球形罐比圆筒形罐的壁厚要薄，其壳体应力为圆筒形罐壳体应力的 1/2，但制造加工复杂，造价较高。它主要用于大型液化气体储罐，例如丙烷、丁烷、石油液化气以液态储存时一般采用球形储罐。

（2）储罐的选择

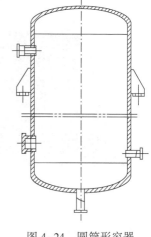

图 4-24 圆筒形容器

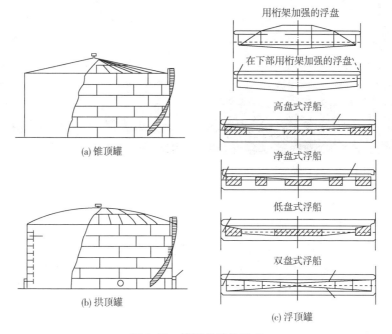

(a) 锥顶罐

(b) 拱顶罐

用桁架加强的浮盘

在下部用桁架加强的浮盘

高盘式浮船

净盘式浮船

低盘式浮船

双盘式浮船

(c) 浮顶罐

图 4-25 罐顶的结构形式

① 常温时，存储接近常压气体的储罐采用气柜(图 4-27)；存储经过加压的气体，通常采用卧式储罐(图 4-28)、球形储罐(图 4-29)和高压气瓶。

② 常温、常压的条件下，储存液体(如石油、汽油、煤油、柴油等石油液体产品)，一般用立式储罐(图 4-30)；当在容量不大于100m^{3}条件下，也经常用卧罐。

③ 常温、压力储存的液化气体(如液化石油气体)当在容量不大于100m^{3}条件下，常用卧罐；容量大于100m^{3}时，通常用球形储罐。

④ 负压条件下，存储液化石油气，通常用立式圆筒形储罐。

图 4-26 球形罐

图4-27　气柜

图4-28　卧式储罐

图4-29　球形储罐

图4-30　立式储罐

（3）安全存量的确定

原料的存量要保证生产正常进行，主要根据原料市场供应情况和供应周期而定，一般以1~3个月的生产用量为宜；当货源充足，运输周期又短，则存量可以更少些，以减少容器容积，节约投资。中间产品的存量主要考虑在生产过程中因某一前道工段临时停产仍能维持后续工段的正常生产，所以，一般要比原料的存量少得多；对于连续化生产，视情况存储几小时至几天的用量，而对于间歇生产过程，至少要存储一个班的生产用量。对于成品的存储主要考虑工短期停产后仍能保证满足市场需求为主。

（4）容器适宜容积的确定

主要依据总存量和容器的适宜容积确定容器的台数。这里容器的适宜容积要根据容器形式、存储物料的特性、容器的占地面积，以及加工能力等因素进行综合考虑确定。

一般存放气体的容器的装料系数为1，而存放液体的容器装料系数一般为0.8，液化气体的储料按照液化气体的装料系数确定。

经过上述考虑后便可以具体计算存储容器的主要尺寸，如直径、高度及壁厚等。

2. 管道

管道（又称配管）是用来输送流体物质的一种设备，广泛用于化工、石油等行业。据资料统计，用于化工厂管道的建设投资约占化工厂全部投资的30%以上。化肥、化工、炼油采用的管道主要用于输送、分离、混合、排放、计量和控制或制止流体的流动。

由于化工生产的连续性，生产过程除常温常压外，许多是在高温高压、低温高真空条件下进行的，而且许多工作介质还具有易燃易爆、有腐蚀、有毒性的特点，因此对管道安全运行带来一定的威胁，加之石油化工厂的管道与其他工业相比，数量多，尺寸、形式多种多样，而且错综复杂，这就加剧了发生事故的可能性和危险性。

发生管道破裂与爆炸主要原因有以下几个方面。

(1) 管道设计不合理

① 管道挠性不足　由于管道的结构、管件与阀门的连接形式不合理或螺纹制式不一致等原因，会使管道挠性不够。当然这和管道的加工质量密切相关。如果发现管道挠性不足，又未采取适宜的固定方法，很容易因设备与机器的振动、气流脉动而引起管道振动，从而致使焊缝出现裂纹、疲劳和支点变形，最后导致管道破裂。

② 管道工艺设计缺陷　这是一个管道工艺设计问题，如氮气与氧气的管道连接在一起，操作中误关闭充氮阀门，致使氧气进入合成水洗系统，形成爆炸性混合物，会导致整个系统(包括管网)爆炸。还有，在管道设计中没有考虑管道受热膨胀而隆起的问题，致使管道支架下沉或温度变化时因没有自由伸长的可能而破裂。

预防措施如下：

a. 管道应尽量直线敷设，平行管的连接应考虑热膨胀问题。

b. 置换或工艺用惰性气体与可燃性气体管道应装设两个阀门，中间应加装放空阀，将漏入的氧气放空，防止氧气窜入到氮气管道。喷嘴氧气进口管道的氮气置换，可采用中压蒸汽置换吹扫，以免氧气与氮气管道相连通。

(2) 材料缺陷、误用代材和制造质量低劣

① 材料缺陷　由于材料本身缺陷，如管壁有砂眼，弯管加工时所采用的方法与管道材料不匹配或不适宜的加工条件，使管道的壁厚太薄、薄厚不均(如 $\phi56 \times 7$ 的精炼气总管壁厚相差 0.5～1.5mm；管道冷加工时，内外壁有划伤，使壁厚变薄，在腐蚀介质作用下，易产生应力腐蚀，加速伤痕发展以至发生断裂)和椭圆度超过允许范围。

② 误用代材　选用代材不符合要求(如用有缝钢管代替无缝钢管，用 15CrMo 材质取代 1Crl8Ni9Ti 的无缝钢管)或误用。材料的误用在设计、材料分类和加工等各个环节都有可能发生。如误用碳钢管代替原设计的合金钢管，将使整个管道或局部管材的机械强度和冲击韧度大大降低，从而导致管道运行中发生断裂爆炸事故，这在国内外都有深刻的教训。

③ 焊接质量低劣　管道的焊接缺陷主要是指焊缝裂纹、错位、烧穿、未焊透、焊瘤和咬边等。

预防措施如下：

a. 严格进行材料缺陷的非破坏性检查，特别是铸件、锻件和高压管道，发现有缺陷材料不得投入使用。安装后，进行水压试验，试验压力应为工作压力的 1.5 倍。

b. 按管道的工艺条件正确选择钢管形式、材质，切不可随意代替或误用。

c. 对管道的焊缝进行外观检查和无损检验，确保焊接质量。焊工须经考试合格后方可正式进行焊接。

(3) 违章作业、操作失误

① 在停车检修和开车时，未对管道系统进行置换，或采用非惰性气体置换，或置换不

彻底，空气混入管道内，氧含量增加。如果其浓度未达到爆炸极限，混入管道的氧气与其内的可燃性气体发生异常反应，反应后产生的压力远超过其设计压力，则使管道随设备一起发生破坏；如果其浓度达到爆炸极限，爆炸性混合气体就有发生爆炸的危险。

② 检修时，在管道(特别是高压管道)上未装盲板，致使空气与可燃性气体混合，形成爆炸性混合气体，检修动火时发生爆炸；或在检修完工后忘记拆除管道上的盲板，开车时因截断气体或水蒸气的去路，造成憋压而爆炸。

③ 检修脱洗塔放水后，空气进入管道内与洗涤水中溢出的氢气混合，形成爆炸性混合气体，用铁质工具堵盲板时产生火花而爆炸。

④ 用蒸汽吹扫管道时，因忘记关闭或未关严蒸汽阀门；紧急停车检修时，因忘记及时打开煤气发生炉盖板、放空阀，又未作吹扫处理等，以及水封被堵死、止逆阀失灵、突然断电、鼓风机停止运行等原因，造成可燃性气体(如煤气)管道与水蒸气管道，煤气管道与空气管道，煤气或重油管道与氧气管道之间产生压差，致使可燃性气体(如煤气)、重油倒流入正在检修中的水蒸气管道、处于常压状态下的空气总管道和氧气管道中，形成爆炸性混合气体，而引起管道爆炸。

⑤ 因氧含量超标(氧含量高达3%)，化学反应(变换反应)压力超高使管道超压，或中压裂化气导入低压水管道时超压，当超过管道的强度极限时而破裂或遇火爆炸。

⑥ 违章作业和检修中违章动火。为综合利用能源，误将水电解产生的氢气的一部分用来与煤气混烧，在混烧中，因掺入的氢气中混入空气，遇环己酮脱氢炉的火嘴明火而爆炸。

检修时未作动火分析就进行检修造成爆炸。

预防措施如下：

a. 在停车检修和开车时，应按规定进行管道系统的置换吹扫工作，经检查确认合格后，方可动火或开车。

b. 检修前后，应按规定进行管道盲板的抽堵工作，采用正确的抽堵方法，切不可用金属工具，以免造成火花。

c. 发现可燃性气体(如煤气)倒流入蒸汽(或空气、氧气)管道时，应立即提高蒸汽压力或拆开蒸汽管道上的法兰分段吹扫。因突然断电停车时，应按规定及时打开炉盖、放空阀，切断空气总阀，防止煤气倒流入空气总管。建议增设紧急停车联锁装置和空气总管防爆膜，预防万一。

d. 严格控制氧含量，当合成氨厂半水煤气的氧含量>1%时，必须切断氧气，防止高压气体进入低压管道。发现压力超高时应采取紧急措施。

e. 严禁将易形成爆炸性混合气体的氢气与煤气混烧，如工艺需要必须采用此办法时，要有极严格的安全措施。严格执行动火的有关规定，动火前必须作动火分析，确认合格后，办理动火证，且在非禁火区内方可动火。

(4) 维护不周

① 管道长期受母液、海水腐蚀，或长期埋入地下，或铺设在地沟内与排水沟相通，被水浸泡，腐蚀严重而发生断裂，致使大量可燃性气体外泄，形成爆炸性混合气体。

② 装有孔板流量计的管道中，因流体冲刷厉害，壁减薄严重而破裂。

③ 因气流脉冲使所连接的化工机器与设备振动干扰，引起管道剧烈振动而疲劳断裂。

④ 管道泄漏严重，引起着火。

⑤ 有油润滑的压缩机管道，高温下积炭自燃引起燃烧爆炸。

⑥ 管道承受外载过大，如埋入地下的管道距地表面太浅，承受来往车辆重载的压轧使管道受损，或回填土压力过大，致使管道破裂。

⑦ 压力表、安全阀失灵(如压力表、安全阀管道堵塞)，致使管道、设备超压时不能准确反映压力波动情况，超压下不能及时泄载。

预防措施如下：

a. 定期检查管道的腐蚀情况，特别是敷设埋入地下的管道，应按有关规定或实际情况进行修复或更换。

b. 控制孔板的流速，定期检查其磨损情况。

c. 采取合理的管道布置和妥善的加固措施，在进出振动较大的化工机器和设备的附近，应设置缓冲装置，以减轻对管道的干扰。发现严重振动时，应及时设法排除。

d. 定期检查管道的泄漏情况，查明原因，及时采取有效措施。

e. 合理选择气缸润滑油，保证油的质量，按说明书的要求注油，油量适当、适时。采取先进水质处理工艺，定期清理污垢，严格控制排气温度。应装设油水分离器，及时排放中间冷却器、气缸和管道内的油水。压缩机吸入口处应装设滤清器，储气罐应放在阴凉位置。

f. 按规定要求铺设地下管道，避开交通车辆来往频繁、重载交通干线或其他外载过重的地域，且回填土适度。

g. 定期校验压力表，重新调整安全阀开启压力，发现压力表、安全阀失灵时应及时修复或更换。

管道发生断裂、爆炸事故的原因是多方面的，而且造成同一起管道破裂爆炸事故往往不是某一种原因，因此，在上述的事故原因统计中，大都是按第一位原因计算事故件数的。

由上述分析可知，发生管道破裂、爆炸重大事故的主要原因是由于管道内外超载、管道内可燃性气体混入空气或可燃性气体倒流入空气系统形成爆炸性混合气体，遇明火爆炸引起的。

当然，发生此类事故的原因虽多，但操作失误、违章作业和维护不周的情况占绝大多数，其次是因设计、制造、安装、检修不合理引起的。因此，应引起有关人员的高度重视。

第四节 化工单元操作事故案例

一、加热事故

1995 年 1 月 13 日，陕西省某化肥厂发生再生器爆炸事故，造成 4 人死亡多人受伤。

1. 事故经过

陕西省某化肥厂铜氨液再生由回流塔、再生器和还原器完成。1 月 13 日 7 时，该铜液再生系统清洗置换后打开再生器人孔和顶部排气孔。当日 14 时采样分析再生器内氨气含量为 0.33%、氧气含量为 19.8%，还原器内氨气含量为 0.66%、氧气含量为 20%。14 时 30 分，用蒸汽对再生器下部的加热器试漏，技术员徐某和陶某戴面具进入再生器检查。因温度高，所以用消防车向再生器充水降温。15 时 40 分，用空气试漏，合成车间主任熊某等二人戴面具再次从再生器人孔进入该器检查。17 时 20 分，在未对再生器内采样分析的情况下，车间主任李某决定用 0.12MPa 蒸汽第三次试漏，并四人一起进入器内，李某在器内用哨声对外联系关停蒸汽，工艺主任王某在人孔处进行监护。17 时 40 分再生器内混合气发生爆炸。除一人负重伤从器内爬出外，其余三人均死在器内，人孔处王某被爆炸气浪冲击到氨洗塔平台死亡。生产副厂长赵某、安全员蔡某和机械员魏某均被烧伤。

2. 事故原因

（1）直接原因

经调查认为，这起事故的直接原因主要是在再生器系统清洗、置换不彻底的情况下，用蒸汽对再生器下部的加热器进行试漏（等于用加热器加热），使残留和附着在器壁等部件上的铜氨液（或沉积物）解析或分解，析出的一氧化碳、氨气等可燃气与再生器内空气形成混合物达到爆炸极限范围，遇再生器内试漏作业产生的机械火花（不排除内衣摩擦静电火花）引起爆炸。

（2）间接原因

事故暴露出作业人员有章不循，没有执行容器内作业安全要求中关于"作业中应加强定时监测""做连续分析并采取可靠通风措施"的规定，在再生器内作业长达 3 小时 40 分钟（下午 14 时至 17 时 40 分爆炸）未对其内进行取样分析，也未采取任何通风措施，致使容器内积累的可燃气混合物达到爆炸极限，说明这起事故是由该单位违反规定而引起的责任事故。

二、结晶事故

2005 年 4 月 3 日，广西某化工公司高浓度复合肥厂发生尿素熔融液溢出事故，所幸周围无人，未造成人员灼伤。

1. 事故经过

2005 年 4 月 2 日，化工二组中班接班后系统正常生产 6h 左右，发现原料照进，但 V109 液位却越来越低（以液位判断泵的打量情况及尿素液用量，一般正常情况下，泵的频率是固定的，V109 的液位不变），而且尿素液温度也是低于工艺指标 95℃（因部分固体尿素直接进入 V109 进行溶解，所以发现问题相对不明显，生产到一定的时间才发现），于是主控操作员到现场检查，发现 V108 已有半槽的尿素熔液（正常情况该槽无液位），确定 V108 下料口被堵，立即停熔尿素，改走另一线路继续生产。

为防止两个槽的尿素液再次结晶，保温蒸汽一直打开使用，化工二组便以生产不正常状态交给三组。分厂知道该情况后，考虑到并没有影响生产，计划在第二天全系统停车时再进行处理，当时也没有想到其 V108 的尿素会自行熔融。

就在化工三组接班 15min 左右，V108 突然自行融通，槽里的尿素熔融液迅速下到 V109，且当时的尿素熔融液温度是 115℃，V109 立即满液，并从槽顶盖溢出，从三楼下到二楼的尿素熔融液自然带有一定冲击力，部分飞溅到 V108 槽周边设备及空地上，几吨的尿素液一下子再次结晶，并黏结在槽壁上及地板上，当时接班后的操作员刚好走到距 V109 约 10m 远，才幸免一起不堪设想的尿素熔融液烫伤事故。

2. 事故原因

（1）保温蒸汽阀打开不到位，保温蒸汽量过少，影响保温效果，这是引起事故的主要原因。

（2）蒸汽冷凝液疏水阀前截断阀未打开，造成冷凝液未能及时排出，影响蒸汽盘管换热效果，从而影响尿素的熔融情况，这也是事故发生的重要因素。

（3）今年送进本系统的低压蒸汽压力相对偏低，当时低压蒸汽低于操作压力，也是诱发事故的因素之一。

（4）熔融的粉尘尿素含杂质较多（如棉纱头、焊渣等），影响尿液输送的重要原因，也是导致事故发生的一个因素。

（5）当班拆包工人没有尽心尽责检出杂质（生产管理已有规定和要求），是事故发生的次要原因。

三、物料输送事故

1995 年 11 月 4 日，某市造漆厂树脂车间发生火灾。

1. 事故经过

11 月 4 日 21 时 50 分，某市造漆厂树脂车间工段 B 号反应釜加料口突然发生爆炸，并喷出火焰，烧着了加料口的帆布套，并迅速引燃堆放在加料口旁的 2176kg 松香，松香被火熔化后，向四周及一楼流散，使火势顷刻间扩大。当班工人一边用灭火器灭火，一边向消防部门报警。市消防队于 22 时 10 分接警后迅速出动，经过消防官兵的奋战，于 23 时 30 分将大火扑灭。

这家造漆厂是一家老厂，有职工 720 人，占地 88000m²，年产值 1.5 亿元，创利税 1000 万元，是该市全民所有制重点骨干企业，也是消防重点保卫单位。树脂车间树脂工段始建于 1986 年，1988 年 10 月投入使用，厂房占地 1008m²，建筑面积 2394m² 为 3 层排架结构建筑，总高度 13m。该厂房四周为道路，底层为空压泵房和成品出料处；2 层为电气仪表控制室及炉台操作、观察和苯酐、松香投料处；3 层为计量、化验室和季戊四醇投料处。厂房内设反应釜 3 个分水箱、冷凝器等辅助设备。这起火灾烧毁厂房 756m²，仪器仪表 240 台，化工原料产品 186t 以及设备、管道等，造成直接经济损失 120.1 万元。

2. 事故原因

造成这起火灾事故的直接原因，是 B 号反应釜内可燃气体受热媒加温到引燃温度，被引燃后冲出加料口而蔓延成灾。

造成事故的间接原因，一是工艺、设备存在不安全因素：在树脂生产过程中，按规定投料前要用 200 号溶剂汽油对反应釜进行清洗，然后必须将汽油全部排完。但在实际操作中操作人员仅靠肉眼观察是否将汽油全部排完，且观察者与操作者分离，排放不净的可能性随时存在。在以前曾经发生过两次喷火事件，但均未引起领导重视，也没有认真分析原因和提出整改措施，致使养患成灾。二是物料堆放不当，导致小火酿大灾。按规定树脂反应釜物料应从 3 层加入，但由于操作人员图方便，将松香堆放在 2 层反应釜旁并改从 2 层投料，反应釜喷火后引燃松香，并大量熔化流散，使火势迅速蔓延。三是消防安全管理规章制度不落实、措施不到位，而且具体生产中的安全操作要求、事故防范措施及异常情况下的应急处置都没有落到实处。

四、干燥事故

1991 年 12 月 6 日，河南某制药厂一分厂干燥器内烘干的过氧化苯甲酰发生化学分解强力爆炸，死亡 4 人，重伤 1 人，轻伤 2 人，直接经济损失 15 万元。

1. 事故经过

该厂的最终产品是面粉改良剂，过氧化苯甲酰是主要配入药品。这种药品属化学危险物品，遇过热、摩擦、撞击等会引起爆炸，为避免外购运输中发生危险，故自己生产。

1991 年 12 月 4 日 8 时，工艺车间干燥器烘干第五批过氧化苯甲酰 105kg。按工艺要求，需干燥 8h，至下午停机。由化验室取样化验分析，因含量不合格，需再次干燥。次日 9 时，将干燥不合格的过氧化苯甲酰装进干燥器。恰遇 5 日停电，一天没开机。6 日上午 8 时，当班干燥工马某对干燥器进行检查后，由干燥工苗某和化验员胡某二人去锅炉房通知锅炉工杨某送热汽，又到制冷房通知王某开真空，后胡、苗二人又回到干燥房。9 时左右，张某喊胡其去化验。下午 2 时停抽真空，在停抽真空后 15min 左右，干燥器内的干燥物过氧化苯甲酰发生化学爆炸，共炸毁车间上下两层 5 间、粉碎机 1 台、干燥器 1 台，干燥器内蒸汽排管在屋内向南移动约 3m，外壳撞倒北墙飞出 8.5m 左右，楼房倒塌，造成重大人员伤亡。

2. 事故原因

（1）第一分蒸汽阀门没有关，第二分蒸汽阀门差一圈没关严，显示第二分蒸汽阀门进汽量的压力表是 0.1MPa。据此判断干燥工马某、苗某没有按照《干燥器安全操作法》要求"在停机抽真空之前，应提前 1h 关闭蒸汽"的规定执行。在没有关严两道蒸汽阀门的情况下，下午 2 点通知停抽真空，造成停抽后干燥内温度急剧上升，致使干燥物过氧化苯甲酰因遇过热引起剧烈分解发生爆炸。

（2）该厂在试生产前对其工艺设计、生产设备、操作规程等未按化学危险物品规定报经安全管理部门鉴定验收。

（3）该厂用的干燥器是仿照许昌制药厂的干燥器自制的，该干燥器适用于干燥一般物品，但干燥化学危险物品过氧化苯甲酰就不一定适用。

五、蒸发事故

2004 年 9 月 9 日，江苏省某化工厂蒸发岗位发生尿液喷发事故，造成人员烫伤。

1. 事故经过

2004 年 9 月 9 日晨 7 点半左右，化工厂四车间蒸发岗位，由于蒸汽压力波动，导致造粒喷头堵塞，当班车间值班主任王某迅速调集维修工 4 人上塔处理。操作工李某看看将到 8 点下班交班时间，手里拿一套防氨过滤式防毒面具，一路来到 64m 高的造粒塔上，查看检修进度。维修工们用撬杠撬离喷头，李某站在维修工们的身后仔细观察。当法兰刚撬开一个缝，这时一股滚烫的尿液突然直喷出来，维修工们眼尖腿快迅速躲闪跑开。李某躲闪不及，尿液扑了他满脸半身，当即昏倒在地，并造成裸露在外面的脸、脖颈、手臂均受到伤害，面额局部Ⅱ度烫伤。

2. 事故原因

（1）李某防护技能差。在他上塔查看维修工的检修进度时，只一味地想看个究竟，位置站得太靠前。当法兰撬开时，反应迟钝、躲闪慢，是导致他烫伤的直接原因。

（2）李某自我防护意识淡薄，疏于防范。当他提醒他人注意安全时，完全忘记了自己也处在极度的危险环境中。虽然他手里拿有防氨过滤式防毒面具，但未按规定佩戴，只是把防护器材当作一种摆设，思想麻痹大意不重视，缺乏防范警惕性，是导致他烫伤的主要原因。

（3）该车间安全管理不到位。在一个不足 6m³ 的狭窄检修现场，却集中有 6 人，人员拥挤，不易疏散开。更严重的是，检修现场进入了与检修无关的人员，检修负责人没有及时制止和纠正，思想麻痹大意未引起重视，结果恰恰烫伤的又是与检修无关的人员，实属不应该，是发生李某烫伤的一个重要原因。

（4）该车间安全技术技能培训不到位。维修工们只顾一门心思地自顾自的检修，没有考虑周围的环境情况是否发生了不利于检修的变化；检修现场人员预防意识太差，拿着防护用具不用，哪有不被烫伤的道理？检修前安全教育不到位，检修的维修工缺乏严格的检查，安全措施未严格落实到位，执行力差。

六、蒸馏事故

2002 年 10 月 16 日，江苏某农药厂在试生产过程中，发生逼干釜爆炸事故，造成逼干釜报废，厂房结构局部受到损坏，4 名在现场附近的作业的人员被不同程度灼伤。

1. 事故经过

亚磷酸二甲酯(以下简称二甲酯)属于有机磷化合物，广泛用于生产草甘膦、氧化乐果、敌百虫农药产品，也可作纺织产品的阻燃剂、抗氧化剂的原料。工业化生产是用甲醇和三氯化磷直接反应经脱酸蒸馏制得，此工艺副反应产物为亚磷酸、氯甲烷、氯化氢，氯甲烷经水洗、碱洗、压缩后回收利用或作为成品出售，氯化氢经吸收后也可作为商品盐酸出售，而亚磷酸则存于二甲酯蒸馏残液中，残液中二甲酯含量一般在 20% 左右。为了回收残液中的二甲酯，在蒸馏釜中习惯采用长时间减压蒸馏的方法，俗称"逼干"蒸馏。尽管采取了这种比较温和的蒸馏方法，但是由于系统中残液沸点比较高，加上残液的密度、黏度较大，釜内物料流动性比较差，物料容易分解，因此，在蒸馏过程往往容易发生火灾、鸣爆事故。

该农药厂在试生产过程中，发生了逼干釜爆炸事故。"逼干"蒸馏了 20 多个小时的残液蒸馏釜在关闭热蒸汽 1h 后突然发生爆炸，伴生的白色烟气冲高 20 多米，爆炸导致连续锅盖法兰的 48 根 18 螺栓被全部拉断，爆炸产生的拉力达 $3.9×10^6$ N 以上，釜身因爆炸反作用力陷入水泥地面 50cm 左右，厂房结构局部受到损坏，4 名在现场附近的作业的人员被不同程度灼伤。

2. 事故原因

（1）逼干釜连续加热，造成系统温度异常升高

由于降温减压操作不当，压力控制过高，特别是逼干釜经过了连续 20 多个小时的加

热，蒸汽温度超过170℃，致使相当一部分有机磷物质分解。而且在分解时，由于加热釜热容量大，物料流动性差，加热面和反应界面上的物料会首先发生分解，分解的结果又会使局部温度上升，引起更大范围的物料分解，从而促使系统内温度进一步上升。

（2）仪表检测误差和反应迟缓，使系统高温不能及时觉察

除了仪表本身的固有误差即仪表精度外，更主要的取决于被测物料的性质和检测点插入的位置等因素。看起来仪表检测到系统的最高温度为178℃，其实对于这样一个测温滞后时间较长的系统来说，实际温度早已大大超过了178℃，特别是对于一个温度急剧上升的系统，可能测温仪表还没有来得及完全反应爆炸就发生了，因此，仪表记录到的温度与系统内真实温度的误差至少有数十度以上，从这一点也可以说明系统物质已经长时间处于过热状态，为系统内物料发生分解反应提供了条件。

七、混合事故

2000年7月17日，河南省某化肥厂合成车间发生爆炸，被迫停产20多个小时，造成一人轻伤，直接经济损失11.5万元。

1. 事故经过

7月17日7时5分，合成车间净化工段一台蒸汽混合器系统运行压力正常，系统中一台蒸汽混合器突然发生爆炸，设备本体倾倒在其附近的另一设备上，上筒节一块（900×1630）mm^2拼板连同撕裂下的封头部分母材被炸飞至60m外与设备相对高差15m多的车间房顶上，被砸下的房顶碎块，将一职工手臂砸成轻伤。

该设备1997年7月制造完成，1999年2月投入使用。有产品质量证明书、监督检验证明书，竣工图；主体材质：0Cr19Ni9，厚度14mm，技术参数见表4-5。筒体有两个筒节，上筒节由两块（900×1630）mm^2和一块（900×500）mm^2的三块板拼焊制成；主要进气（汽）、出气（汽）接管材质不详，与管道为焊接连接，结构不尽合理；封头、筒体和焊材选用符合图样和标准规定。

表4-5　工艺操作条件

设计压力/MPa	设计温度/℃	操作压力/MPa	操作温度/℃	介质	焊缝系数
2.4	245	2.2	245	蒸汽、半水煤气	1.0

2. 事故原因

经调查，设备破坏的主要原因是硫化氢应力腐蚀，表现为：

（1）蒸汽发生器发生爆炸是在低应力情况下发生的。

（2）流体介质中含有较高浓度的硫化氢及其他腐蚀性化合物，具有硫化氢应力腐蚀条件。

（3）具备一定的拉应力。蒸汽混合器在系统压力正常运行时突然发生爆炸。

（4）具备一定的温度条件。设备运行温度245℃。

（5）从其断裂特征分析，符合硫化氢应力腐蚀特征：应力腐蚀裂纹缓慢伸展，一旦达到瞬断截面立即快速断裂，是完全脆性的；裂纹扩展的宏观方向与拉应力方向大体垂直；

瞬断截面瞬断区有可见的塑性剪切唇。

（6）未按图样要求进行钝化处理是产生应力腐蚀的又一重要原因。

八、过滤事故

1998 年 5 月 30 日，黑龙江省某化工厂氧气厂发生一起氧气压缩机（简称氧压机）过滤器爆炸事故，过滤器烧毁，仪表、控制电缆全部烧坏，迫使氧压机停车 1 个月。

1. 事故经过

5 月 30 日某时，操作人员突然听到一声巨响，并伴有大量浓烟从氧压机防爆间内冒出。操作工立即停氧压机并关闭入口阀和出口阀，灭火系统自动向氧压机喷氮气，消防人员立刻赶到现场对爆炸引燃的仪表、控制电缆进行灭火，防止了事故的进一步扩大。事后对氧压机进行检查发现，中间冷却器过滤器被烧毁，并引燃了仪表、控制电缆。

2. 事故原因

从现场检查发现，被烧毁的过滤器外壳呈颗粒状，系燃烧引起的爆炸，属化学爆炸。经分析最后确定为铁锈和焊渣在氧气管道中受氧气气流冲刷，积聚在中间冷却器过滤网处，反复磨擦产生静电，当电荷积聚至一定量时发生火花放电，引燃了过滤器发生爆炸。

燃烧应具备三个条件即可燃物、助燃物、引燃能量。这三个条件要同时具备，也要有一定的量相互作用，燃烧才会发生。铁锈和焊渣即为可燃物，而铁锈和焊渣的来源是设备停置时间过长没有采取有效保护措施而产生锈蚀，安装后设备没有彻底清除焊渣。能量来源是铁锈和焊渣随氧气高速流动时产生静电，静电电位可高达数万伏。当铁锈和焊渣随氧气流到过滤器时被滞留下来，铁锈和焊渣越积越多，静电能也随之增大。铁锈的燃点和最小引燃能量均低。例如，铁锈粉尘的平均粒径为 $100\sim150\mu m$ 时，燃点温度为 $240\sim439℃$，较金属本身的熔点低很多。当发生火花放电且氧浓度高时，就发生了燃烧爆炸。

第五章　化工公用系统安全工程

公用工程设施是指供电、供热、供水、消防设施以及其他辅助设施。公用工程设施的设计和配置直接关系化工企业运行和操作的安全，对于化工企业人员的健康和安全极为重要。公用工程设施失效是既可能直接导致化工企业重大事故，也可能使事故应急和救援工作难以有效开展。

第一节　化工供电系统安全

供电安全是化工企业安全、稳定、经济、长周期生产的先决条件。化工企业生产绝大部分属于一、二级用电负荷，供电系统在高温、高压、易燃、易爆环境下运行，供电系统的事故，有时即使是简单的电气故障或参数波动，都可能给化工生产带来超过电气本身损失数百倍以至数万倍的恶果。

一、化工供电系统事故及其原因

在化工生产中发生的电气事故，可以归纳为三种类型：

① 由于电气设备或电气线路的故障及损坏造成停电而导致的停产事故；

② 人身触电的伤亡事故；

③ 由于电气原因，引起的火灾爆炸事故。

造成电气事故的主要原因有：

① 生产管理混乱，企业停送电权限没有归口统一管理，工作票签发不严格，造成工厂的误停电或误送电，导致停工、停产或人员伤亡。

② 电气工作人员玩忽职守，不按工作票要求进行操作或是不开工作票进行盲目操作，造成停电、崩烧或人员伤亡。

③ 供电系统的继电保护不完善，定值不配套或定试不严格，发生开关误动或拒动，造成停电或扩大事故范围。

④ 设备维修不当，不按期进行检修，电气设备绝缘水平下降，设备接地不良或外壳带电，从而发生设备损坏，火灾或人员伤亡。

⑤ 违章作业，不按规定在带电的电气设备上作业，造成电气设备短路崩烧、人员触电等事故。

⑥ 对小动物防范不力，变电所、配电室有小动物进入的通道，当小动物跳上电气设备的裸露部分时，造成短路崩烧，以致大面积停电。

⑦ 在易燃易爆场所使用的电气设备，由于选用不当检修时防爆面破坏等原因，在设备内部发生故障引起周围易燃易爆物质的燃烧或爆炸。

⑧ 化工、塑料、化纤、合成橡胶等合成材料的生产过程中产生的静电火花引起火灾和爆炸，有时静电也直接危及人身安全。

二、安全供电

从电气安全事故分析可以知道，很多电气事故在现有的条件下是可以避免的。为了预防电气事故，必须做大量的电气安全管理工作。采取相应的措施，其中包括管理措施和技术措施。

1. 电气安全的管理措施

电气安全管理措施内容很多，主要的有以下几个方面：

（1）化工企业必须建立电气副总工程师负责制的电气安全管理体系

为保证化工企业的电气安全，全厂应设置一名电气副总工程师（或副总动力师），负责企业全面电气管理工作，特别应对企业供电可靠性、电气设备使用安全和更新改造等一系列重大问题进行决策，并对全厂电气管理的归口部门进行电气安全工作的指导。

（2）建立健全规章制度

应坚持化工企业长期推广且行之有效的"三三、二五制"。即三图（操作系统模拟图、设备状况指示图、二次结线图）；三票（运行操作票、检修工作票、临时用电票）；三定（定期检修、定期清扫、定期试验）；五规程（运行规程、检修规程、试验规程、事故处理规程、安全工作规程）；五记录（运行记录、检修记录、试验记录、事故记录、设备缺陷记录）。

（3）制定安全措施计划

企业应根据本部门的具体情况制定安全措施计划，使电气安全工作有计划的进行，不断提高电气安全水平。

（4）安全检查

应坚持定期群众性的电气安全检查，发现问题及时解决。特别是应该注意雨季前和雨季中的电气安全检查。检查内容包括检查电气设备的绝缘有无损坏，绝缘电阻是否合格，设备裸露部分是否有防护，保护接零或保护接地是否正确、可靠，保护装置是否合乎要求，手提行灯和局部照明灯电压是否是安全电压或是否采取了其他安全措施，安全用具和电气灭火器材是否齐全，电气设备安装是否合格，安装位置是否合理，有静电产生的工艺过程是否采取了防静电措施，制度是否健全等内容。

（5）教育和培训

安全教育和培训主要是为了使工作人员懂得电的基本知识，认识安全用电的重要性，掌握安全用电的基本方法，从而能安全地、有效地进行工作。

对于独立工作的电工，应该懂得电气装置在安装、使用、维护、检修过程中的安全要求，应熟知电工安全操作规程，学会扑灭电气火灾的方法，掌握触电急救的技能，还要通过考试取得岗位合格证。

对一般职工应要求懂得电和安全用电的一般知识；对使用电气设备的生产人员还应要

求懂得有关安全规程。

（6）组织事故分析

一旦发生电气事故，应组织有关人员对事故进行分析，找出发生事故的原因和防止事故再次发生的对策，从中吸取教训。

2. 电气安全的技术措施

化工企业电气安全技术措施应满足一般安全用电的技术要求。

（1）绝缘：即用绝缘材料防止触及带电体。

（2）屏蔽：即用屏障或围栏防止触及带电体。

（3）障碍：即设置障碍防止无意触及或接近带电体。

（4）间隔：即保持间隔以防止无意触及带电体。

（5）安全电压：即根据场所特点，采用相应等级的安全电压。

（6）自动断开电源：根据电网运行方式和安全需要，采用可靠的自动化元件和连接方法，使发生故障时能在规定时间内自动断开电源。

（7）电气隔离：采用隔离变压器，以实现电气隔离，防止带电导体裸露时造成电击。

三、防止触电事故

为了保证电气工作人员的人身安全，电业安全工作规程明确规定了保证安全的组织措施和技术措施，运行中电气设备的工作分为三类：

第一类是全部停电工作，指室内高压设备全部停电（包括进户线），通至邻接高压室的门全部闭锁，以及室外高压设备全部停电（包括进户线）。

第二类是部分停电的工作，指高压设备部分停电，或室内虽全部停电，而通到邻接高压室的门未全部闭锁。

第三类是不停电工作，指：工作本身不需停电和没有偶然触及导电部分的危险者；许可在带电设备外壳上或导电部分上进行的工作。

对于上述三种类型的工作，必须采取保证人身安全的组织措施和技术措施。

为了保证安全，在工作时采用必要的组织措施外，还应在全部停电或部分停电的电气设备上（或线路上）完成停电、验电、装设接地线、悬挂指示牌和装设遮栏等技术工作。

上述技术应由值班员来完成。保证电气作业的安全技术措施主要有以下几个方面：

1. 停电

停电的范围及设备应包括：

（1）进行检修的设备。

（2）带电设备与工作人员正常活动范围的安全距离小于表5-1规定的设备。

（3）设备带电部分在工作人员后面或两侧无可靠安全措施的设备。

表5-1　工作人员中正常活动范围与带电设备的安全距离

电压/kV		10 及以下	20~35	60~110
安全距离/m	无遮栏	0.7	1.00	1.50
	有遮栏	0.35	0.60	1.50

2. 验电

要检修的电气设备是否有电压，以防发生带电装设接地线或带电合闸等恶性事故。验电时应注意：必须使用与电压等级适合而且合格的验电器。验电前，应先在有电设备上进行试验以确定验电器良好。验电时，应在检修设备进、出两侧各相分别验电。如果在木杆、木梯或木构架上验电时，不接地线验电器就不能指示时，可在验电器上加接接地线，但必须经值班负责人许可。

高压验电时，必须戴绝缘手套。若因电压高，而又没有专用验电器时，可用绝缘棒代替，依据绝缘棒有无火花和放电声来判断是否有电。

验电部位应符合表 5-2 要求。

表 5-2　对验电部位的要求

工作场所	验电部位
电气设备	电源侧、负荷侧的各相分别验电
线路	逐相进行验
母联断路器或隔离开关	在两两侧各相上分别验电
同杆架设的多层电力线路	先验低压，后验高压；先验下层，后验上层

3. 装设接地线

装设接地线的目的，一方面是为了防止工作地点突然来电；另一方面可以消除停电设备或线路上的静电感应电压和释放停电设备上的剩余电荷，以保证工作人员的安全。

接地线应设置在停电设备有可能来电的部位和停电设备或线路上有可能产生感应电压的部位。

装设接地线的方法如下：

① 装、拆接地线均应使用绝缘棒或戴绝缘手套。

② 接地线应采用多股裸铜线，其截面应依据短路电流热稳定性的要求来确定，但不得小于 $25mm^2$。接地线必须采用专用线夹固定在导体上，严禁采用缠绕方式；带有电容的设备或电缆线路，应先行放电，然后装设接地线。

③ 装设接地线，应由两人进行了。用接地隔离开关接地，也必有监护人在场。

④ 装设接地线必须先接接地端，后接导体端，连接接触要良好，拆接地线的顺序则与上述相反。

⑤ 检修部分若分为几段在电气上不相连接的部分，则各段应分别验电和装设接地线。当检修母线时，应根据母线的长短和有无感应电压等实际情况确定接地线的数量。

⑥ 杆塔无接地引下线时，可采用临时接地棒，接地棒在地下面的深度不得小于 0.6m。

4. 悬挂标示牌和装设遮栏

为了防止工作人员走错场所，误合断路器及隔离开关而造成事故，应在下列场所悬挂相应的标示牌及装设遮栏。

（1）在一经合闸即可送电到工作地点的断路器和隔离开关的操作把手上，均应悬挂"禁止合闸，有人工作！"的标示牌。

（2）若线路上有人工作，应在线路断路器和隔离开关操作把手上均应悬挂"禁止合闸，有人工作!"的标示牌。

（3）在部分停电设备上工作时，停电设备与未停电设备之间的距离小于安全距离者，应装设临时遮栏。临时遮栏与带电部分的距离不得小于规定的数值。在临时工遮栏上悬挂"止步，高压危险!"的标示牌。

（4）在工作地点处悬挂"在此工作!"的标示牌。

（5）在工作人员上下的铁架或梯子上，应悬挂"从此上下"的标示牌。

（6）在邻近其他可能误登的架构上，应悬挂"禁止攀登，高压危险!"的标示牌。

四、电气作业安全

1. 间接接触触电的防护措施

（1）用自动切断供电电源的保护，并辅以总电位连接。自动切断供电电源的保护是根据低压配电网的运行方式和安全需要，采用适当的自动化元件和连接方法，使得发生故障时能够在预期时间内自动切断供电电源，以防止接触电压的危害。通常采用过电流保护（包括接零保护）、漏电保护、故障电压保护（包括接地保护）、绝缘监视器等保护措施。

为了防止上述保护失灵，辅以总电位连接，可大幅度降低接地故障时人所遭受的接触电压。

（2）采用双重绝缘或加强绝缘的电气设备。Ⅱ类电工产品具有双重绝缘或加强绝缘的功能，因此采用Ⅱ类低压电气设备可以起到防止间接触电的作用，而且不需要采用保护接地措施。

（3）将有触电危险的场所绝缘，以构成不导电环境。这种措施是当设备工作绝缘损坏时可以防止人体同时触及不同电位的两点。电气设备所处使用环境的墙和地板系绝缘体，当发生设备绝缘损坏时，若出现不同电位两点之间的距离超过 2m，即可满足这种保护条件。

（4）采用不接地的局部等电位连接的保护。对于无法或不需要采取自动切断供电电源防护装置中的某些部分，可以将所有可能同时触及的外露可导电部分以及装置外的可导电部分，用等电位连接线相互连接起来，从而形成一个不接地的局部等电位环境。

（5）采用电气隔离。采用隔离变压器或有同等隔离能力的发电机供电，以实现电气隔离，防止裸露导体故障带电时造成电击。被迫隔离的回路电厂不应超过 500V，其带电部分不能同其他电气回路或大地相连，以保持隔离要求。

2. 直接接触触电的防护措施

（1）绝缘防护：将带电体进行绝缘，以防止与带电部分有任何接触的可能。被绝缘的设备必须满足该电气设备国家现行的绝缘标准，一般单独用涂漆、漆包等类似的绝缘方法来防止触电是不够的。

（2）屏护防护：指采用遮栏和外护物以防止人员触及带电部分的保护，遮栏和外护物在技术上必须遵照有关规定进行设置。

（3）障碍防护：指采用阻挡物进行的保护。对于设置的障碍必须防止两种情况的发生：一是身体无意识地接近带电部分；二是在正常工作中，无意识地触及运行中的带电设备。

（4）保证安全距离的防护：为了防止人和其他物体触及或接近电气设备而造成事故，要求带电体志地面之间、带电体与其他设施之间、带电体与带电体之间，都要必须保持一定的安全距离。凡能同时触及不同电位的两部位之间的距离，严禁在伸臂范围以内。在计算伸臂范围时，必须将手持较大尺寸的导电物体考虑在内。

（5）采用漏电保护装置：这是一种后备保护措施，可与其他措施同时使用。在其他保护措施一旦失效或者使用者不小心的情况下，漏电保护装置会自动切断供电电源，从而保证工作人员的安全。

3. 间接接触与直接接触兼顾的保护

通常采用安全超低压的防护方法，其通用条件是供电电压值的上限不超过50V（有效值），在使用中应根据用电场所的特点，采用相应等级的安全电压。一般条件下，采用了超低电压供电，即可认为间接接触触电和直接接触触电的防护都有了保证。

五、防止电气火灾

在火灾和爆炸事故中，所发生的电气火灾爆炸事故占有很大的比例。据统计，由于电气原因所引起的火灾，仅次于明火所引起的火灾，在整个火灾事故中居第二位。发生电气火灾及爆炸事故，要具有两个必要条件：一是释放源，即可释放出爆炸性气体、粉尘及可燃物质的场所；二是由于电气原因产生的引燃源。在化工生产、储存和运输过程中，极易形成易燃、易爆的环境，因此在化工设计、生产中，根据危险场所的等级，正确选择防爆电气设备的类型，保证其安全运行，对预防电气火灾及爆炸事故至关重要。

1. 电气火灾和爆炸原因

（1）易燃易爆物质和环境

在生产和生活场所中，广泛存在着易燃易爆易挥发物质，化工企业存在的天然气、煤炭、各种化工原料、中间体、产品等物料以及泄漏在仓库、生产场所的挥发物质、粉尘等形成了爆炸性混合物。在办公、生活场所乱堆乱放的杂物，木结构房屋明设的电气线路等，也都形成了易燃易爆环境。

电气设备本身除多油断路器、电力变压器、电力电容器、充油套管等充油设备可能爆裂外，一般不会出现爆炸事故。以下情况可能引起空间爆炸：

① 周围空间有爆炸性混合物，在危险温度或电火花作用下引起空间爆炸；

② 充油设备的绝缘油在电弧作用下分解和汽化，喷出大量油雾和可燃气体，引起空间爆炸；

③ 发电机氢冷却装置漏气、酸性蓄电池排出氢气等，形成爆炸性混合物，引起空间爆炸。

（2）引燃源

在生产场所的动力、照明、控制、保护、测量等系统和生活场所中的各种电气设备和线路，在正常工作或事故中常常会产生危险的高温或电弧、火花而成为引燃源。

① 危险温度　电气线路或电气设备过热将可能导致产生危险温度，成为引燃源。常见过热原因有短路、线路或设备长时间过载、接触不良、电气设备铁芯过热和散热不良等。

② 电火花 电火花温度很高，能量集中释放，不仅能引起绝缘物质的燃烧，甚至还可能使导体金属熔化、飞溅，是很危险的引燃源。常见电火花有工作火花、电气设备事故火花、雷电火花、静电火花、电磁感应火花等。

如果在生产或生活场所中存在着易燃易爆物质，当空气中的含量超过其危险浓度时，在电气设备和线路正常或事故状态下产生的火花、电弧或在危险高温的作用下，就会造成电气火灾和爆炸。通过电气火灾和爆炸原因分析，为采取有效措施减小电气火灾和爆炸事故发生的概率提供了依据。

除上述外，电动机转子和定子发生摩擦(扫膛)或风扇与其他部件相碰也都会产生火花，这是由碰撞引起机械性质的火花。

还应当指出，灯泡破碎时2000~3000℃的灯丝有类似火花的危险作用。

就电气设备着火而言，外界热源也可能引起火灾。如变压器周围堆积杂物、油污，并由外界火源引燃、可能导致变压器喷油燃烧甚至爆炸事故。

2. 电气防火防爆措施

防火防爆措施是综合性的措施，包括选用合理的电气设备，保持必要的防火间距，电气设备正常运行并有良好的通风，采用耐火设施，有完善的继电保护装置等技术措施。

(1) 正确选用电气设备

① 选用电气设备的基本原则

a. 根据爆炸危险区域的分区、电气设备的种类和防爆结构的要求，应选择相应的电气设备。

b. 选用的防爆电气设备的级别和组别，不应低于该爆炸性气体环境内爆炸性气体混合物的级别和组别。当存在有两种以上易燃物质形成的爆炸性气体混合物时，应按危险程度较高的级别和组别选用防爆电气设备。

c. 爆炸危险区域内的电气设备，应符合周围环境内化学、机械、热、霉菌以及风沙等不同环境条件对电气设备的要求。电气设备结构应满足电气设备在规定的运行条下不降低防爆性能的要求。

d. 除可燃性非导电粉尘和可燃纤维的11区环境采用防尘结构(标志为DP)的粉尘防爆电气设备外，爆炸性粉尘环境10区及其他爆炸性粉尘环境11区均采用尘密结构(标志为DT)的粉尘防爆电气设备，并按照粉尘的不同引燃温度选择不同引燃温度组别的电气设备。

② 防爆电气设备类型及其结构性能

防爆电气设备依其结构和防爆性能的不同分为以下几种：

a. 隔爆型(d)。具有隔爆外壳的电气设备，是指把能点燃爆炸性混合物的部件封闭在一个外壳内，该外壳能承受内部爆炸性混合物的爆炸压力并阻止向周围爆炸性混合物传爆的电气设备。设备外壳一般用钢板、铸钢、铝合金、灰铸铁等材料制成，一般能承受0.78~0.98MPa的内部压力而不损坏。

b. 增安型(e)。正常运行条件下，不会产生点燃爆炸性混合物的火花或危险温度，并在结构上采取措施，提高其安全程度，以避免在正常和规定过载条件下出现点燃现象的电气设备。

c. 本质安全型(i)。在正常运行或在标准实验条件下所产生的火花或热效应均不能点燃爆炸性混合物的电气设备。按其安全程度分成 ia 和 ib 两级。前者是在正常工作，一个故障和两个故障时不能点燃爆炸性气体混合物的电气设备，可用于 0 级区域；后者是在正常工作和一个故障时不能点燃爆炸性气体混合物的电气设备。

d. 正压型(p)。具有保护外壳，且壳内充有保护气体，其压力保持高于周围爆炸性混合物气体的压力，以避免外部爆炸性混合物进入外壳内部的电气设备。按其充气结构可分为通风、充气、气密等三种形式。保护气体可以是空气、氮气或其他非可燃性气体，其外壳内不得有影响安全的通风死角。正常时，其出风口处风压或充气气压不得小于 200Pa。

e. 充油型(o)。全部或某些带电部件浸在绝缘油中使之不能点燃油面以上或外壳周围的爆炸性混合物的电气设备。其外壳上应有排气孔，孔内不得有杂物；油量必须足够，最低油面以下深度不得小于 25mm 且油面应高出发热和可能产生火花部位 10mm 以上；油面指示必须清晰；油质必须良好；油面温度 T1~T4 组不得超过 100℃，T5 组不得超过 80℃，T6 组不得超过 70℃。充油型设备应水平安装，其倾斜度不得超过 5°；运行中不得移动。

f. 充砂型(q)。外壳内充填细颗粒材料，以便在规定使用条件下，外壳内产生的电弧、火焰传播，壳壁或颗粒材料表现的过热温度均不能够点燃周围的爆炸性混合物的电气设备。其外壳应有足够的机械强度。细粒填充材料应填满外壳内所有空隙，颗粒直径为 0.25 ~ 1.6mm。填充时，细粒材料含水量不得超过 0.1%。

g. 无火花型(n)。在正常运行条件下不产生电弧或火花，也不产生能够点燃周围爆炸性混合物的高温表面或灼热点，且一般不会发生有点燃作用故障的电气设备。

h. 防爆特殊型(s)。在结构上不属于上述各型，而是采取其他防爆形式的电气设备。例如将可能引起爆炸性混合物爆炸的部分设备装在特殊的隔离室内或在设备外壳内填充石英砂等。

i. 浇封型(m)。它是防爆型的一种。将可能产生点燃爆炸性混合物的电弧、火花或高温的部分浇封在浇封剂中，在正常运行和认可的过载或认可的故障下不能点燃周围的爆炸性混合物的电气设备。

③ 防爆设备的标志

防爆设备标志由四部分组成，以字母或数字表示。第一部分表示防爆类型标志，如 e 为增安型；第二部分表示适用的爆炸性混合物的类别，如工表示混合物为矿井甲烷，适用设备为煤矿用防爆电气设备，Ⅱ表示混合物为爆炸性气体，适用设备为工厂用防爆电气设备；第三部分表示爆炸性混合物的级别；第四部分表示爆炸性混合物的组别。例如，dⅡBT3 表示隔爆型设备，用于有ⅡB 级、T1~T3 组的爆炸性混合物的场所；epⅡT4 表示增安型、有正压型部件，用于有Ⅱ级、T1~T4 组爆炸性混合物的场所等。

火灾危险场所电气设备防护结构的选、危险场所的电气线路、变(配)电所等其他电气装置的要求，可参阅 GB 50058—2014。

（2）保持防火间距

为防止电火花或危险温度引起火灾，开关、插销、熔断器、电热器具、照明器具、电焊器具、电动机等均应根据需要，适当避开易燃易爆建筑构件。天车滑触线的下方，不应堆放易燃易爆物品。

变、配电站是化工企业的动力枢纽，电气设备较多，而且有些设备工作时产生火花和较高温度，其防火、防爆要求比较严格。室外变、配电装置距堆场、可燃液体储罐和甲、乙类厂房、库房不应小于25m；距其他建筑物不应小于10m；距液化石油气罐不应小于35m。变压器油量越大，防火间距也越大，必要时可加防火墙。石油化工装置的变、配电室还应布置在装置的一侧，并位于爆炸危险区范围以外。

10kV及以下变、配电室不应设在火灾危险区的正上方或正下方，且变、配电室的门窗应向外开，通向非火灾危险区域。10kV及以下的架空线路，严禁跨越火灾和爆炸危险场所；当线路与火灾和爆炸危险场所接近时，其水平距离一般不应小于杆柱高度的1.5倍。在特殊情况下，采取有效措施后，允许适当减小距离。

（3）保持电气设备正常运行

电气设备运行中产生的火花和危险温度是引起火灾的重要原因。因此，保持电气设备的正常运行对防火防爆有着重要意义。保持电气设备的正常运行包括保持电气设备的电压、电流、温升等参数不超过允许值，足够的绝缘能力和连接良好等。

保持电压、电流、温升不超过允许值是为了防止电气设备过热。在这方面，要特别注意线路或设备连接处的发热。连接不牢或接触不良都容易使温度急剧上升而过热。

保持电气设备绝缘良好，除可以免除造成人身事故外，还可避免由于泄漏电流、短路火花或短路电流造成火灾或其他设备事故。

此外，保持设备清洁有利于防火。设备脏污或灰尘堆积既降低设备的绝缘又妨碍通风和冷却。特别是正常时有火花产生的电气设备，很可能由于过分脏污引起火灾。因此，从防火的角度出发，应定期或经常清扫电气设备，保持清洁。

（4）通风

在爆炸危险场所，如有良好的通风装置能降低爆炸性混合物的浓度，达到不致引起火灾和爆炸的限度。这样还有利于降低环境温度，这对可燃易燃物质的生产、储存、使用及对电气装置的正常运行都是必要的。

变压器室一般采用自然通风，当采用机械通风时，其送风系统不应与爆炸危险环境的送风系统相连，且供给的空气不应含有爆炸性混合物或其他有害物质；几间变压器室共用一套送风系统时，每个送风支管上应装防火阀，其排风系统独立装设。排风口不应设在窗口的正下方。

防爆正压型电气设备的通风系统应符合下列要求：

① 通气系统必须采用非燃烧性材料制作，结构应坚固，连接应紧密；

② 通气系统内不应有阻碍气流的死角；

③ 电气设备应与通气系统联锁，运行前必须先通风，通过的气流量不小于该系统容积的5倍时才能接通电气设备的电源；

④ 进入电气设备及其通气系统内的气体不应含有爆炸危险物质或其他有害物质；

⑤ 在运行中，电气设备及通气系统内的正压不低于196Pa，当低于98Pa时，应自动断开电气设备的主电源或发出信号；

⑥ 通气过程排出的废气，一般不应排入爆炸危险场所；

⑦ 电气设备外壳及其通气系统内的门或盖子上，应有警告装置或联锁装置，防止运行中错误打开。

（5）接地

爆炸和火灾危险场所内的电气设备的金属外壳应可靠地接地（或接零），以便在发生相线碰壳时迅速切断电源，防止短路电流长时间通过设备而产生高温。

防爆厂房内各工艺设备、管道（水管除外）、各种金属构件、电气设备正常不带电的金属外壳、工艺管道在建筑物的进出口处均应直接与静电接地干线作可靠的电气连接，以防止静电火花的产生。

（6）其他方面的措施

① 爆炸危险场所，不准使用非防爆手电筒，应尽量少用其他携带式（或移动式）设备，以免因铁壳之间的碰撞、摩擦以及落在水泥地面时产生火花，少用插销座。

② 在爆炸危险场所内，因条件限制，如必须使用非防爆型电气设备时，应采取临时防爆措施。如安装电气设备的房间，应用非燃烧体的实体墙与爆炸危险场所隔开，只允许一面隔墙与爆炸危险场所贴邻，且不得在隔墙上直接开设门洞；采用通过隔墙的机械传动装置，应在传动轴穿墙处采用填料密封或有同等密封效果的密封措施；安装电气设备的房间的出口，应通向非爆炸危险区域和非火灾危险区环境，当安装电气设备的房间必须与爆炸危险场所相通时，应保持相对的正压，并有可靠的保证措施。

③ 密封也是一种有效的防爆措施，密封有两个含义，一是把危险物质尽量装在密闭的容器内，限制爆炸性物质的产生和逸散；二是把电气设备或电气设备可能引爆的部件密封起来，消除引爆的因素。

④ 变、配电室建筑的耐火等级不应低于二级，油浸电变压室应采用一级耐火等级。

3. 电气火灾扑救常识

电气火灾对国家和人民生命财产有很大威胁，因此，应贯彻预防为主的方针，防患于未然，同时，还要做好扑救电气火灾的充分准备。发生电气火灾时，应立即组织人员使用正确方法进行扑救，同时向消防部门报警。

（1）电气火灾的特点

电气火灾与一般火灾相比，有以下两个突出的特点：

① 着火后电气装置可能仍然带电，且因电气绝缘损坏或带电导线断落等发生接地短路事故，在一定范围内存在着危险的接触电压和跨步电压，灭火时如不注意或未采取适当的安全措施，会引起触电伤亡事故。

② 有些电气设备本身充有大量的油，例如变压器、油开关、电容器等，受热后有可能喷油，甚至爆炸，造成火灾蔓延并危及救火人员的安全。所以，扑灭电气火灾时，应根据起火的场所和电气装置的具体情况，采用特殊灭火方法。

（2）断电灭火

发生电气火灾时，应尽可能先切断电源，而后再灭火，以防人身触电，切断电源应注意以下几点：

① 停电时，应按规程所规定的程序进行操作，防止带负荷拉闸。

② 切断带电线路电源时，切断点应选择在电源侧的支持物附近，以防导线断落后触及人体或短路。

③ 剪断低压线路电源时，应使用绝缘钳等绝缘工具；相线和零线应在不同部位处剪断，防止发生线路短路；剪断电源的位置应适当，防止切断电源后影响扑救工作。

④ 夜间发生电气火灾，切断电源时，应考虑临时照明措施。

（3）带电灭火

发生电气火灾，如果由于情况危急，为争取灭火时机，或因其他原因不允许和无法及时切断电源时，就要带电灭火。为防止人身触电，应注意以下几点：

① 扑救人员与带电部分应保持足够的安全距离。

② 高压电气设备或线路发生接地在室内，扑救人员不得进入故障点 4m 以内的范围；在室外，扑救人员不得进入故障点 8m 以内的范围；进入上述范围的扑救人员必须穿绝缘靴。

③ 应使用不导电的灭火剂，例如二氧化碳和化学干粉灭火剂，因泡沫灭火剂导电，在带电灭火时严禁使用。

④ 如遇带电导线落于地面，要防止跨步电压触电。

（4）充油电气设备的灭火措施

充油电气设备着火时，应立即切断电源，然后扑救灭火。备有事故储油池时，应设法将油放入池内，池内的油火可用干粉扑灭。池内或地面上的油火不得用水喷射，以防油火飘浮水面而蔓延。

六、防止静电事故

当两种不同性质的物体相互摩擦或接触时，由于它们对电子的吸力大小各不相同，在物体间发生电子转移，使甲物体失去一部分电子技术而带下电荷，乙物体获得一部分电子而带负电荷。如果摩擦后分离的物体对大地绝缘，则电荷无法泄漏，停留在物体的内部或表面呈相对静止状态，这种电荷就称为静电。

1. 静电的危害

静电危害主要包括以下四个方面的内容：

① 静电力作用或高压击穿作用主要是使产品质量下降或造成生产故障，如橡胶半成品带静电后将产生力的作用，使橡胶半成品吸引周围空气中的大量灰尘，影响产品内在质量，在同性电荷的帘布贴合时，而产生气泡影响质量，影响工作效率。

② 高压静电对人体生理机能作用，即所谓"人体电击"，如轮胎层布贴合机的操作工具台上放着蘸有汽油的毡刷，一位女工伸手去取毡刷时突然起火，引起工人手部烧伤。

③ 静电放电过程是将电场能转换成声、光、热能的形式，热能可作为火源使易燃气体、可燃液体或爆炸性粉尘发生火灾或爆炸事故。

④ 静电放电过程的产生的电磁场是射频辐射源，对通讯设施是干扰源，对计算机会产生误动作。

2. 静电的产生

（1）固体静电产生

① 接触分离起电

金属材料间的接触起电现象。两种不同的固体材料相互接触时，在它们之间的距离达到或小于 25A 时，在该接触面上就会发生电荷的转移，其中一种物质的电子会传给另一种物质。结果是失去电子的物体带正电，得到电子的物体带负电，这就是接触带电现象。

② 物理效应起电

a. 压电效应。晶体在受外应力作用下，其原来正、负离子排列成不对称点阵的材料，应力作用下产生了电偶极矩，并进行内部的定向排列。对于不对称的晶体受到应变后，由于受到不对称内应力的作用，离子间产生不对称的相对移动，结果产生了新的电偶极矩和面电荷，这种现象称为压电效应。

b. 热电效应。当给某些晶体加热时，则加热端会带正电荷，未加热端带有负电荷。如果再给晶体介质冷却时，其两端也带有相反符号的电荷，这种现象称为热电效应。

c. 感应带电。感应带电一般是指静电场对金属导体的感应带电现象。这是因为在外电场力的作用下，导体上的电荷发生了再分布，从而便导体的局部或整体带上不能流动电荷的现象。

（2）液体静电的产生

① 液体流动带电

流动带电是指电阻率较高的液体，在使用金属配管进行输送时，所产生的一种带电现象。

② 液体–气体界面起电

水是极性分子，它和其他液体分裂成水雾或泡时，会产生大量的静电和较高的电位。水滴呈现正电性，而飞沫为负电性。

（3）气体静电的产生

气体分子间的距离要比气体分子大几十倍，很少有互相接触、分离的机会和可能性，然而气体如在管道内加压流动时接触、分离的机会将大大增加，同时气体加压后流动速度非常快，这样就会带在很高的静电；加之在气体内部存在大量的灰尘、金属粉末、液滴、水锈等微小颗粒，就更增大带电的可能性。一般蒸气高速喷出，静电带电可达几百到十几万伏的静电电压。

3. 发生静电火灾的条件

（1）周围和空间必须有可燃物存在（即包括可燃气体、易燃液体或可燃粉尘等）。

（2）具有产生和累积静电的条件。其中包括物体自身或其周围与它相接触物体的静电起电能力和存在累积静电的环境条件。

（3）当静电累积起足够高的静电电位后，必将周围的空气介质击穿而产生放电，构成放电的条件。

（4）静电放电的能量，当大于或等于可燃物的最小点火能量，即成为可燃物的引火源，才是构成静电火灾和爆炸事故的真正原因。

4. 防止静电事故的措施

（1）控制静电环境的危险程度。控制或排除放电场合的可燃物，是一项防静电灾害的重要措施。包括：用非可燃物取代易燃介质；降低爆炸混合物在空气中的浓度；减少氧含量或采取强制通风措施。

（2）减少静电荷的产生。静电荷大量产生并能积累起事故电量，这是静电事故的基础条件。因此就要控制和减少静电荷的产生。

（3）正确地选择材料。选择不容易起电的材料，根据带电序列选用不同材料及选用吸湿性材料。

（4）工艺的改进。改革工艺中的操作方法，可减少静电的产生；改变工艺操作程序，可降低静电的危险性；湿法生产也是防静电的有利措施。

（5）在用管道运输油品时，降低摩擦速度和流速。

（6）减少特殊操作中的静电。控制注油和调油的方式。调和方式以采用泵循环、机械搅拌和管道调和为好。注油方式以底部进油为宜。

采用密闭装车是将金属鹤管伸到车底，用金属鹤管保持良好的导电性。选择较好的配头，使油流平衡上升，从而减少摩擦和油流在罐体内翻腾。同时密封装车避免油品的蒸发和损耗。

（7）减少静电荷的积累。静电荷的产生和泄放是相关的两个过程，如果静电的产生量大于静电荷的泄漏量，则在物体上就会产生静电荷的积聚。因此，可通过静电接地、增加空气的相对湿度、采用静电添加剂、采用静电消除防止带电以及静电缓和、屏蔽等方法减少静电的积累。

（8）防止人体静电。

① 人体静电的产生

人体静电的产生包括：鞋子与地面之间的摩擦带电；人体和衣服间的摩擦静电；与带电物之间的感应带电和接触带电；吸附带电。

② 人体带电的消除方法

人体带电的消除方法有：人体接地；防止穿衣和佩戴物带电；回避危险动作；构成一个全面的接地系统。

③ 防人体静电的基本要求

对泄漏电阻的要求。为泄放人身静电的人体泄漏电阻在 $10^8\Omega$ 范围以下，同时考虑特别敏感的爆炸危险的场合，避免通过人体直接放电所造成引燃性，所以泄漏电阻要选在 $10^7\Omega$ 以上。另外在低压工频线路的场合还要考虑人身误触电的安全防护问题，泄漏电阻选择在 $10^6\Omega$ 以上为宜。

对导电工作服和导电地面等的要求。导电工作服要求在摩擦过程中，其带电电荷密度不得大于 $7.0\mu C/m^2$ 导电地面，一般消电场合为 $10^{10}\Omega$，对爆炸危险场所选择在 $10^6\sim10^7\Omega$ 为宜；导电工作鞋以 $1.0\times10^8\Omega$ 以下为标准。

对静电电位的要求。在操作对静电非常敏感的化工产品时，按规定人体电位不能超过10V，最大不能超过100V。因此，人们可依据这个具体要求控制操作速度和操作方法。

（9）抑制静电放电和控制放电能量。

① 抑制静电放电。静电火灾和爆炸危害是由于静电放电造成的。而产生静电放电的条件是带电物体与接地区导体或其他不接地区体之间的电场强度，达到或超过空间的击穿场强时，就会发生放电。对空气而言其被击穿的均匀场强是33kV/cm，非均匀场强可降至均匀电场的1/3。于是可使用静电场强计或静电电位计监视周围空间静电荷累积情况，以预防

静电事故的发生。

② 控制放电能量。如果发生静电或爆炸事故，其一是存在放电，其二是放电能量必须大于或等于可燃物的最小点火能量。于是我们可根据第二条引发静电事故的条件，采用控制放电能量的方法，来避免产生静电事故。

七、防止雷击事故

雷云是产生雷电的基本条件。雷云达到一定数量的电荷聚集，电势就逐渐上升，它的电场强度达到足以使附近空气绝缘破坏的强度(约 $25 \sim 30 \mathrm{kV/cm}$)时，就发生强烈的放电现象，出现耀眼的闪光。雷电的种类有直击雷、感应雷、雷电波侵入、球雷。

雷电有多方面的破坏作用。雷电可使电气设备的绝缘击穿，造成大规模停电；可击毁建筑物，引起爆炸或燃烧，给人民生命财产造成重大损失。就其破坏因素来看，雷电有以下三方面的危害效应：

1. 雷电的危害

（1）电磁效应

数十万至数百万伏的冲击电压可击毁电气设备的绝缘，烧断电线或劈裂电杆，造成大规模的停电；绝缘损坏还可能引起短路，导致火灾或爆炸事故，巨大的雷电流流经防雷装置时会造成防雷装置的电位升高，这样的高电位同样可以作用在电气线路、电气设备或其他金属管道上，它们之间产生放电。这种接地导体由于电位升高，而向带电导体或与地绝缘的其他金属物放电的现象，称作反击。反击能引起电气设备绝缘破坏、造成高压窜入低压系统，可能直接导致接触电压和跨步电压造成的严重事故，可使金属管道烧穿，甚至造成易燃易爆物品着火和爆炸，同时产生电磁辐射危害。

（2）热效应

巨大的雷电流(几十至几百千安)通过导体，在极短的时间内置换成大量的热能，雷击点的发热量为 $500 \sim 2000 \mathrm{J}$，造成易爆品燃烧或造成金属熔化、飞溅而引起火灾或爆炸事故。

（3）机械效应

被击物遭到严重破坏，这是由于巨大的雷电流通过被击物时，使被击物缝隙中的气体剧烈膨胀，缝隙中的水分也急剧蒸发为大量气体，因而在被击物体内部出现强大的机械压力，致使被击物体遭受严重破坏或发生爆炸。

2. 防雷的保护装置

完整的一套防雷装置都是由接闪器、引下线和接地装置三部分组成的。防雷装置，所用金属材料应有足够的截面，因为它一要承受雷电流通过，二要有足够的机械强度和耐腐蚀性，还要有足够的热稳定性，以承受雷电流的破坏作用。

（1）接闪器

接闪器就是专门直接接受雷击的金属导体。接闪器利用其高出被保护物的突出地位，把雷电引向自身，然后，通过引下线和接地装置，把雷电流泄入大地，以保护被保护物免受雷击。接闪器类型有：避雷针、避雷线、避雷网和避雷带等。

避雷针有安装在被保护建筑物上的避雷针和直接在地面上的独立避雷针两种类型。独立避雷针多用于保护露天变、配电装置，有可燃、爆炸危险的建筑物。

避雷线也叫架空地线，多用于保护电力线路和狭长的单层建筑物，是防直击雷的主要方法措施之一。

当建筑物上部不装设突出的避雷针保护时，可采用避雷网和避雷带保护。由于避雷网和避雷带安装比较容易，一般无须计算保护范围，并且不影响外观，所以现在采用避雷网和避雷带保护方式的越来越多。当避雷网和避雷带与其他接闪器组合使用时或为保护低于建筑物的物体，可把避雷网和避雷带处于建筑物屋顶四周的导体当作避雷线看待。

（2）引下线

引下线是联接接闪器与接地装置的金属导体。应满足机械强度、耐腐蚀和热稳定性的要求。

（3）接地装置

接地装置包括接地体，是防雷装置的重要部分。接地装置向大地均匀放雷电流，使防雷装置对地电压不至于过高。人工接地体一般分两种埋设方式，一种是垂直埋设，称为人工垂直接地体；另一种是水平埋设，称为人工水平接地体。

3. 接闪器保护范围确定的方法

人们与雷害事故斗争过程中发现，在装有一定高度的避雷针下有一个一定范围的安全区域。在这区域内的设备和建筑物，基本上不遭雷击，这个安全区域叫接闪器的保护范围。保护范围是根据雷电理论、模拟实验及运行经验确定的。由于雷电放电受很多因素的影响，保护范围不是绝对的。但运行经验证明，处于保护范围内的设备和建筑物受到雷击的可能性很小。

滚球法是一种防直击雷用接闪器保护范围的确定方法。国际电工委员会（IEC）标准和我国 GB 50057—2010《建筑物防雷设计规范》规定均要求采用滚球法。

应用滚球法的理论出发点是，雷云形成初期在空间的运动方位是不确定的，当雷云运动到距地面被击目标的距离等于空气击穿距离时，才受到地面被击目标的影响而开始定位。据此理论，滚球法是以 h_r 半径的一个球体，沿需要防直击雷的部位滚动，当球体只触及接闪器（包括被利用作为接闪器的金属物），而不触及需要保护的部位时，则该部分就得到接闪器的保护。滚球半径 h_r 就是地面目标的雷击距离，h_r 可根据建筑物防雷类别，确定不同的值，如表 5-3 所示。

表 5-3　接闪器布置

建筑物防雷类别	滚球半径 h_r/m	避雷网网格尺寸/m
第一类防雷建筑物	30	≤5×5 或≤6×4
第二类防雷建筑物	45	≤10×10 或≤12×8
第三类防雷建筑物	60	≤20×20 或≤24×16

4. 建筑物防雷要求

选择防雷装置在于将需要防雷的建筑物每年可能遭雷击而损坏的危险降到小于或等于可接受的最大损坏危险范围内。

建筑物根据其重要性、使用性质、发生雷电事故的可能性和后果，按防雷要求分为：

第一类、第二类、第三类防雷建筑物。具体划分规定参考 GB 50057—2010《建筑物防雷设计规范》中的有关内容。在确定建筑物防雷类别时，除按其规定外，在雷电活动频繁地区、强雷区(年平均雷暴日数超过 90d/a 的地区)或历史上雷害事故严重、雷害事故较多地区的较重要建筑物，可适当提高建筑物的防雷类别。

建筑物防雷的总要求是：

① 各类防雷建筑物应采取防直击雷和防雷电波侵入的措施。

② 第一类防雷建筑物和第二类防雷建筑物中的部分建筑物，应采取防雷电感应的措施。

③ 装有防雷装置的建筑物，在防雷装置与其他设施和建筑物内人员无法隔离的情况下，应采取等电位连接。

④ 不属于第一类、第二类、第三类防雷的建筑物，可不装设防直击雷装置，但应采取防止雷电波沿低压架空线侵入的措施。

第二节 供热系统安全工程

化工企业供热系统承担化工反应过程和单元操作所需热量的供应和维持任务，供热系统包括热源(锅炉、电炉、油炉等)、热媒(蒸汽、热油等)、输热管系、保温设施等。供热系统的故障，不但可能直接影响反应过程和单元操作的正常进行，而且可能造成火灾、爆炸、灼伤等事故。

目前，根据规模与热用户性质，化工企业供热系统主要分为以下几个类型：

① 集中供热 城市或工业园区集中供热采用热电联产、热源集中设置，产生的高温热水、蒸汽通过城市管网供给整个城市或部分区域所需的热量。主要热源为热电联产、大型燃气、燃煤、燃油锅炉房等。

② 区域锅炉房集中供热 区域锅炉房作为集中供热源，热源集中设置，产生的高温热水、蒸汽通过庭院管网或厂区管网供给园区采暖或工厂生产、采暖和生活所需的热量。主要热源为园区燃气、燃煤、燃油锅炉房等。

因燃煤锅炉初期投资和运行成本较低，长期以来一直是我国中小化工企业的主要供热方式。目前，也有很多企业采用导热油炉、电加热等方式进行供热。

一、锅炉安全技术

锅炉是指利用各种燃料、电或者其他能源，将所盛装的液体加热到一定的参数，并承载一定压力的密闭设备。根据安装位置、用途、出口介质状态、压力、结构、燃料、燃烧方式、循环方式的不同，锅炉有多种分类方法。

① 按安装位置分类有固定式锅炉和移动式锅炉两种。

② 按用途分类有工业锅炉、电站锅炉、采暖锅炉、机车锅炉和船舶锅炉五种。

③ 按出口介质状态分类有气相锅炉、液相锅炉和气液两相锅炉三种。

④ 按压力分类有：低压锅炉——额定工作压力≤2.45MPa；中压锅炉——额定工作压

力≤3.82MPa；高压锅炉——额定工作压力≤9.80MPa；超高压锅炉——额定工作压力≤13.70MPa；亚临界锅炉——额定工作压力15.70~19.60MPa；超临界锅炉——额定工作压力>22.10MPa。

⑤ 按结构分类有火管锅炉、水管锅炉和水火管组合锅炉。

⑥ 按燃料分类有燃煤锅炉、燃油锅炉、燃气锅炉、电锅炉和原子能锅炉。

⑦ 按燃烧方式分类有层燃炉、沸腾炉和室燃炉三种。层燃炉又分手烧炉、链条炉排炉、往复炉排炉、双层炉排炉、振动炉排炉和抛煤机炉等多种。

⑧ 按循环方式分类有自然循环锅炉、强制循环锅炉和直流锅炉三种。

1. 锅炉的安全附件

锅炉安全附件主要是指锅炉上使用的安全阀、压力表、液面计、液位警报器、排污阀等。这些附件是锅炉运行中不可缺少的组成部分，特别是安全阀、压力表、液面计是司炉工正常操作的"耳目"，是保证锅炉安全运行的基本附件，常被人们称之为锅炉三大安全附件。

（1）安全阀

安全阀是锅炉设备中的重要安全附件之一，它能自动开启排汽以防止锅炉压力超过规定限度。安全阀通常应该具有的功能是：

① 当锅炉中介质压力超过允许压力时，安全阀自动开启，排汽降压；

② 安全阀自动开启、排汽降压时，发出鸣叫声向工作人员报警；

③ 当介质压力降到允许压力之后，自动"回座"关闭，使锅炉能够维持运行；

④ 在锅炉正常运行中，安全阀保持密闭不漏。

（2）压力表

压力表是测量和显示锅炉汽水系统压力大小的仪表。严密监视锅炉各受压元件实际承受的压力，将其控制在安全限度之内，是锅炉实现安全运行的基本条件和基本要求。锅炉中应用得最为广泛的压力表是弹簧管式压力表，它具有结构简单、使用方便、准确可靠、测量范围大等特点。

压力表的量程应与锅炉工作压力相适应，通常为锅炉工作压力的1.5~3.0倍，最好为2倍。压力表度盘上应该划红线，指示最高允许工作压力。压力表每半年至少应校验一次，校验后应该铅封。压力表的连接管不应有漏气现象，否则会降低压力指示值。

压力表应该装设在便于观察和吹洗的位置，应防止受到高温、冷冻和振动的影响。为避免蒸汽直接进入弹簧弯管影响其弹性，压力表下面应该装设存液弯管。

（3）液面计

液面计是用来显示汽包内液面高低的仪表。操作人员可以通过液面计观察和调节液面，防止发生锅炉缺水或满水事故，保证锅炉安全运行。

液面计是按照连通器内液柱高度相等的原理装设。液面计的水连管和拽连管分别与汽包的水空间和汽空间相连，液面计和汽包构成连通器，液面计显示的液面即是汽包内的液面。锅炉上常用的液面计，有玻璃管式和玻璃板式两种。玻璃管式液面计结构简单，价格低廉，在低压小型锅炉上应用得十分广泛。但玻璃管的耐压能力有限，使用工作压力不宜超过1.6MPa。为防止玻璃管破碎喷水伤人，玻璃管外通常装设有耐热的玻璃防护罩。玻璃板式液面计比起玻璃管式液面计，能耐更高的压力和温度，不易泄漏，但结构较为复杂，多用于高压锅炉。

液面报警器用于在锅炉液面异常(高于最高安全液面或低于最低安全液面)时发出警报，提醒运行人员采取措施，消除险情。额定蒸发量≥2t/h 的锅炉，必须装设高低液面报警器，警报信号应能区分高低液面。

2. 锅炉运行安全

运用锅炉的单位，应建立以岗位责任制为主的各项规章制度。锅炉上水、点火、升压、运行和停炉要严格按照有关操作规程进行。

(1) 点火和升压

锅炉点火前必须进行汽水系统、燃烧系统、风烟系统、锅炉本体和辅机系统的全面检查，确定完好。每个阀门处在点火前正确位置，风机和水泵冷却水畅流、润滑正常，安全附件灵敏、可靠，才可以进行点火准备工作。

锅炉点火是在做好点火前的一切准备工作后进行的。锅炉点火所需的时间应根据炉型、燃烧方式、水循环等情况确定。由于锅炉燃用燃料和燃烧方式不同，点火时的注意事项各异。燃用不同燃料锅炉点火安全要求列于表5-4。

表 5-4　不同燃料的锅炉的点火安全要求

燃料种类	点火安全要求
燃油锅炉	1. 点火前必须对烟道和炉膛系统，采用强制通风的方式进行置换，务必将可能积存的油气或可燃气彻底排净； 2. 点火时应保持炉膛负压(30~50Pa)或所需数值； 3. 点火时人不能正对点火孔，应从侧面引燃； 4. 严禁先喷油，后插火把，用蒸汽雾化燃烧器，还应先排除冷凝水； 5. 若一次点火不着或运行中突然灭火，必须先关闭油阀，按照通风换气，重新点火
燃气锅炉	1. 点火前必须强制通风置换，保持炉膛负压(50~100Pa)不少于 5min； 2. 通风置换前，严禁明火带入炉膛和烟道中，点火时炉膛负压维持在(30~50Pa)； 3. 若一次点火不着必须立即关闭燃气阀，停止进气，待通风换气后重新点火，严禁用炉膛余火二次点火
燃煤锅炉	1. 点火前一般采用自然通风，彻底通风 10~15min； 2. 点火时如自然通风不足，可启动引风机； 3. 点火有困难时，可在靠近烟囱底部堆烧木柴，保持通风
燃煤粉锅炉	1. 点火前应对一次风管逐根吹扫，每根吹扫 2~3min，以清除管内可能积存的煤粉； 2. 点火前必须强制通风置换，保持炉膛压力负压(50~100Pa)不少于 5min； 3. 若一次点火不着或发生熄火，应立即停止送粉，并对炉进行了充分通风换气后，再次点火

锅炉点火后，受热面被加热，水冷壁和对流管束中不断产生蒸汽，由于主蒸汽阀门关闭，压力不断升高，此即为升压过程。为使锅炉各部件冷热均匀，胀缩一致，进水、点火、升压都要缓慢进行。新装或检修后的锅炉，点火升压后汽压在 0.1~0.2 MPa 间允许对拆动过的螺栓紧一次。紧固螺栓时应保持汽压稳定，要用力均匀、逐只对称上紧；站位得当，防止蒸汽外泄烫伤。在升压过程中，应注意炉墙及各部件的热膨胀情况，不得有异常变形和裂纹。

（2）并炉和送气

当两台或两台以上锅炉共用一条蒸汽母管或接入同一分汽缸时，点火升压锅炉与母管或分汽缸联通称为并炉。并炉前要进行暖管，即用蒸汽将冷的蒸汽管道、阀门等均匀加热，并把蒸汽凝成的水排掉。并炉应在锅炉汽压与蒸汽母管汽压相差 0.05~0.10MPa 时进行。

送汽时应该先缓开主汽门（有旁路的应先开旁通门），等汽管中听不到汽流声时，才能大开主汽门。主汽门全开后回旋一圈，再关旁通门。并炉时应注意水位、汽压变动，若管道内有水击现象应疏水后再并炉。

（3）正常运行维护

锅炉正常运行时，主要是对锅炉的水位、汽压、汽水质量和燃烧情况进行监视和控制。锅炉水位波动应在正常水位范围内。水位过高，蒸汽带水，蒸汽品质恶化，易造成过热器结垢，影响汽机的安全；水位过低，下降管易产生汽柱或汽塞，恶化自然循环，易造成水冷壁管过热变形或爆破。

在锅炉运行中要保持汽压的稳定。对蒸汽加热设备，汽压过低，汽温也低，影响传热效果；汽压过高，轻者使安全阀动作，浪费能源，并带来噪声；重者则易超压爆炸。此外，汽压变化应力求平缓，汽压陡升、陡降都会恶化自然循环，造成水冷壁管损坏。

为了保证锅炉传热面的传热效能，锅炉在运行时必须对易积灰面进行吹灰。吹灰时应增大燃烧室的负压，以免炉内火焰喷出烧伤人。为了保持良好的蒸汽品质和受热面内部的清洁，防止发生汽水共腾和减少水垢的产生，保证锅炉安全运行，必须排污，给水也应预先处理。

（4）停炉保养

锅炉停炉有正常停炉和事故停炉两种情况。正常停炉，应按锅炉安全操作规程的规定进行。首先停止供给燃料、停止送风、减低引风。随负荷逐渐降低减少上水。停止供汽后开启过热器出口联箱疏水门和排汽门，冷却过热器以避免锅内压力继续升高。锅筒内水温降至70℃以下时，方可放水。随着炉温的降低，应及时除灰和清理受热面上的积灰。

事故停炉也称作紧急停炉。停炉步骤是：首先停止供给燃料、停止送风、减低引风。接着熄灭和清除炉膛内的燃料，然后打开炉门、灰门、烟风道闸门等以冷却锅炉，最后切断锅炉同蒸汽总管的联系。为了加速锅炉冷却，除严重缺水事故外，可向锅炉进水、放水。

锅炉停炉后，为防止腐蚀必须进行保养。常用的方法有干法、湿法和热法三种。

① 干法保养

干法保养只用于长期停用的锅炉。正常停炉后，水放净，清除锅炉受热面及锅筒内外的水垢、铁锈和烟灰，用微火将锅炉烘干，放入干燥剂。而后关闭所有的门、孔，保持严密。1个月之后打开人孔、手孔检查，若干燥剂成粉状、失去吸潮能力，则更换新干燥剂。视检查情况决定缩短或延长下次检查时间。若停用时间超过3个月，则在内外部清扫后，受热面内部涂以防锈漆，锅炉附件也应维修检查，涂油保护，再按上述方法保养。

② 湿法保养

湿法保养也适用于长期停用的锅炉。停用后清扫内外表面，然后进水（最好是软水），将适量氢氧化钠或磷酸钠溶于水后加入锅炉，生小火加热使锅炉外壁面干燥，内部由于对流使各部位碱浓度均匀，锅内水温达 80~100℃ 时即可熄火。每隔 5 天对锅内水化验一次，控制其碱度在 5~12mg/L 范围。

③ 热法保养

停用时间在 10 天左右宜用热法保养。停炉后关闭所有风、烟道闸门，使炉温缓慢下降，保持锅炉汽压在大气压以上（即水温在 100℃ 以上）即可。若汽压保持不住，可生小火或用运行锅炉的蒸汽加热。

3. 锅炉常见事故及处理

（1）水位异常

① 缺水

缺水事故是最常见的锅炉事故。当锅炉水位低于最低许可水位时称作缺水。在缺水后锅筒和锅管被烧红的情况下，若大量上水，水接触到烧红的锅筒和锅管会产生大量蒸汽，汽压剧增会导致锅炉烧坏、甚至爆炸。

缺水原因：违规脱岗、工作疏忽、判断错误或误操作；水位测量或警报系统失灵；自动给水控制设备故障；排污不当或排污设施故障；加热面损坏；负荷骤变；炉水含盐量过大。

预防措施：严密监视水位，定期校对水位计和水位警报器，发现缺陷及时消除；注意缺水现象的观察，缺水时水位计玻璃管（板）呈白色；严重缺水时严禁向锅炉内给水；注意监视和调整给水压力和给水流量，与蒸汽流量相适应；排污应按规程规定，每开一次排污阀，时间不超过 30s，排污后关紧阀门，并检查排污是否泄漏；监视汽水品质，控制炉水含量。

② 满水

满水事故是锅炉水位超过了最高许可水位，也是常见事故之一。满水事故会引起蒸汽管道发生水击，易把锅炉本体、蒸汽管道和阀门震坏；此外，满水时蒸汽携带大量炉水，使蒸汽品质恶化。

满水原因：操作人员疏忽大意，违章操作或误操作；水位计缺陷及水连管堵塞；自动给水控制设备故障或自动给水调节器失灵；锅炉负荷降低，未及时减少给水量。

处理措施：如果是轻微满水，应关小鼓风机和引风机的调节门，使燃烧减弱；停止给水，开启排污阀门放水；直到水位正常，关闭所有放水阀，恢复正常运行。如果是严重满水，首先应按紧急停炉程序停炉；停止给水，开启排污阀门放水；开启蒸汽母管及过热器疏水阀门，迅速疏水；水位正常后，关闭排污阀门和疏水阀门，再生火运行。

（2）汽水共腾

汽水共腾是锅炉内水位波动幅度超出正常情况，水面翻腾程度异常剧烈的一种现象。其后果是蒸汽大量带水，使蒸汽品质下降；易发生水冲击，使过热器管壁上积附盐垢，影响传热而使过热器超温，严重时会烧坏过热器而引发爆管事故。

汽水共腾原因：锅炉水质没有达到标准；没有及时排污或排污不够，造成锅水中盐碱含量过高；锅水中油污或悬浮物过多；负荷突然增加。

处理措施：降低负荷，减少蒸发量；开启表面连续排污阀，降低锅水含盐量；适当增加下部排污量，增加给水，使锅水不断调换新水。

（3）燃烧异常

燃烧异常主要表现在烟道尾部发生二次燃烧和烟气爆炸。多发生在燃油锅炉和煤粉锅炉内。这是由于没有燃尽的可燃物，附着在受热面上，在一定的条件下，重新着火燃烧。尾部燃烧常将省煤器、空气预热器、甚至引风机烧坏。

二次燃烧原因：炭黑、煤粉、油等可燃物能够沉积在对流受热面上是因为燃油雾化不好，或煤粉粒度较大，不易完全燃烧而进入烟道；点火或停炉时，炉膛温度太低，易发生不完全燃烧，大量未燃烧的可燃物被烟气带入烟道；炉膛负压过大，燃料在炉膛内停留时间太短，来不及燃烧就进入尾部烟道。尾部烟道温度过高是因为尾部受热面粘上可燃物后，传热效率低，烟气得不到冷却；可燃物在高温下氧化放热；在低负荷特别是在停炉的情况下，烟气流速很低，散热条件差，可燃物氧化产生的热量积蓄起来，温度不断升高，引起自燃。同时烟道各部分的门、孔或风挡门不严，漏入新鲜空气助燃。

处理措施：立即停止供给燃料，实行紧急停炉，严密关闭烟道、风挡板及各门孔，防止漏风，严禁开引风机；尾部投入灭火装置或用蒸汽吹灭器进行灭火；加强锅炉的给水和排水，保证省煤器不被烧坏；待灭火后方可打开门孔进行检查。确认可以继续运行，先开启引风机 10~15min 后再重新点火。

（4）承压部件损坏

① 锅管爆破

锅炉运行中，水冷壁管和对流管爆破是较常见的事故，性质严重，需停炉检修，甚至造成伤亡。爆破时有显著声响，爆破后有喷汽声；水位迅速下降，汽压、给水压力、排烟温度均下降；火焰发暗，燃烧不稳定或被熄灭。

发生此项事故时，如仍能维持正常水位，可紧急通知有关部门后再停炉，如水位、汽压均不能保持正常，必须按程序紧急停炉。

发生这类事故的原因一般是水质不符合要求，管壁结垢或管壁受腐蚀或受飞灰磨损变薄；升火过猛，停炉过快，使锅管受热不均匀，造成焊口破裂；下集箱积泥垢未排除，阻塞锅管水循环，锅管得不到冷却而过热爆破。

应采取的预防措施是，加强水质监督；定期检查锅管；按规定升火、停炉及防止超负荷运行。

② 过热器管道损坏

过热器附近有蒸汽喷出的响声；蒸汽流量不正常，给水量明显增加；炉膛负压降低或产生正压，严重时从炉膛喷出蒸汽或火焰；排烟温度显著下降。发生这类事故的原因一般是，水质不良，或水位经常偏高，或汽水共腾，以致过热器结垢；引风量过大，使炉膛出口烟温升高，过热器长期超温使用；也可能烟气偏流使过热器局部超温；检修不良，使焊口损坏或水压试验后，管内积水。

事故发生后，如损坏不严重，又生产需要，待备用炉启用后再停炉，但必须密切注意，不能使损坏恶化；如损坏严重，则必须立即停炉。控制水、汽品质；防止热偏差；注意疏水；注意安全检修质量，即可预防这类事故。

③ 省煤器管道损坏

沸腾式省煤器出现裂纹和非沸腾式省煤器弯头法兰处泄漏是常见的损害事故，最易造成锅炉缺水。事故发生后的表象是，水位不正常下降；省煤器有泄漏声；省煤器下部灰斗有湿灰，严重者有水流出；省煤器出口处烟温下降。

处理办法是，沸腾式省煤器：加大给水，降低负荷，待备用炉启用后再停炉；若不能维持正常水位则紧急停炉；并利用旁路给水系统，尽力维持水位，但不允许打开省煤器再循环系统阀门。非沸腾式省煤器：开启旁路阀门，关闭出入口的风门，使省煤器与高温烟气隔绝；打开省煤器旁路给水阀门。

事故原因：给水质量差，水中溶有氧和二氧化碳发生内腐蚀；经常积灰，潮湿而发生外腐蚀；给水温度变化大，引起管道裂缝；管道材质不好。控制给水质量，必要时装设除氧器；及时吹铲积灰；定期检查，做好维护保养工作，即可预防这类事故。

通过上面对锅炉常见事故的分析，可以将锅炉事故的原因总结为以下几类：

① 设计制造方面的原因。锅炉结构不合理，材质不符合要求，焊接质量不佳，受压元件强度不够以及其他由于设计制造不良等。

② 运行管理方面的原因。违反劳动纪律，违章作业，超过检验期限，没有进行定期检查，操作人员不懂技术，无水质处理设施或水质处理不好以及其他管理不妥等。

③ 锅炉的必要附件，如液位计、安全阀等重要附件不全不灵。

④ 安装、改造和检修的质量不好等。

4. 锅炉给水水质保障

水是锅炉的主要工质之一，水质优劣直接影响着锅炉设备的安全经济运行。根据锅炉事故分析，水质不良造成的锅炉事故约占锅炉事故总数的40%以上。因此，在锅炉运行管理中，必须作好水处理及水垢的清除工作。

（1）水中杂质危害及水处理

天然水中含有大量杂质，未经处理的水应用于锅炉，就容易形成水垢、腐蚀锅炉、恶化蒸汽质量等。各种杂质的危害主要表现在以下一些方面：

① 氧　存在于水中的氧对金属具有腐蚀作用，水温在60~80℃之间，还不足以把氧从水中驱出，而氧腐蚀速率却大大增加。水的pH值对氧腐蚀有很大影响，pH<7，促进溶解氧的腐蚀；pH>10，氧腐蚀基本停止。水中溶解氧是锅炉腐蚀的主要原因。

② 二氧化碳　水中二氧化碳含量较高时则呈酸性反应，对金属有强烈的腐蚀作用。水中的二氧化碳还是使氧腐蚀加剧的催化剂。

③ 硫化氢　水中的硫化氢会引起锅炉的严重腐蚀。

④ 钙、镁　水中的钙、镁一般以碳酸氢盐、盐酸盐、硫酸盐的形式存在，是造成锅炉受热面结垢的主要原因。

⑤ 氯离子　炉水中氯根超过800~1200mg/L时，可造成锅炉腐蚀。

⑥ 二氧化硅　二氧化硅能和钙、镁离子形成非常坚硬、不易清除的水垢。

⑦ 硫酸根　给水中的硫酸根进入锅炉后与钙、镁结合，在受热面上生成石膏质水垢。

⑧ 其他杂质　碳酸钠、重碳酸钠进入锅炉后，受热分解，产生氢氧化钠使炉水碱度增加，分解产物中的二氧化碳又是一种腐蚀性气体。炉水碱度过高会引起汽水共腾，也可能在高应力部位发生苛性脆化。有机介质进入锅炉，受热分解会造成汽水共腾，并产生腐蚀。

水处理包括锅炉外水处理和锅炉内水处理两个步骤：

① 锅炉外水处理 天然水中的悬浮物质、胶体物质以及溶解的高分子物质，可通过凝聚、沉淀、过滤处理；水中溶解的气体可通过脱气的方法去除；水中溶解的盐类常用离子交换法和加药法等进行处理。

② 锅炉内水处理 向锅炉用水中投入软水药剂，把水中杂质变成可以在排污时排掉的泥垢，防止水中杂质引起结垢。此法对低压锅炉，防垢效率可达80%以上；但对压力稍高的锅炉，效果不大，仅可作为辅助处理方法。

（3）水垢的危害及清除

锅炉水垢按其主要组分可分为碳酸盐水垢、硫酸盐水垢、硅酸盐水垢和混合水垢。碳酸盐水垢主要沉积在温度和蒸发率不高的部位及省煤器、给水加热器、给水管道中；硫酸盐水垢(又称石膏质水垢)主要积结在温度和蒸发率最高的受热面上；硅酸盐水垢主要沉积在受热强度较大的受热面上。硅酸盐水垢十分坚硬，难清除，导热系数很小，对锅炉危害最大。由硫酸钙、碳酸钙、硅酸钙和碳酸镁、硅酸镁、铁的氧化物等组成的水垢称混合水垢，根据其组分不同，性质差异很大。

水垢不仅浪费能源，而且严重威胁锅炉安全。水垢的导热系数比钢材小得多，所以水垢能使传热效率明显下降，排烟温度上升，锅炉热效率降低。

由于结垢，需要定期拷铲或化学除垢，而除垢会引起机械损伤或化学腐蚀，缩短锅炉寿命。而且，结垢也是锅炉受热面过热变形或爆裂的主要原因。

因为无论采用哪种水处理方法，都不能绝对清除水中的杂质。在运行锅炉中不可避免地有一个水垢生成过程。因此，除采用合理的水处理方法外，还要及时清除锅炉内产生的水垢。目前，清除水垢有手工除垢、机械除垢和化学除垢三种方法。

① 手工除垢

采用特制的刮刀、铲刀及钢丝刷等专用工具清除水垢。这种方法只适用于清除面积小、结构不紧凑的锅炉结垢，对于水管锅炉和结构紧凑的火管锅炉管束上的结垢，则不易清除。

② 机械除垢

主要采用电动洗管器和风动除垢器。电动洗管器主要用于清除管内水垢，风动除垢器常用的是空气锤和压缩空气枪。

③ 化学除垢

化学除垢常称为水垢的"化学清洗"，是目前比较经济、有效、迅速的除垢方法。化学清洗是利用化学反应将水垢溶解除去的方法。清洗过程是水垢与化学清洗剂反应，不断溶解，不断用水带走的过程。由于所加的化学清洗剂及其反应性质不同，故有不同的化学清洗方法。主要有盐法、酸法、碱法、螯合剂法、氧化法、还原法、转化法等。目前用得较多的是酸法和碱法。

二、其他供热系统安全技术

1. 有机热载体炉安全技术

有机热载体加热炉是以煤、油、气体、电为燃料，以导热油为介质，利用循环油泵，强制导热油进行液相循环，将热能输送给用热设备后，再返回加热炉重新加热。有机热载体炉具有低压（常压下或较低压力）、高温（300℃左右）、安全、高效、节能的特点，可以精密地控制工作温度，无需水处理设备，系统中热的利用率高，运行和维修方便，便于锅炉房布置。

固定式有机热载体炉可分为气相炉和液相炉。气相炉的压力是因有机热载体汽化而形成的，因此气相炉是承压的；液相炉及系统中的压力是循环泵的压头形成的，液相炉本身并不承受压。有机热载体炉仍属于受监察设备，这种设备的危险性在于爆炸和泄漏引起火灾事故。例如1999年8月10日某化工厂正在升温运行的一台有机热载体炉突然发生爆炸，锅壳与下脚圈和冲天管连接焊缝全部开裂，造成一人死亡，原因是质量不合格，结构不合理，锅壳最高处无排气阀，密封性不好等。又如1999年7月某化工企业一台型号为DSSZL3.5-1.0/320-W有机热载体气相炉发生爆管，引起火灾，造成经济损失30万元，原因为设计液位低，安装时应该保温的管子没有保温，两个原因造成水平对流管干烧爆管。

（1）有机热载体炉危险因素分析

① 质量问题

近几年来，随着我国经济的发展，有机热载体炉的使用越来起广泛，数量越来越多，生产厂家迅速发展，而且也很混乱。据调查，全国生产有机热载体炉厂近70家：这些厂家有的是无锅炉制造许可证，有的无压力容器制造许可证，有的既无锅炉制造许可证也无压力容器制造许可证，而后者竟占40%。由于大多数厂家不具有的生产资格，因此会引发有机热载体炉质量的问题，如焊接质量不合格、结构不合理、强度不足、安全附件存在问题等，从而产生了一些不必要的事故。

② 热载体变质

有机热载体热稳定性和氧化安定性是评价导热油的两个重要指标，使用过程中会发生氧化反应和热裂解反应。液相强制循环热载体炉最容易发生热载体过早变质问题，甚至仅使用一两年就变质老化，不仅造成重大经济损失，还会导致锅炉受热面过热、爆管，进而引起火灾。

造成导热油变质的原因有：

① 局部过热发生热裂解。导热油超过其规定的最高使用温度便会局部过热，产生热分解和缩聚，析出碳，闪点下降，颜色变深，黏度增大，残炭含量升高，传热效率下降，结焦老化。

② 氧化。导热油与空气中的氧气接触发生氧化反应，生成有机酸并缩聚成胶泥，使黏度增加，不仅降低介质的使用寿命，而且造成系统酸性腐蚀，影响安全运行。导热油的氧化速度与温度有关，在70℃以下，氧化不明显，超过100℃时，随着温度的升高，导热油氧化速度加快，并迅速失效。

导热油使用多年后，一方面由于受热分解、碳聚合形成炉管结焦，使管内径缩小而造成导热油流量降低，循环泵克服的阻力增大，严重时会导致堵塞炉管；另一方面生成的大分子缩合物使导热油的黏度增高，炉管结焦，热阻增大会导致炉管寿命降低。

③ 循环泵不配套。导热油系统采用的循环泵小，导致导热油的流速出降低，影响传热。再者，循环泵的磨损造成理论的泵输送量的降低，也减少了导热油的循环速度。

④ 法兰连接、焊接质量、密封存在问题。有机热载体炉元件之间应尽量采用焊接连

接，以防止渗漏。一些产品仍然采用法兰连接。一些生产厂家对炉管的主焊缝仍采用手工电弧焊，难以保证焊接质量，而且焊缝外观形状、几何尺寸也较差，而且易发生泄漏事故。如果必须采用法兰连接，法兰连接处是泄漏的主要薄弱环节，密封不当会引起火灾、中毒事故。

⑤ 超压。在启动过程中，随着有机热载体的加热，溶解在其中的其他气体或水分逐渐分离出来，可能造成超压和爆沸事故。加入导热油中水分大量蒸发而造成油路气塞、循环不畅，引起爆沸事故。对于气体炉，联苯中如含有水分，在启动加热升压时，水分迅速汽化，炉内的压力急剧上升而导致无法控制的程度，引起爆炸事故，我国曾发生过多起此类事故。

⑥ 安全附件缺无、不齐、失灵。有的有机热载体炉没有按规定安装安全阀、液面计、自动保护装置，或已经按规定安装安全附件，但没有定期检验和检查，处于失灵状态，由此也曾酿成过爆炸和泄漏火灾事故。

(2) 有机热载体炉安全控制措施

① 生产厂家必须具有制造许可证

有机热载体炉生产厂家必须具有制造许可证，使用厂家也必须购买具有生产资质的厂家生产的产品。

② 有机热载体炉的强度计算和结构设计方面

所有的气相炉都是承压的，而液相炉则分为承压注入式和不承压抽吸式两种。有机热载体炉的元件不论承压与否，均应按现行锅炉强度计算标准进行计算，其设计压力为工作压力加 0.3 MPa，且不小于 0.59MPa。除设计压力外，其计算公式、参量的选取、系数的确定都按《水管锅炉受压元件强度计算》和《锅壳壳式锅炉受压元件强度计算》相应标准进行。

结构设计、产品焊缝机械性能试验必须满足《有机热载体炉安全技术监察规程》要求。

③ 压力试验

有机热载体炉在制造单位组装后以及在使用单位安装、修理后均进行压力试验。

压力试验分为水压试验、液压试验和气密性试验。无论是气体炉还是液体炉，在制造单位均要进行水压试验，在使用单位只能进行液压试验，不宜进行水压试验。对于气体炉，在制造单位和使用单位还要进行气密性试验，检查非焊接连接部位的密封情况。气密试验方法和要求参照压力容器的有关规定进行。对于液体炉，均不要求进行气密性试验。

气密性试验的试验压力取气体炉的工作压力；水压试验压力取有机热载体炉工作压力的 1.5 倍。

④ 严格控制焊接质量

由于有机热载体易渗漏、易燃烧，对有机热载体炉焊接要求比以水为介质锅炉要求高，应严格控制焊接质量，焊接要求和无损探伤必须满足《有机热载体炉安全技术监察规程》的要求。

⑤ 安全装置要齐全、灵敏、可靠

安全阀、液面计、压力表、温度计、排污装置、膨胀器、自动保护装置等的选取、安装、检验、维护必须满足《有机热载体炉安全技术监察规程》的有关规定。

（3）避免导热油变质的措施

① 保证导热油质量　对有机热载体的性能指标严格控制，主要有黏度、闪点、残炭、酸值。

② 控制导热油的流速　导热油在热油炉中的流动应为稳定状态，并具有一定的流速。流速越慢，边界层越厚，该处介质温度与主流温度之差越大，就会造成管壁超温，加速导热油变质、失效。主要措施为循环油泵的流量与杨程应保证导热油在热油炉中必要的流速。热油炉运行中，循环油泵不允许停止，泵的应定期维护保养。

③ 控制导热油的温度　应保证热油炉出口处导热油的温度不得超过最高使用温度，热油炉的最高膜温应小于允许油膜温度，膜温与导热油主流体温度应始终存在一个温度差（一般 $20 \sim 30 ℃$ ）。为防止膜温过高，避免导热油分解、聚合、结焦及老化，主要措施有：

a. 开始点火升温时，因油温低，黏度大，油膜较厚，必须严格控制升温速度，一般应在 $40 \sim 50 ℃/h$ 以下，火焰应均匀，避免局部热负荷集中。

b. 在热负荷降低或暂时停用时应打开旁路回油调节阀，调节系统流量，使热油炉管内的导热油具有足够的流量和流速。

c. 任何情况下均不允许超负荷运行。

d. 正常停炉时，循环泵要继续运转一段时间，打开旁路，以使导热油继续流动，停止送风、引风，待油温降至 $100 ℃$ 以下时，循环油泵方可停转。

e. 有机热载体炉应定期清灰。

f. 定期检查、检验、维护热油炉监测仪表，使其灵敏、准确、可靠。

④ 避免导热油氧化　通常设置高位膨胀槽，用以隔绝高温热载体直接与空气接触。高位槽可充氮保护，无充氮保护的，应保持一定液位，并装有最低液位报警器。

⑤ 在循环泵入口处应装过滤器　在循环泵入口处应装过滤器，滤芯材料应能滤去悬浮状态的聚合物。过滤器应便于拆卸、更换。

⑥ 停电保护　突然停电时，必须采取有效的安全防护措施，避免导热油超温、受热面金属发生过热，主要措施有：

a. 打开所有炉门，迅速将炉膛内的燃料取出，使大量冷风进入炉膛，迅速降低炉温。同时迅速关闭出油总阀，打开放油阀门，将高温油缓慢放入储油槽，并让膨胀油槽中的冷油慢慢流入锅炉，及时带走热量。

b. 配置备用电源或汽油机带动的备用油泵，一旦停电立即起动。

⑦ 定期化验　应定期测定和分析导热油理化指标，及时掌握油的品质变化情况，分析变化原因。有机热载体在使用过程中每项性能指标值超过一定范围，必须更新或再生，否则不能再继续使用。

⑧ 补充新油　定期适当补充新导热油可以使系统中的残油量基本保持稳定。补充的导热油应为同一厂家生产的同一牌号产品，不同的有机热载体不宜混合使用。在热态运转的系统内，不能直接加入未经脱水的冷介质。加入锅炉中的导热油必须预先煮过以排除水分。

⑨ 定期清洗　对导热油系统进行彻底清洗，清除管壁内的积炭，以降低炉管阻力。

（4）运行管理控制

① 用单位应根据《有机热载体炉安全技术监察规程》的要求制定运行操作规程，并严格执行。操作人员必须经培训合格，持证上岗。

② 确保法兰连接密封性能好，应采用槽式法兰或平焊钢法兰，而且公称压力不低于 1.6MPa。如果有机热载体使用温度超过 300℃时，应选用公称压力高一档的法兰。所有非焊接连接部件的密封填料不准采用石棉制品，推荐采用金属网缠绕石墨垫片或膨胀石墨复合垫片。

③ 有机热载体炉在启动中要反复打开排气阀，用来清除炉中的空气、水与有机热载体混合蒸汽。

④ 有机热载体炉应根据规定进行检验，对检验中发现的问题及时处理。

2. 管道加热炉安全技术

管道加热炉是用火焰加热输送管道中的原油、天然气、水及其混合物等介质的专用设备。一般按结构形式分为火筒式加热和管式加热炉。

火筒式加热炉是在金属圆筒壳体内设置火筒传递热量的一种专用设备。分为火筒式直接加热炉和火筒式间接加热炉。前者简称火筒炉，是将被加热介质放在壳体内由火筒直接加热。后者将被加热介质放在壳体内的盘管中，由中间载热体加热，而中间载热体由火筒直接加热。

中间载热介质为水的火筒式间接加热炉简称水套炉。按壳程承压的高低，将水套炉分为：承压水套炉——壳程最高工作压力大于或等于 0.1MPa（表压，不含液体静压力，下同）；常压水套炉——壳程最高工作压力小于 0.1MPa。

管道加热炉安全技术要点应包括：

（1）严格执行安全操作规程

加热炉的使用单位，应根据生产工艺要求和加热炉的技术性能制定加热炉的安全操作规程，并严格执行。安全操作规程应包括下列内容：

① 加热炉的热负荷、额定处理量、最小处理量、介质进出口温度、介质（壳程、管程）允许最高工作压力、最高或最低工作温度等工艺操作指标；

② 加热炉的操作方法，开、停炉的操作程序和注意事项；

③ 加热炉运行中应重点检查的项目和部位，运行中可能出现的异常现象和防止措施，以及紧急情况的处置和报告程序；

④ 加热炉停用时的封存和保养方法。

（2）保证运行安全

① 加热炉使用过程中不应超温、超压运行，不应频繁突然升温、降温。

② 加热炉运行时，操作人员应严格遵守安全操作规程和岗位职责，定时、定点、定线进行巡回检查，并做好操作运行记录。

③ 加热炉用水应采取必要的防腐、防垢措施。

④ 加热炉运行时，若出现下列任一情况应立即停炉，并按规定的报告程序及时向有关部门报告：

a. 工作压力、介质温度、管式加热炉炉膛温度超过规定值，采取措施仍得不到有效控制；

b. 低液位报警，采取措施得不到有效控制，或虽未报警但液面计无指示；

c. 主要受压元件发生裂缝、变形、渗漏等危及安全的现象；

d. 安全附件失效；

e. 接管、紧固件损坏，难以保证安全运行；

f. 燃烧装置损坏、衬里烧塌等；

g. 发生火灾，且直接威胁到加热炉的安全运行；

h. 加热炉与管道发生严重振动，危及安全运行；

i. 其他危及加热炉安全运行的异常情况。

（3）加强保养、定期检验

① 对备用或停用的加热炉应采取保护措施，做好保养工作。

② 加热炉的在线外部检查每年应进行一次。内外部检验、投入使用后首次检验周期不应超过 3 年；以后的内外部检验周期，由检验单位根据前次内外部检验情况与使用单位协商确定。

加热炉在线外部检查应包括：加热炉的保温层及设备铭牌是否完好；加热炉的外表面有无裂纹、变形、局部过热等现象；加热炉的受压元件有无渗漏；安全附件是否齐全、灵敏、可靠；自动点火和熄火保护装置是否灵敏、可靠；紧固螺栓有无松动；基础有无不均匀下沉、倾斜等现象；炉膛内部和燃烧道耐火衬里有无裂缝、松动或脱落；火管、炉管有无凹陷变形等。

加热炉的停炉内外部检验应包括：外部检查的全部项目；加热炉内外表面、开孔接管、弯头有无受介质腐蚀或冲刷磨损等现象；加热炉主要受压元件的全部焊接接头、封头过渡区和其他有应力集中的部位有无断裂或裂纹；管式加热炉的炉管和火筒式加热炉的壳本、火筒、盘管等通过检验发现较重腐蚀时，应对有怀疑的部位进行多处壁厚测量；检查、检测炉内主要部件的结垢情况。

第三节　化工供水系统安全工程

化工企业供水系统一般包括对生产和生活中需要的未经处理的生水、生活用水、杂用水、冷却水、锅炉给水以及消防水等水源的供应系统。化工企业供水系统的设置要根据生产和生活的需要、总的经济效益和环保要求来决定。

一、化工企业生产用水的一般要求

1. 水源要求

（1）化工企业生产用水应少用新鲜水，多用循环冷却水，并宜串联使用、重复使用。工厂生产用水中极大部分是作为物料和设备的冷却用水，如果将所有冷却水都采用循环冷却水，不仅可以节省水资源，而且有利于环境保护；经过水质处理过的循环冷却水，对设备的腐蚀及结垢速度都比新鲜水小，从而可以降低设备的维修费用，提高换热效率，降低成本。目前国内化工企业中，有相当一部分的冷却水还未做到全部循环使用；有的工厂完全可以用循环冷却水的仍然使用新鲜水，用过后也不加以回收利用。即使某些单元的生产中必须使用新鲜水时，应在设计中把用过的新鲜水再供其他用水设备使用，或经回收处理后使用。如供给锅炉的水，可以先经过一些冷却器或冷凝器使用，这样既可以节约冷却水的用量，又可以回收一些热能。

（2）采用海水做冷却水、消防水时，应有防止海水对设备和管道的腐蚀、水生物在设备和管道内繁殖以及排水对海洋污染等的措施。海水对冷却设备的腐蚀比较严重。海水中有些微生物进入冷却器后，由于水温的提高，水生生物生长比较迅速，极易堵塞设备和管道。因此在使用海水作为冷却水时，要特别注意这两点。如果冷却设备有渗漏物料且会产生污染时，亦应有防范措施。

（3）工厂给水系统的划分应根据用户对水质、水压及水温的要求，结合水源特点综合确定。在生产过程中，当用户对水质、水压及水温的要求不同时，可根据具体情况，划分为几个供水系统，从而节省工厂的运行费用。如果供水水源的水质比较好，且满足生活饮用水标准，工厂内的生活饮用水可以与生产给水合并成一个给水系统。

（4）对于不能使用循环冷却水而必须使用生产给水的冷却设备（如要求水温低，循环冷却水不能满足要求），其用过的水仅温度升高，水质尚未污染，应加以重复利用。

2. 水质要求

（1）生活给水水质应符合 GB 5749《生活饮用水卫生标准》的规定。

（2）生产用水和循环冷却水的水质应符合 SH 3099《石油化工给水排水水质标准》的规定。

① 生产给水的主要水质指标宜符合下列要求：

pH 值	6.5~8.5
浊度	<3mg/L（有低硅水要求时，宜≤2mg/L）
Ca^{2+}	<175mg/L
Fe^{2+}	<0.3mg/L

② 敞开式循环冷却水的水质指标应根据换热设备的结构形式、材质、工况以及采用的水处理药剂配方等因素综合确定。当无试验数据与成熟经验时，可按下列指标控制：

pH 值	6.5~9.5
浊度	≤10mg/L
Ca^{2+}	30~500mg/L
Cl^- 碳钢	≤1000mg/L
不锈钢	≤700mg/L
Fe^{2+}	<0.5mg/L
$[SO_4^{2-}]$ 与 $[Cl^-]$ 之和	≤1500mg/L
$[Mg^{2+}]$ 与 $[SiO_2]$ 的乘积	<1500
游离氯（回水总管处）	0.5~1.0mg/L
石油类 炼油	≤10mg/L
化工、化纤、化肥	≤5mg/L

③ 敞开式循环冷却水的菌藻控制指标，宜符合下列要求：

异养菌总数	≤1×10⁵个/mL

铁细菌数　　　　　　　　≤100 个/mL

硫酸盐还原菌数　　　　　≤50 个/mL

真菌数　　　　　　　　　≤10 个/mL

粘泥量　炼油　　　　　　≤5mg/m³

化工、化纤、化肥　　　　≤3mg/m³

④ 敞开式循环冷却水的污垢热阻、腐蚀率宜符合下列指标：

污垢热阻　　　　　　　　$1.72 \times 10^{-5} \sim 3.0 \times 10^{-4} m^2 K/W$

冷换设备无明显点蚀现象

碳钢管腐蚀率　炼油　　　≤0.100mm/a

化工、化纤、化肥　　　　≤0.075mm/a

铜管、不锈钢管腐蚀率　　≤0.005mm/a

二、生水系统安全

生水系统的水源可以是江、湖或井，根据建厂地区的位置、水质和水的可得性而定。生水经一定处理后作为生活用水、杂用水、冷却水、锅炉给水和消防水供工厂生产应用。生水供应根据各个供水系统对水源的需要量而定。考虑到工厂投产后改造、扩建的可能，水源应有可以扩建的潜能。

进行生水系统设计时，要根据水源的水量和水质决定从江、湖取水时取水口的形式，储水池的形式和容量，是否需要水的预处理等。

生水供应系统由下列各部分组成：

① 采水设施。当从江，湖中采水时，采水口应设防止鱼、虾和其他杂物被吸入供水系统的过滤网。吸水口的位置应能满足采取设计水量及干净水质的要求，且投资和运行费应最低。

② 生水加压泵一般都设置备用泵。在泵组内容量最大的一台泵停止运转时，余下的输送能力仍需满足系统设计水量的要求。

③ 蓄水池，应根据需要决定其蓄水量。

④ 压力控制，应能控制干管和分配到不同水系统的压力。

⑤ 要有控制微生物生长的措施。

⑥ 管系内要设腐蚀试样点。

三、生活用水系统安全

生活用水只用于饮用、洗眼器、安全淋浴、洗手池和厕所，生活用水系统绝对不允许和工厂内其他任何水系统相接。生活用水量应根据设计的需要和建筑设计规范的要求而定。装置边界生活用水的供水压力一般不低于 $4.5 \times 10^5 Pa(G)$。生活用水是工厂运行中不可缺的一部分，可以在工厂内自设净化设备制备；在有条件时，也可用市政部门供应的自来水。生活用水的供水可靠性应不低于城市供水系统，但供应洗眼器和安全淋浴的水必须是不间断的。

设计生活用水系统时，应注意：

① 若由城市供水作为生活用水系统的水源，则设计生活用水系统的取水点时，应在城市供水系统的环网上取水，不要从盲肠支管上取水，以提高系统供水的可靠性。生活用水系统的入口要设带旁通的水流量计及就地压力指示计。

② 若取水于其他的水源，如湖水、江水、井水，则生活用水系统应包括生水供应管线，水的净化、处理设备和生活用水分配系统。在严寒地带，水的净化、处理设备应布置在室内，以免冰冻。

③ 生活用水的分配系统应是独立的，不受其他水系统的干扰和影响，其水管应埋在建厂地区的冰冻线以下，以免冻结。

④ 生活用水的水质必须满足建厂地区有关卫生标准的要求。

四、杂用水系统安全

杂用水主要用于厂区地面的冲洗、设备内体的清洗、碳钢设备和管线的水压试验；把杂用水用于不锈钢设备和管线的试压时，必须控制水中的含氯量。

杂用水系统的设计水量要满足短时间内单一用途的最高用量，但不得小于 $29m^3/h$，装置边界的入口压力不低于 $4.5\times10^5Pa(G)$。

杂用水的水源根据工程的具体情况而定，可以是水源系统提供的生水，亦可是城市水。当需要大量的水用于不锈钢设备试压或无其他更廉价的水源时，用城市供水作为杂用水的水源也是常有的。

杂用水系统的组成与供水的水源有关。当用城市供水作为水源时，城市供水需要加压能满足设在高处的公用工程软管的要求，故一般设带液面控制的储罐、带备用泵的加压泵供水干管的压力控制系统。当用工厂的生水系统作为水源时，由生水系统的供水压力决定统是否需要加压。

杂用水供水干管在进入装置边界处要设 Y 形过滤器。当用生水作为水源时，过滤器容易堵塞，需要两个过滤器并联设置。杂用水管线可以埋于地下或者设置在管架上。在严寒地区，要考虑管线的防冻，采用循环、伴热或其他防冻措施。

五、冷却水安全

冷却水只用于换热器式的冷却器和冷凝器，并根据经济性和可行性决定采用江、湖水一次使用，还是采用冷却塔内水降温循环使用。当采用后者时，冷却水系统应是闭式系统。冷却水系统的设计水量应是冷却水总消耗量的125%。冷却水在工艺装置边界的供水压力一般为 $4.2\sim4.9\times10^5Pa(G)$，回水压力不低于 $2.8\times10^5Pa(G)$。冷却塔循环冷却水供回水温度的决定与建厂地区的设计湿球温度和其他经济因素有关，一般供水温度比当地夏季空气设计湿球温度高 $5\sim6℃$，供回水的温度差为 $15\sim20℃$。

在决定冷却塔的尺寸时，各项设计参数不要留有余地，即送水温度、回水温度、设计湿球温度都不要留有余地，但在决定冷却水量时应加25%的富裕量，为了节省能量，也为了在冬天避免冷却塔的冰冻，冷却塔要设温度控制器，以控制风机的操作。

设计冷却水循环系统时，要保证在供电发生故障时系统仍可循环，还要考虑防冻，在冷却水供、回水干管的末端设一 D_g50 的旁通阀。

循环冷却水系统一般由下列部分组成：冷却塔、补给水系统(补到冷却塔水池，由冷却塔水池的液面控制补给水量)、冷却水循环泵、冷却水过滤器(设在冷却水回水管上)、化学药品加入设施、冷却水分配系统、腐蚀检测点(一般设在冷却水分配系统回水管的末端和系统中部)。

在决定冷却塔的位置的，要考虑主导风向的影响，把冷却塔布置在主导风向的下风向。冷却塔正常操作时，其水池高低水位间的蓄水量应为 10min 的冷却塔设计处理水量，再加上 200mm 的富裕高度，即水池约有 30min 操作水量的蓄水量。这就是说，在冷却塔风机发生故障时，冷却水循环系统仍有 30min 的有效供水时间。冷却塔水池也可作为工厂的消防水池用。循环水回水管接往冷却塔的支管要设阀门，以便任何一个冷却塔都可以切断进行检修，冷却塔水池应能进行在线清理，故设计中要采取下列措施来保证水池的有效清理：

① 水池的底部应从水泵吸入口一侧向外坡，这样在冷却塔运行中也可以清理水池底的污泥。

② 水池应设可调节的溢流或堰，以免沉淀的污泥进入泵的吸入口。

③ 泵的吸入口设双水道，并各自设置过滤网，以免因清理脏物而影响泵的正常运行，过滤网应为双层，不会因插入或取出任一过滤网而影响泵的正常运行。

④ 当过滤网尺寸过大，靠一个人的体力难以举起时，可以使用吊柱，葫芦、电动工具等。

⑤ 循环水泵吸入口过滤网安装位置附近要设滤网清理区，并在地面设排水地漏和杂物堆积处，以便于清理滤网。附近要有道路，以便把从滤网清理下来的杂物及垃圾运走。

滤网清理区要设公用工程软管站，包括压缩空气、水和蒸汽，同时还要设置电插座，供小型电动工具用。

⑥ 冷却循环水要加入药物来控制水质。常用的药物有防腐剂、杀菌剂、防冻剂等添加剂。

冷却水通过冷却塔降温后循环使用。冷却塔的冷却原理是将冷却水雾化，增大与空气接触的表面，吸收蒸发热。一般来说，化工厂冷却塔的蒸发损失为 2%。

冷却水系统的循环水泵应有备用。当最大容量的一台水泵停止运行时，系统应仍能满足设计水量的要求。水泵的电源应由两个独立电源供应，或者用内燃机驱动备用泵。由于冷却水循环泵常布置在工厂的边缘，故一般不用蒸汽驱动。

布置冷却水分配系统时，冷却水干管的末端应用盲法兰封死，需要时可以打开，用水进行冲洗。接往冷却塔的回水管道上要设切断阀和放净阀，当对某个冷却塔进行维护检修时，其他冷却塔仍可继续运行。在进入冷却塔的回水管上要设一放空立管，在换热器渗漏时可泄出水中所含的烃类气体。冷却水干管上要设流量计量设施。

应根据经济因素决定冷却水管是地上敷设还是地下敷设。地上敷设时，要考虑管线的防冻，一般在换热器出入口切断阀前设置旁通，并在切断阀内侧设放净阀。供、回水干管的端部也应设置旁通循环阀。

加入化学药品的设备应布置在户内，附近要有各种添加剂的储存场地。注入化学添加剂的设备，其附近地面要进行防腐处理。当药品包装较大时，要设置吊装药品桶的设施，如单轨吊，以减轻工人的劳动强度。需要处理后才能加入的药品，应提供处理设施。

为了减少冷却塔的排污和化学药品的消耗，需要在补给水管上装设过滤设施。

六、锅炉给水安全

锅炉给水系统的设计必须保证不间断地供应锅炉或其他蒸汽发生设备水质合乎要求的水量。锅炉给水的水源可以是经过处理的生水、城市供水和蒸汽冷凝水，而蒸汽冷凝水的利用要视干净冷凝水回收的可能和经济性而定。

锅炉给水的水处理系统的选择，应当根据补给水的水质和锅炉给水的水质要求，结合水处理系统的投资和运行费用来考虑。一般 $4.5 \times 10^6 Pa(G)$ 以上的蒸汽锅炉给水用脱盐水系统比较合适。

锅炉给水系统的处理能力，往往取决于蒸汽发生系统所有锅炉的最大产汽能力加上排污量，蒸汽发生系统所有锅炉的连续额定蒸发量，加上水处理设备的反洗、再生软水器和过滤器所需的水量及锅炉排污量。

锅炉给水的水质要求与锅炉产生蒸汽的压力有关。锅炉给水系统的操作系统应能从公用工程控制室的控制盘上进行半自动或自动操作。

锅炉给水系统除了水处理设备外，尚需包括锅炉补给水水源、锅炉给水水箱、除氧器锅炉给水泵、化学药品储存和加药设施及锅炉水分配系统。在设计锅炉给水系统时，应有一定的操作弹性，以保证在正常运行和事故状态时系统运行的可靠性。对软水器、过滤器、离子交换器等设备，应当考虑其中一台在进行维护、反洗、再生和冲洗时，其他设备仍能满足锅炉给水的要求。对过滤器和离子交换器，当其中一台在反洗或再生，另一台进行计划维修时，应仍能满足处理水量的要求。

锅炉给水箱的容量至少应满足锅炉设计蒸发量时 4h 的供水，以保证在锅炉给水系统由于供电故障而不能连续工作时，锅炉系统仍能继续工作一段时间。锅炉给水箱平时应当储满，并与其他水源，如蒸汽冷凝水、城市供水系统相接，在事故时作为紧急补充水源。

一般情况下，锅炉给水系统设有一个全容量的除氧器。除氧器的容量应当满足锅炉给水的水量要求，除氧水箱从溢流液面到放空的容量至少应为 10min 的锅炉蒸发量。除氧器和除氧水箱都要按压力容器标准进行设计。除氧器内水的温度要加热到蒸汽的饱和温度，除氧后锅炉给水中的含氧量不可超过 0.005mL/L（0.007ppm），游离二氧化碳的含量应当是零。

应安装三台流量为 70% 锅炉给水量的泵，其中两台由汽轮机驱动，另一台由电驱动，以但证锅炉给水不受供电故障的困扰。汽轮机的汽源也应当可靠。当工作泵出故障时，备用泵应能自动起动。由汽轮机驱动的泵应装备最小流量旁通线，循环水排往除氧器。

用于水处理的化学药品及其准备和注入系统，应当布置在建筑物内，并设置处理化学药品必须的葫芦、磅秤、储罐、混合罐及药品注入泵。

第四节 化工消防系统安全工程

化工企业生产、加工、储存的化工原料、化工产品具有高度的易燃易爆和有毒性，发生火灾或者泄漏事故后情况复杂，爆炸、复燃复爆，扩散的范围大，速度快，极易导致立体、大面积、多火点形式的燃烧，造成生产停顿、设备损坏，给工厂及周边带来极大的损伤，为了避免伤害的扩大，做好化工消防及其重要。化工消防系统安全主要考虑厂区的道路布置、防火间距的要求、灭火器配置、消防给水系统等。

一、化工企业消防安全设计概述

1. 厂区道路布置的基本消防要求

（1）化工厂的主要出入口不应小于两个，并宜位于不同方位。

（2）工艺装置区、液化烃储罐区及可燃液体的储罐区、装卸区、化学危险品仓库应设环形消防车道；当受地形条件限制时，也可设有回车场的尽头式消防车道。消防道路的路面宽度不应小于6m，路面内缘转弯半径不宜小于12m，路面上净空高度不应低于5m。

2. 防火间距要求

在设计总平面布置时，留出足够的防火间距，对防止火灾的发生和减少火灾的损失有着重要的意义。在总平面布置中，应考虑并确定以下各类防火间距：

① 化工企业与居住区、邻近工厂、交通线路等的防火间距；

② 化工厂总平面布置的防火间距；

③ 化工工艺生产装置内设备、建筑物、构筑物之间的防火间距；

④ 屋外变、配电站与建筑物的防火间距；

⑤ 汽车加油站与建筑物、铁路、道路的防火间距；

⑥ 甲类物品库与建筑物的防火间距；

⑦ 易燃、可燃液体的储罐、堆场与建筑物的防火间距；

⑧ 易燃、可燃液体储罐之间的防火间距；

⑨ 易燃、可燃液体储罐与泵房、装卸设备的防火间距；

⑩ 卧式可燃气体储罐间或储罐与建筑物、堆场的防火间距；

⑪ 卧式氧气储罐与建筑物、堆场的防火间距；

⑫ 液化石油气储罐间或储罐区与建筑物、堆场的防火间距；

⑬ 露天、牛露天堆场与建筑物的防火间距；

⑭ 空分车间吸风口的防火间距；

⑮ 乙炔站、氧气站、煤气发生站与建筑物、构筑物的防火间距；

⑯ 堆场、储罐、库房与铁路、道路的防火间距；

⑰ 企业与相邻工厂或设施的防火间距。

以上间距应满足《建筑防火设计规范》和《石油化工企业设计防火规范》的要求。

3. 厂房消防设计安全要求

化工企业中，有爆炸危险的厂房一旦发生爆炸，常会引起相邻的厂房发生连锁爆炸或第二次爆炸。因此做好厂房防爆设计具有十分重要的意义。其厂房消防设计的基本要求是：

① 合理布置。有爆炸危险的厂房，平面布置最好采用矩形、与主导风向垂直或不小于45°交角布置，且宜为单层建筑。当工艺要求必须布置为多层厂房时，应尽可能将有爆炸危险的厂房布置在最上一层。

② 采用耐爆结构。有爆炸危险的厂房，应尽可能采用敞开式或半敞开式、耐火性较好、耐爆性较强的结构。

③ 设置泄压、隔爆、阻火等设施。在有爆炸危险的厂房设置泄压的轻质屋盖、轻质外墙和易于泄压的门窗等建筑构件，这些构件在超压时能及时泄压。泄压部位应靠近可能爆炸的部位。泄压方向宜朝向上空，尽量避免朝向人员集中的地方和交通要道。

④ 露天生产场所内有爆炸危险的建筑物，应根据工艺要求和生产的实际情况采取相应的防爆泄压措施。

4. 消防设施设计要求

化工企业设计时，必须同时进行消防设计。在采取防火设施的同时还应根据工厂的规模、火灾危险性大小以及与相邻单位消防协作情况，设置相应的灭火设施。其消防设施设计的基本要求是：

① 化工企业应设置与生产、储存、运输的物料相适应的消防设施，供专职消防人员和岗位操作人员使用。

② 根据现代消防技术水平，生产工艺过程，原材料、产品的性质，生产的火灾危险性质以及建筑结构等准备合适的、足够用量的灭火剂。

③ 化工企业消防用水量应按同一时间内火灾次数和一次灭火用水量乘积来确定，泡沫灭火设备及泡沫的供给用量，应满足扑灭储罐区最大火灾的要求。干粉灭火剂的用量应根据灭火时间、单位面积或体积上所需要的干粉量确定。二氧化碳、水蒸气等灭火剂用量应根据被保护场所的容积、用途、密闭性和可燃物性质等确定。

④ 配置相应的消防设施，如消防给水管道、消火栓、空气泡沫灭火设施等。大型化工企业的工艺装置区、罐区等，应设置独立的稳高压(压力宜为 0.7~1.2MPa)消防给水系统。其他场所采用低压消防给水系统时，不应与循环冷却水系统合并，且压力应确保灭火时最不利点消火栓的水压(不低于 0.15MPa)。地下独立的消防给水管道，应埋设在冰冻线以下，距冰冻线不应小于 150mm。

⑤ 设置消火栓时，宜选用地上式消火栓，且宜沿道路敷设。消火栓距路面边不宜大于5m；距建筑物外墙不宜小于 5m。设置地下式消火栓时，应有明显标志。工艺装置区的消火栓应设置在工艺装置四周，消火栓的间距不宜超过 60m。当装置内设有消防通道时，亦应在通道边设置消火栓。消火栓的数量应根据其保护半径和被保护对象的消防用水量等综合计算确定。

二、化工企业灭火器配置

1. 火灾类别和建筑灭火器配置场所的危险等级

为了更好地把握灭火器的配备设计及相关要求，应先了解一下火灾类别和建筑场所危险等级。

（1）火灾类别

根据物质及其燃烧特性，火灾划分为以下几类：

A类火灾　指含碳固体可燃物，如木材、棉、毛、麻、纸张等燃烧的火灾。

B类火灾　指甲、乙、丙类液体，如汽油、煤油、柴油、甲醇、乙醚、丙酮等燃烧的火灾。

C类火灾　指可燃气体，如煤气、天然气、甲烷、乙炔、丙烷、氢气等燃烧的火灾。

D类火灾　指可燃金属，如钾、钠、镁、钛、锆、锂、铝镁合金等燃烧的火灾。

带电火灾　指带电物体燃烧的火灾。

（2）建筑灭火器配置场所的危险等级

根据其生产、使用、储存物品的火灾危险性、可燃物数量、火灾蔓延速度以及扑救的难易程度等因素，工业建筑灭火器配置场所的危险等级可划分为三级：

严重危险级　火灾危险性大、可燃物多、起火后蔓延迅速或容易造成重大火灾损失的场所。

中危险级　火灾危险性较大、可燃物较多、起火后蔓延较迅速的场所。

轻危险级　火灾危险性较小、可燃物较少、起火后蔓延较缓慢的场所。

2. 灭火器的配置

（1）选择灭火器应考虑的因素

选择灭火器应考虑的因素有：灭火器配置场所的火灾种类；灭火有效程度；对保护物品的污损程度；设置点的环境温度；使用灭火器人员的素质。

（2）灭火器类型的选择

灭火器类型的选择应符合表5-5及以下有关规定。

① 在同一灭火器配置场所，当选用同一类型灭火器时，宜选用操作方法相同的灭火器。

② 在同一灭火器配置场所，当选用两种或两种以上类型灭火器时，应采用灭火剂相容的灭火器。不相容的灭火剂见表5-6。

（3）各类火灾场所灭火器的配置基准

① A类火灾配置场所按表5-7的规定配置灭火器。

② B类火灾配置场所按表5-8的规定配置灭火器。

③ C类火灾配置场所灭火器的配置基准按B类火灾配置场所的规定执行。

④ 地下建筑灭火器配置数量按其相应的地面建筑的规定增加30%。

⑤ 设有消火栓、灭火系统的灭火器配置场所，可适当减少灭火器配置数量；设有消火栓的，可相应减少30%；设有灭火系统的，可相应减少50%；设有消火栓和灭火系统的，

可相应减少70%。

⑥ 可燃物露天堆垛，甲、乙、丙类液体储罐，可燃气体储罐的灭火器配置场所，灭火器数量可相应减少70%。

⑦ 一个灭火器配置场所内的灭火器不应小于2具，每个设置点的灭火器不宜多于5具。

表5-5 扑救各类火灾选用灭火器类型的规定

火灾类型	灭火器类型					
	水型	干粉		泡沫	二氧化碳	卤代烷
		干粉	磷酸铵盐干粉			
A	○		○	○		○
B		○	○	○	○	○
C			○		○	○
D	扑救火灾的灭火器材由设计部门和当地公安消防监督部门协商解决					
带电火灾			○		○	○

表5-6 不相容的灭火剂

类型	不相容的灭火剂
干粉与干粉	磷酸铵盐与碳酸氢钠、碳酸氢钾
干粉与泡沫	碳酸氢钾、碳酸氢钠与蛋白泡沫
	碳酸氢钾、碳酸氢钠与化学泡沫

表5-7 A类火灾配置场所灭火器的配置基准

危险等级	严重危险级	中危险级	轻危险级
每具灭火器最小配置灭火级别	5A	5A	3A
最大保护面积/（m²/A）	10	15	20

表5-8 B类火灾配置场所灭火器的配置基准

危险等级	严重危险级	中危险级	轻危险级
每具灭火器最小配置灭火级别	8B	4B	1B
最大保护面积/（m²/B）	5	7.5	10

（4）灭火器的保护距离

灭火器的保护距离是指灭火器配置场所内任一着火点到最近灭火器设置点的行走距离。

① 设置在A类火灾配置场所的灭火器，其最大保护距离应符合表5-9的规定。

表5-9 A类火灾配置场所灭火器最大保护距离   m

危险等级	灭火器类型		危险等级	灭火器类型	
	手提式灭火器	推车式灭火器		手提式灭火器	推车式灭火器
严重危险级	15	30	轻危险级	25	50
中危险级	20	40			

② 设置在 B 类火灾配置场所的灭火器，其最大保护距离应符合表 5-10 的规定。

③ 设置在 C 类火灾配置场所的灭火器，其最大保护距离按 C 类火灾配置场所的规定执行。

④ 设置在可燃物露天堆垛，甲、乙、丙类液体储罐，可燃气体储罐的灭火器配置场所的灭火器，其最大保护距离应按国家现行有关标准规范的规定执行。

表 5-10　B 类火灾配置场所灭火器最大保护距离　　　　　　　　　　　　m

危险等级	灭火器类型		危险等级	灭火器类型	
	手提式灭火器	推车式灭火器		手提式灭火器	推车式灭火器
严重危险级	9	18	轻危险级	15	30
中危险级	12	24			

（5）灭火器配置场所计算单元的划分

① 灭火器配置场所的危险等级和火灾种类均相同的相邻场所，可将一个楼层或一个防火分区作为一个计算单元；

② 灭火器配置场所的危险等级或火灾种类不相同的场所，应分别作为一个计算单元。

3. 灭火器的位置设置

（1）生产区内宜设置干粉型或泡沫型灭火器，但仪表控制室、计算机室、电信站、化验室等宜设置二氧化碳型灭火器。

（2）工艺装置内手提式干粉型灭火器的配置，应符合下列规定：

① 甲类装置灭火器的最大保护距离，不宜超过 9m，乙、丙类装置不宜超过 12m；

② 每一配置点的灭火器数量不应少于 2 个，多层框架应分层配置；

③ 危险的重要场所，宜增设推车式灭火器。

（3）可燃气体、液化烃、可燃液体的铁路装卸栈台，应沿栈台每 12m 处上下分别设置一个手提式干粉型灭火器。

（4）可燃气体、液化烃、可燃液体的地上罐组，宜按防火堤内面积每 400m² 配置一个手提式灭火器，但每个储罐配置的数量不宜超过 3 个。

（5）灭火器应设置在明显和便于取用的地点，且不得影响安全疏散。

（6）灭火器应设置稳固，其铭牌必须朝外。

（7）手提式灭火器应设置在挂钩、托架上或灭火器箱内，其顶部离地面高度应大于 0.15m，小于 1.5m。

（8）灭火器不应设置在潮湿或腐蚀性的地点，当必须设置时，应有相应的保护措施。

（9）灭火器不应设置在超出使用温度范围的地点。

三、消防给水系统

1. 消防水源

在消防用水由工厂水源直接供给时，工厂给水管网的进水管不应少于两条。当其中一条发生事故时,另一条应能通过100%消防用水和70%生产、生活用水的总量。

在消防用水由消防水池供给时,工厂给水管网的进水管,应能通过消防水池的补充水和100%生产、生活用水的总量。

化工企业宜建消防水池,并应符合下列规定:

① 水池的容量,应满足火灾延续时间内消防用水总量的要求。当发生火灾能保证向水池连续补水时,其容量可减去火灾延续时间内的补充水量。

② 水池的容量小于或等于1000m³时,可不分隔,大于1000m³时,应分隔成2个,并设带阀门的连通管。

③ 水池的补水时间,不宜超过48h。

④ 当消防水池与全厂性生活或生产安全水池合建时,应有消防用水不作他用的技术措施。

⑤ 寒冷地区应设防冻措施。

2. 消防用水量

厂区和居住区的消防用水量,应按同一时间内的火灾处数和相应处的一次灭火用水量确定。厂区和居住区同一时间内的火灾处数,应按表5-11确定。

表5-11 厂区与居住区同一时间的火灾处数

厂区占地面积/m²	厂居住区人数/人	同一时间内火灾处数
≤1000000	≤15000	1处:厂区消防用水量最大处
	>15000	2处:一处为厂区消防用水量最大处,另一处为居住区
>1000000	不限	2处:一处为厂区消防用水量最大处,另一处为居住区、厂区辅助生产设施两处中的消防用水量的较大处

联合企业内的各分厂、罐区、居住区等,如有各自独立的消防给水系统,其消防用水量应分别进行计算。

一次灭火的用水量,应符合下列规定:

① 居住区及建筑物的室外消防水量的计算,应按《建筑设计防火规范》的有关规定执行。

② 工艺装置的消防用水量,应根据其规模、火灾危险类别及固定消防设施的设置情况等综合考虑确定。当确定有困难时,可按表5-12选定。火灾延续供水时间不应小于3h。

表5-12 工艺装置的消防用水量

消防用水量/(L/s) 装置类型	装置规模 中型	大型
石油化工	150~300	300~450
炼油	150~230	230~300
合成氨及氨加工	90~120	120~150

③ 辅助生产设施的消防用水量，可按 30L/s 计算。火灾延续供水时间，不宜小于 2h。

④ 化纤厂房的消防用水量，可按现行国家标准《建筑设计防火规范》的有关规定执行。

可燃液体罐组的消防水量计算，应符合下列规定：

① 应按火灾时消防用水量最大的罐组计算，其水量应为配置泡沫用水及着火罐和邻近罐的冷却用水量之和；

② 当着火罐为立式罐时，距着火罐罐壁 1.5 倍着火罐直径范围内的相邻罐应进行冷却；当着火罐为卧式罐时，着火罐直径与长度之和一半范围内的邻近地上罐应进行冷却；

③ 当邻近立式罐超过 3h，冷却水量可按 3 个罐的用水量计算；当着火罐为浮顶或浮舱式内浮顶罐(浮盖用易熔材料制造的储罐除外)时，其邻近罐可不考虑冷却。

可燃液体地上立式罐应设固定或移动式消防冷却水系统，其供水范围、供水强度和设置方式应满足下列要求：

① 供水范围、供水强度不应小于表 5-13 的规定；

② 罐壁高于 17m 或储罐容量大于、等于 10000m³ 的非保温罐应设置固定式消防冷却水系统，但润滑油罐可采用移动式消防冷却水系统；

③ 储罐固定式冷却水系统应有确保达到冷却水强度的调节设施。

注：浅盘式内浮顶罐按固定顶罐计算。

可燃液体地上卧式罐宜采用移动式水枪冷却。冷却面积应按投影面积计算。供水强度：着火罐不应小于 6 L/min·m²；邻近罐不应小于 3 L/min·m²。可燃液体储罐消防冷却用水的延续时间：直径大于 20m 的固定顶罐和浮盖用易熔材料制作的浮舱式内浮顶罐，应为 6h；其他储罐可为 4h。

表 5-13 消防冷却水的供水范围与供水强度

储罐形式		供水范围	供水强度		附注
			φ16mm 水枪	φ19mm 水枪	
移动式水枪冷却	着火罐	固定顶罐	罐周全长	0.6 L/s·m	0.8 L/s·m	
		浮顶罐、内浮顶罐	罐周全长	0.45 L/s·m	0.6 L/s·m	浮盖用易熔材料制造的内浮顶罐按固定顶罐计算
	邻近罐	不保温		0.35 L/s·m	0.7 L/s·m	
		保温	罐周半长	0.2 L/s·m		
固定式冷却	着火罐	固定顶罐	罐壁表面积	2.5 L/s·m²		
		浮顶罐、内浮顶罐	罐壁表面积	2.0 L/s·m²		浮盖用易熔材料制造的内浮顶罐按固定顶罐计算
	邻近罐		罐壁表面积的 1/2	2.0 L/s·m²		按实际冷却面积计算，但不得小于罐壁表面积的 1/2

3. 消防给水管道及消火栓

大型化工企业的工艺装置区、罐区等，应设独立的稳高压消防给水系统，其压力宜为

0.7~1.2MPa。其他场所采用低压消防给水系统时，其压力应确保灭火时最不利点消火栓的水压，不低于0.15MPa(自地面算起)。低压消防给水系统不应与循环冷却水系统合并。

消防给水管道应环状布置，并符合下列规定：

① 环状管道的进水管，不应少于2条；

② 环状管道应用阀门分成若干独立管段，每段消火栓的数量不宜超过5个；

③ 当某个环段发生事故时，独立的消防给水管道的其余环段，应能通过100%的消防用水量；与生产、生活合用的消防给水管道，应能通过100%消防用水和70%生产、生活用水的总量；

④ 生产、生活用水量应按70%最大小时用水的秒流量计算；消防用水量应按最大秒流量计算。

地下独立的消防给水管道，应埋设在冰冻线以下，距冰冻线不应小于150mm。工艺装置区或罐区的消防给水干管的管径，应经计算确定，但不宜小于200mm。独立的消防给水管道的流速，不宜大于5m/s。

消火栓的设置，应符合下列规定：

① 宜选用地上式消火栓；

② 消火栓宜沿道路敷设；

③ 消火栓距路面边不宜大于5m；距建筑物外墙不宜小于5m；

④ 地上式消火栓距城市型道路路面边不得小于0.5m；距公路型双车道路肩边不得小于0.5m；距单车道中心线不得小于3m；

⑤ 地上式消火栓的大口径出水口，应面向道路，当其设置场所有可能受到车辆冲撞时，应在其周围设置防护设施；

⑥ 地下式消火栓应有明显标志。

消火栓的数量及位置，应按其保护半径及被保护对象的消防用水量等综合计算确定，并符合下列规定：

① 消火栓的保护半径，不应超过120m；

② 高压消防给水管道上消火栓的出水量，应根据管道内的水压及消火栓出口要求的水压经计算确定，低压消防给水管道上公称直径为100mm、150mm消火栓的出水量，可分别取15L/s、30L/s；

③ 工艺装置区、罐区，宜设公称直径150mm的消火栓。

工艺装置区的消火栓应在工艺装置四周设置，消火栓的间距不宜超过60m。当装置内设有消防通道时，亦应在通道边设置消火栓。可燃液体罐区、液化烃罐区距罐壁15m以内的消火栓，不应计算在该储罐可使用的数量之内。与生产或生活合用的消防给水管道上设置的消火栓，应设切断阀。当检修消火栓允许停水时，可不设。

4. 箱式消火栓、消防水炮、水喷淋和水喷雾

工艺装置内加热炉、甲类气体压缩机、介质温度超过自燃点的热油泵及热油换热设备、长度小于30m的油泵房附近和管廊下部等宜设箱式消火栓，其保护半径宜为30m。工艺装置内的甲、乙类设备的框架平台高于15m时宜沿梯子敷设半固定式消防给水竖管，并应符合下列规定：

① 按各层需要设置带阀门的管牙接口；

② 平台面积小于或等于 50m² 时，管径不宜小于 80mm；大于 50m² 时，管径不宜小于 100mm；

③ 框架平台长度大于 25m 时，宜在另一侧梯子处增设消防给水竖管，且消防给水竖管的间距不宜大于 50m。

可燃气体、可燃液体量大的甲、乙类设备的高大框架和设备群宜设置水炮保护，其设置位置距保护对象不宜小于 15m，水炮的出水量宜为 30~40L/s，喷嘴应为直流-水雾两用喷嘴。

工艺装置内固定水炮不能有效保护的特殊危险设备及场所，宜设水喷淋或水喷雾系统，其设计应符合下列规定：

① 系统供水的持续时间、响应时间及控制方式等，宜根据被保护对象的性质、操作需要确定；

② 系统的雨淋阀靠近被保护对象设置时，宜有防火设施保护；

③ 系统的报警信号及雨淋阀工作状态应在控制室火警控制盘上显示；

④ 其他要求应按现行国家标准《水喷雾灭火系统设计规范》的有关规定执行。

对在寒冷地区设置的箱式消火栓、消防水炮、水喷淋或水喷雾等固定式消防设备，应采取防冻措施。

5. 消防水泵房

消防水泵房宜与生活或生产的水泵房合建，其耐火等级不应低于二级。消防水泵房应采用自灌式引水系统。当消防水池处于低液位不能保证自灌引水时，宜设辅助引水系统。

消防水泵的吸水管、出水管应符合下列规定：

① 每台消防水泵宜有独立的吸水管；两台以上成组布置时，其吸水管不应少于 2 条，当其中一条检修时，其余吸水管应能确保吸取全部消防用水量。

② 成组布置的水泵，至少应有两条出水管与环状消防水管道连接，两连接点间应设阀门。当一条出水管检修时，其余出水管应能输送全部消防用水量。

③ 泵的出水管道应设防止超压的安全设施。

④ 出水管道上，直径大于 300mm 的阀门，宜采用电动阀门、液动阀门或气动阀门，阀门的启闭应有明显标志。

消防水泵、稳压泵应分别设置备用泵。备用泵的能力不得小于最大一台泵的能力。消防水泵应在接到报警后 2min 以内投入运行。稳高压消防给水系统的消防水泵应为自动控制。

消防水泵房应设双动力源；当采用内燃机作为备用动力源时，内燃机的油料储备量应能满足机组连续运转 6h 的要求。

第五节 化工公用系统事故案例

一、电焊作业触电事故

2002 年 6 月，山西某化工厂临时工何某在对 3 号储罐进行电焊操作时，发生触电死亡事故。

1. 事故经过

2002年6月17日17时左右,山西某化工厂对3号储罐进行大修时,临时工何某在罐尾焊接钩钉时,不慎触电,送往医院抢救无效死亡。

2. 事故原因

3号储罐系Q235-A钢材制造,导电性能良好。事故主要责任是何某无特种作业资格证,属于违章进行电焊作业。

（1）直接原因

何某对电焊操作最基本的技能无所知,焊接时左手持钩钉,右手握焊把,被焊物钩钉根本就没有与罐体接触,负载电流通过引出线、焊把、焊条、钩钉、人体、罐体、二次侧地线,回到电焊机构成电流流通的回路,使电流通过人体,造成触电死亡事故。如果被焊物钩钉与罐体直接接触,由于人体电阻远远大于金属的电阻,通过人体的电流很小(可以忽略不计),这起人身触电事故就不会发生了。

何某缺乏电气专业技术知识,在电焊作业时,不戴专用手套;电焊机的引出线接头或绝缘破裂导体裸露;引出线接线柱裸露不加护罩。

何某在进行电焊作业时,没有严格执行《电业生产安全规程》(热力和机械部分)有关规定,违章作业,造成电流流通回路,电流通过身体导致触电身亡。

（2）间接原因

通过人体的电流超过摆脱电流(一般男性为16mA,女性为10.5mA),人体就不能自主摆脱带电体,会感到异常痛苦,身体难以忍受。如时间过长,则可能昏迷、窒息,甚至死亡。30mA的电流是一个危险电流,通过人体的电流达到或超过30mA时,会使有心脏跳动不规则、昏迷、血压升高、强烈痉挛。可能引起心室颤动,致人死亡;50mA的电流称为室颤电流(或致命电流),即通过人体引起心室发生纤维性颤动的最小电流,50mA电流通过人体的时间达1s,就可能发生室颤,使人死亡;通过人体的电流达100mA时,人在很短的时间内就可能死亡。

人体的电阻一般都在1~2kΩ之间,如果将70V电压加于人体,根据欧姆定律得知,通过人体的电流将是35~70mA,此电流是成年男子摆脱电流的2~4倍,是成年女子摆脱电流的3~6倍,对于电阻小的人来说已达到甚至超过致命电流(50mA),而且人体的电阻在潮湿环境还会下降,这样通过人体的电流将会更大,足以致命。

二、锅炉爆炸事故

1997年11月13日,安徽省某化工厂一台KZLZ-78型锅炉发生爆炸,死亡5人,重伤1人。轻伤8人,直接经济损失12万元。

1. 事故经过

事故当日6时40分至7时,由于锅炉出口处的蒸汽压力约为0.39kPa,不能满足生产车间用汽要求,生产车间停止生产。夜班司炉工将分汽缸的主汽阀关闭,停止了炉排转动,关闭了鼓风机,使锅炉处于压火状态。7时50分左右,白班司炉工接班,为了尽快向车间送汽,未进行接班检查,就盲目启动锅炉,加大燃烧。8时30分左右,白班司炉工发现水位表看不见水位，问即将下班的夜班司炉工，夜班司炉工说锅炉压火时已上满水。为了判断锅炉是满水还是缺水，白班司炉工去开排污阀放水，但打不开排污阀，换另外一人也未打开。司炉班班长来后用管扳子套在排污阀的扳手上准备打开排污阀时，此时一声巨响，锅炉发生了爆炸。锅炉爆炸后大量的饱和水迅速膨胀，所释放的能量将锅炉设备彻底摧毁。所有的安全附件和排阀全部炸离锅炉本体，除一只安全阀和左集箱上一只排污阀未找到外，其余的安全阀、压力表、水位计、排污阀全部损坏。除尘器向锅炉后方推出20多米；风机、水泵也遭到严重破坏。

2. 事故原因

根据分析，此起事故是在有较大水容量情况下，因锅炉超压所致。造成锅炉超压的原因是：

（1）在主汽阀关闭的情况下强化燃烧

夜班司炉工人在交接班前，因蒸汽压力不足，不能满足车间生产需要，擅自将进入分汽缸的主汽阀关闭，导致车间生产停机。白班司炉接班后，为了尽快向车间供汽，在既未认真检查，又未监视压力表的情况下，强化燃烧，且当时锅筒内水位较高而汽空间较小，蒸汽压力上升较快，形成超压。

（2）安全阀锈死拒动

由于安全阀锈死，当锅炉内蒸汽压力达到安全阀始启压力时，阀芯不能抬起泄压，使蒸汽压力继续上升，直至爆炸。从找到破损的安全阀已经证实安全阀锈死。同时，锅炉爆炸前没有人听到安全阀泄放声音，从而可以断定未找到的那只安全阀也未动作。

（3）锅炉质量问题严重

锅炉制造质量也存在问题，如焊脚高度，坡口尺寸，熔深的高度均未达到设计要求。

（4）领导责任

该厂领导只抓生产不重视安全，几次发生人身伤亡事故，不认真执行国家安全法规，锅炉房安全管理混乱。

三、污水池燃爆事故

1997年5月4日，重庆市某化工总厂氯丁橡胶污水处理车间调节池发生爆炸，当场炸死12人，伤6人。

1. 事故经过

污水调节池负责处理氯丁污水，是该厂氯丁新线工程的配套项目，共有A、B两个调节池及沉淀隔油池，发生燃爆事故的是A池。

5月4日11时30分，总厂工程公司3名维修人员，在污水调节池处装配一根管道。由于此处易燃易爆化学物质积聚，容易发生火灾爆炸事故，在此处施工本应冷配，但3人既不办动火手续，又不听污水车间主任、安全员的劝告、制止，擅自违章动火，在调节池污水进口槽上方配管处动火，造成进口槽起火。接到火警报告后。厂消防队紧急出动，污水车间等部门的人员也参与灭火。11时42分，调节池发生爆炸，混凝土顶盖被炸翻，致使在调节池灭火的12名职工当场身亡，其中包括7名消防队员，另有6人受轻伤。

2. 事故原因

造成这起事故的直接原因，是违章动火。氯丁污水中含有大量的有机可燃物，常温下易挥发，达到可燃范围，因此其相应界区严禁动火。但是工程公司 3 名职工在此处施工时，既不办动火手续，又不听污水车间主任、安全员的劝告、制止，擅自违章动火，由此而引发污水调节池起火爆炸。在这起事故中，爆炸内因是池内有可燃气体，外因是火种窜入。因氯丁污水混有固态杂质物，调节池要不定期进行清理，清理时，杂质从池底阀排出。4 月中旬，污水车间决定对调节 A 池进行清理，由于池底阀被凝胶等固态杂质缠住，打不开，只得用潜水泵抽水，当抽到剩水位时仍无法全部抽走，由于剩余污水尚超过 120m³，内部的易挥发物质慢慢挥发，同时正在运行中的 B 池，易挥发物质通过排气管仍不断扩散到 A 池，使 A 池中可燃物不断积累。在着火后的燃烧过程中，可燃气及火焰从进口管窜入 A 池，导致爆炸。

第六章 化工预防性检查和事故处置

加强对化工生产系统的检查，是化工安全工程师的职责，也是预防各类事故的最有效措施之一。只有在前述化工生产各环节的危险性和安全技术措施认识的基础上，实施系统的安全检查，才能全面提升化工企业安全水平，实现化工企业整体安全目标。本章主要包括隐患排查、安全检查及事故应急处置等内容。

第一节 化工生产隐患排查

事故隐患是指不符合安全生产法律、法规、规章、标准、规程和安全生产管理制度的规定，或者因其他因素在生产经营活动中存在可能导致事故发生或导致事故后果扩大的物的危险状态、人的不安全行为和管理上的缺陷，包括：作业场所、设备设施、人的行为及安全管理等方面存在的不符合国家安全生产法律法规、标准规范和相关规章制度规定的情况。法律法规、标准规范及相关制度未作明确规定，但企业危害识别过程中识别出作业场所、设备设施、人的行为及安全管理等方面存在的缺陷。

一、隐患排查的基本要求

隐患排查治理是企业安全管理的基础工作，是企业安全生产标准化风险管理要素的重点内容，应按照"谁主管、谁负责"和"全员、全过程、全方位、全天候"的原则，明确职责，建立健全企业隐患排查治理制度和保证制度有效执行的管理体系，努力做到及时发现、及时消除各类安全生产隐患，保证企业安全生产。

企业应建立和不断完善隐患排查体制机制，主要包括：

① 企业主要负责人对本单位事故隐患排查治理工作全面负责，应保证隐患治理的资金投入，及时掌握重大隐患治理情况，治理重大隐患前要督促有关部门制定有效的防范措施，并明确分管负责人。分管负责隐患排查治理的负责人，负责组织检查隐患排查治理制度落实情况，定期召开会议研究解决隐患排查治理工作中出现的问题，及时向主要负责人报告重大情况，对所分管部门和单位的隐患排查治理工作负责。其他负责人对所分管部门和单位的隐患排查治理工作负责。

② 隐患排查要做到全面覆盖、责任到人，定期排查与日常管理相结合，专业排查与综合排查相结合，一般排查与重点排查相结合，确保横向到边、纵向到底、及时发现、不留死角。

③ 隐患治理要做到方案科学、资金到位、治理及时、责任到人、限期完成。能立即整

改的隐患必须立即整改，无法立即整改的隐患，治理前要研究制定防范措施，落实监控责任，防止隐患发展为事故。

④ 技术力量不足或危险化学品安全生产管理经验欠缺的企业，应聘请有经验的化工专家或注册安全工程师，指导企业开展隐患排查治理工作。

⑤ 涉及重点监管危险化工工艺、重点监管危险化学品和重大危险源（以下简称"两重点一重大"）的危险化学品生产、储存企业应定期开展危险与可操作性分析（HAZOP），用先进科学的管理方法系统排查事故隐患。

⑥ 企业要建立健全隐患排查治理管理制度，包括隐患排查、隐患监控、隐患治理、隐患上报等内容。

隐患排查要按专业和部位，明确排查的责任人、排查内容、排查频次和登记上报的工作流程。隐患监控要建立事故隐患信息档案，明确隐患的级别，按照"五定"（定整改方案、定资金来源、定项目负责人、定整改期限、定控制措施）的原则，落实隐患治理的各项措施，对隐患治理情况进行监控，保证隐患治理按期完成。

隐患治理要分类实施：能够立即整改的隐患，必须确定责任人组织立即整改，整改情况要安排专人进行确认；无法立即整改的隐患，要按照评估—治理方案论证—资金落实—限期治理—验收评估—销号的工作流程，明确每一工作节点的责任人，实行闭环管理；重大隐患治理工作结束后，企业应组织技术人员和专家对隐患治理情况进行验收，保证按期完成和治理效果。隐患上报要按照安全监管部门的要求，建立与安全生产监督管理部门隐患排查治理信息管理系统联网的"隐患排查治理信息系统"，每个月将开展隐患排查治理情况和存在的重大事故隐患上报当地安全监管部门，发现无法立即整改的重大事故隐患，应当及时上报。

⑦ 要借助企业的信息化系统对隐患排查、监控、治理、验收评估、上报情况实行建档登记，重大隐患要单独建档。

二、隐患排查方式及频次

1. 隐患排查方式

隐患排查工作可与企业各专业的日常管理、专项检查和监督检查等工作相结合，科学整合下述方式进行：

① 日常隐患排查；

② 综合性隐患排查；

③ 专业性隐患排查；

④ 季节性隐患排查；

⑤ 重大活动及节假日前隐患排查；

⑥ 事故类比隐患排查。

2. 隐患排查频次确定

（1）企业进行隐患排查的频次应满足：

① 装置操作人员现场巡检间隔不得大于2h，涉及"两重点一重大"的生产、储存装置和

部位的操作人员现场巡检间隔不得大于1h，宜采用不间断巡检方式进行现场巡检。

② 基层车间（装置，下同）直接管理人员（主任、工艺设备技术人员）、电气、仪表人员每天至少两次对装置现场进行相关专业检查。

③ 基层车间应结合岗位责任制检查，至少每周组织一次隐患排查，并与日常交接班检查和班中巡回检查中发现的隐患一起进行汇总；基层单位（厂）应结合岗位责任制检查，至少每月组织一次隐患排查。

④ 企业应根据季节性特征及本单位的生产实际，每季度开展一次有针对性的季节性隐患排查；重大活动及节假日前必须进行一次隐患排查。

⑤ 企业至少每半年组织一次，基层单位至少每季度组织一次综合性隐患排查和专业隐患排查，两者可结合进行。

⑥ 当获知同类企业发生伤亡及泄漏、火灾爆炸等事故时，应举一反三，及时进行事故类比隐患专项排查。

⑦ 对于区域位置、工艺技术等不经常发生变化的，可依据实际变化情况确定排查周期，如果发生变化，应及时进行隐患排查。

（2）当发生以下情形之一，企业应及时组织进行相关专业的隐患排查：

① 颁布实施有关新的法律法规、标准规范或原有适用法律法规、标准规范重新修订的；

② 组织机构和人员发生重大调整的；

③ 装置工艺、设备、电气、仪表、公用工程或操作参数发生重大改变的，应按变更管理要求进行风险评估；

④ 外部安全生产环境发生重大变化；

⑤ 发生事故或对事故、事件有新的认识；

⑥ 气候条件发生大的变化或预报可能发生重大自然灾害。

（3）涉及"两重点一重大"的危险化学品生产、储存企业应每五年至少开展一次危险与可操作性分析（HAZOP）。

三、隐患排查内容

根据危险化学品企业的特点，隐患排查包括但不限于以下内容：

1. 安全基础管理

（1）安全生产管理机构建立健全情况、安全生产责任制和安全管理制度建立健全及落实情况。

（2）安全投入保障情况，参加工伤保险、安全生产责任险的情况。

（3）安全培训与教育情况，主要包括：

① 企业主要负责人、安全管理人员的培训及持证上岗情况；

② 特种作业人员的培训及持证上岗情况；

③ 从业人员安全教育和技能培训情况。

（4）企业开展风险评价与隐患排查治理情况，主要包括：

① 法律、法规和标准的识别和获取情况;

② 定期和及时对作业活动和生产设施进行风险评价情况;

③ 风险评价结果的落实、宣传及培训情况;

④ 企业隐患排查治理制度是否满足安全生产需要。

（5）事故管理、变更管理及承包商的管理情况。

（6）危险作业和检维修的管理情况，主要包括:

① 危险性作业活动作业前的危险有害因素识别与控制情况;

② 动火作业、进入受限空间作业、破土作业、临时用电作业、高处作业、断路作业、吊装作业、设备检修作业和抽堵盲板作业等危险性作业的作业许可管理与过程监督情况;

③ 从业人员劳动防护用品和器具的配置、佩戴与使用情况。

（7）危险化学品事故的应急管理情况。

2. 区域位置和总图布置

（1）危险化学品生产装置和重大危险源储存设施与《危险化学品安全管理条例》中规定的重要场所的安全距离。

（2）可能造成水域环境污染的危险化学品危险源的防范情况。

（3）企业周边或作业过程中存在的易由自然灾害引发事故灾难的危险点排查、防范和治理情况。

（4）企业内部重要设施的平面布置以及安全距离，主要包括:

① 控制室、变配电所、化验室、办公室、机柜间以及人员密集区或场所;

② 消防站及消防泵房;

③ 空分装置、空压站;

④ 点火源(包括火炬);

⑤ 危险化学品生产与储存设施等;

⑥ 其他重要设施及场所。

（5）其他总图布置情况，主要包括:

① 建构筑物的安全通道;

② 厂区道路、消防道路、安全疏散通道和应急通道等重要道路(通道)的设计、建设与维护情况;

③ 安全警示标志的设置情况;

④ 其他与总图相关的安全隐患。

3. 工艺管理

（1）工艺的安全管理，主要包括:

① 工艺安全信息的管理;

② 工艺风险分析制度的建立和执行;

③ 操作规程的编制、审查、使用与控制;

④ 工艺安全培训程序、内容、频次及记录的管理。

（2）工艺技术及工艺装置的安全控制，主要包括:

① 装置可能引起火灾、爆炸等严重事故的部位是否设置超温、超压等检测仪表、声和/或光报警、泄压设施和安全联锁装置等设施；

② 针对温度、压力、流量、液位等工艺参数设计的安全泄压系统以及安全泄压措施的完好性；

③ 危险物料的泄压排放或放空的安全性；

④ 按照《首批重点监管的危险化工工艺目录》和《首批重点监管的危险化工工艺安全控制要求、重点监控参数及推荐的控制方案》(安监总管三〔2009〕116号)的要求进行危险化工工艺的安全控制情况；

⑤ 火炬系统的安全性；

⑥ 其他工艺技术及工艺装置的安全控制方面的隐患。

(3) 现场工艺安全状况，主要包括：

① 工艺卡片的管理，包括工艺卡片的建立和变更，以及工艺指标的现场控制；

② 现场联锁的管理，包括联锁管理制度及现场联锁投用、摘除与恢复；

③ 工艺操作记录及交接班情况；

④ 剧毒品部位的巡检、取样、操作与检维修的现场管理。

4. 设备管理

(1) 设备管理制度与管理体系的建立与执行情况，主要包括：

① 按照国家相关法律法规制定修订本企业的设备管理制度；

② 有健全的设备管理体系，设备管理人员按要求配备；

③ 建立健全安全设施管理制度及台账。

(2) 设备现场的安全运行状况，包括：

① 大型机组、机泵、锅炉、加热炉等关键设备装置的联锁自保护及安全附件的设置、投用与完好状况；

② 大型机组关键设备特级维护到位，备用设备处于完好备用状态；

③ 转动机器的润滑状况，设备润滑的"五定"、"三级过滤"；

④ 设备状态监测和故障诊断情况；

⑤ 设备的腐蚀防护状况，包括重点装置设备腐蚀的状况、设备腐蚀部位、工艺防腐措施，材料防腐措施等。

(3) 特种设备(包括压力容器及压力管道)的现场管理，主要包括：

① 特种设备(包括压力容器、压力管道)的管理制度及台账；

② 特种设备注册登记及定期检测检验情况；

③ 特种设备安全附件的管理维护。

5. 电气系统

(1) 电气系统的安全管理，主要包括：

① 电气特种作业人员资格管理；

② 电气安全相关管理制度、规程的制定及执行情况。

(2) 供配电系统、电气设备及电气安全设施的设置，主要包括：

① 用电设备的电力负荷等级与供电系统的匹配性；

② 消防泵、关键装置、关键机组等特别重要负荷的供电；

③ 重要场所事故应急照明；

④ 电缆、变配电相关设施的防火防爆；

⑤ 爆炸危险区域内的防爆电气设备选型及安装；

⑥ 建构筑、工艺装置、作业场所等的防雷防静电。

（3）电气设施、供配电线路及临时用电的现场安全状况。

6. 仪表系统

（1）仪表的综合管理，主要包括：

① 仪表相关管理制度建立和执行情况；

② 仪表系统的档案资料、台账管理；

③ 仪表调试、维护、检测、变更等记录；

④ 安全仪表系统的投用、摘除及变更管理等。

（2）系统配置，主要包括：

① 基本过程控制系统和安全仪表系统的设置满足安全稳定生产需要；

② 现场检测仪表和执行元件的选型、安装情况；

③ 仪表供电、供气、接地与防护情况；

④ 可燃气体和有毒气体检测报警器的选型、布点及安装；

⑤ 安装在爆炸危险环境仪表满足要求等。

（3）现场各类仪表完好有效，检验维护及现场标识情况，主要包括：

① 仪表及控制系统的运行状况稳定可靠，满足危险化学品生产需求；

② 按规定对仪表进行定期检定或校准；

③ 现场仪表位号标识是否清晰等。

7. 危险化学品管理

（1）危险化学品分类、登记与档案的管理，主要包括：

① 按照标准对产品、所有中间产品进行危险性鉴别与分类，分类结果汇入危险化学品档案；

② 按相关要求建立健全危险化学品档案；

③ 按照国家有关规定对危险化学品进行登记。

（2）化学品安全信息的编制、宣传、培训和应急管理，主要包括：

① 危险化学品安全技术说明书和安全标签的管理；

② 危险化学品"一书一签"制度的执行情况；

③ 24h 应急咨询服务或应急代理；

④ 危险化学品相关安全信息的宣传与培训。

8. 储运系统

（1）储运系统的安全管理情况，主要包括：

① 储罐区、可燃液体、液化烃的装卸设施、危险化学品仓库储存管理制度以及操作、

使用和维护规程制定及执行情况；

② 储罐的日常和检维修管理。

（2）储运系统的安全设计情况，主要包括：

① 易燃、可燃液体及可燃气体的罐区，如罐组总容、罐组布置；防火堤及隔堤；消防道路、排水系统等；

② 重大危险源罐区现场的安全监控装备是否符合《危险化学品重大危险源监督管理暂行规定》（国家安全监管总局令第40号）的要求；

③ 天然气凝液、液化石油气球罐或其他危险化学品压力或半冷冻低温储罐的安全控制及应急措施；

④ 可燃液体、液化烃和危险化学品的装卸设施；

⑤ 危险化学品仓库的安全储存。

（3）储运系统罐区、储罐本体及其安全附件、铁路装卸区、汽车装卸区等设施的完好性。

9. 消防系统

（1）建设项目消防设施验收情况；企业消防安全机构、人员设置与制度的制定，消防人员培训、消防应急预案及相关制度的执行情况；消防系统运行检测情况。

（2）消防设施与器材的设置情况，主要包括：

① 消防站设置情况，如消防站、消防车、消防人员、移动式消防设备、通信等；

② 消防水系统与泡沫系统，如消防水源、消防泵、泡沫液储罐、消防给水管道、消防管网的分区阀门、消火栓、泡沫栓，消防水炮、泡沫炮、固定式消防水喷淋等；

③ 油罐区、液化烃罐区、危险化学品罐区、装置区等设置的固定式和半固定式灭火系统；

④ 甲、乙类装置，罐区，控制室，配电室等重要场所的火灾报警系统；

⑤ 生产区、工艺装置区、建构筑物的灭火器材配置；

⑥ 其他消防器材。

（3）固定式与移动式消防设施、器材和消防道路的现场状况。

10. 公用工程系统

（1）给排水、循环水系统、污水处理系统的设置与能力能否满足各种状态下的需求。

（2）供热站及供热管道设备设施、安全设施是否存在隐患。

（3）空分装置、空压站位置的合理性及设备设施的安全隐患。

第二节　化工生产现场单元预防性安全检查

所谓预防性检查，是指针对企业危险源的具体情况，以消除各类安全隐患、预防各类事故为目的而进行的持续、全面、系统的安全检查工作。以下列举了9个方面的化工生产预防性检查的参考内容，在实践中可以此为蓝本，针对企业实际情况，有增删地制定详细的安全检查表，进行全面定期检查（表6-1~表6-9）。

表 6-1　化工工艺安全检查表

检查项目	检 查 内 容
工艺卡片	1. 操作室有工艺卡片，每年或一个运行周期修改一次，并由总工程师或主管厂长批准。 2. 工艺指标按工艺卡片严将控制。 3. 工艺卡片指标临时变动必须按规定履行审批手续
联　锁	1. 联锁装置必须全部投入使用，定期进行校验。 2. 摘除联锁有审批并有安全措施。 3. 摘除联锁再次恢复使用要按规定程序运行
操作纪律	1. 岗位职工严格遵守操作规程，按工艺卡片参数平稳操作，巡回检查有检查规定和检查标志。 2. 操作记录真实、及时、齐全，字迹工整、清晰、无涂改。 3. 交接班必须进行现场对口交接，班前班后会上，班长应作安全讲评，交接班日志内容完整、真实、字迹清晰、工整
关键部位	1. 对关键部位和危险点按时监控检查并记录。 2. 定期参加车间组织的事故演练，演练有计划和小结。 3. 及时发现和消除存在的各类隐患，有记录

表 6-2　化工设备安全检查表

检查项目	检 查 内 容
机泵类	1. 机泵体、阀门、法兰、压力表完好，无泄漏。 2. 电器接线符合电器安全技术要求，有接地线并完好。 3. 机泵运行平稳，无杂音，轴承温度正常，振动值不超标。 4. 备用机泵完好，能随时切换使用。 5. 有联锁装置的机泵，联锁要投入使用，运行正常。 6. 有报警系统的机泵，报警系统要投入使用并灵敏可靠。 7. 暴露在外的传动部位，要有安全防护罩。 8. 严格按照"三滤""五定"进行润滑管理。 9. 运行和备用的机泵做到整洁、轴见光、设备见本色
关键机组 特级护理	1. 对特级维护设备应成立"特护"小组，有人员名单。 2. 制定和建立维修保养档案。 3. 认真落实特级护理巡回检查制度，定期分析运行状况，及时分析和处理存在的问题。 4. 特护设备整洁，不见"脏、漏、缺、乱、锈"
锅炉、压力 容器	1. 锅炉、压力容器使用许可证齐全。 2. 锅炉、压力容器进行定期检查、检验，建立档案。 3. 各种安全附件齐全完好，定期进行校验和检修，记录完整。 4. 建立锅炉运行和水质化验记录台账
工业炉	1. 温度、压力、氧含量等在线分析仪表灵敏准确，定期校验。 2. 看火孔、防爆门、人孔门、消防管线、紧急放空管线和防雷接地等安全设施齐全可靠。 3. 各类安全附件齐全完好。 4. 照明设备完好。 5. 炉管无局部过热、鼓包、管径胀大现象，炉管弯曲不超标。 6. 火嘴状况良好，火焰无偏烧现象。 7. 炉底无积油，干净整洁，不存放其他易燃物。 8. 瓦斯管线设置有阻火器

检查项目	检查内容
压力管道	1. 阀件、法兰、排放点、滑件、支架、吊架、保温、防腐等完好无损，建立管道管理档案。 2. 输送油品、液化右油气、燃料气、氧气、放空油气的管线，有良好的防静电措施。 3. 易腐蚀、易磨损的管道，要定期测厚和进行状态分析，有监测记录。 4. 有可靠的防止高低压及不同物料互窜安全措施。 5. 长输易燃易爆物料管线，制定落实巡检制度和各项安全措施
安全阀	1. 安全阀定期校验，定压符合设计规范。 2. 铅封、铭牌完整，标志字迹清晰。 3. 储存易燃、有毒介质压力容器上的安全阀，应装设导管引至安全地点，妥善安全处理。 4. 压力容器与安全阀之间的隔离应全开，并加链锁或铅封。 5. 运行、检修、试验资料齐全
爆破片	选择符合设计要求，按规定定期更换并有记录
压力表	1. 压力表定期校验，有校验记录，有检验合格证和校验日期。 2. 铅封完好，表盘、表针清洁，表内无泄漏。 3. 标示最低、最高操作压力的警戒线
液位计	1. 液位显示清晰、准确，有指示最高、最低液位的明显标志。 2. 液位计及引出阀门活节完好，无泄漏。 3. 盛装易燃、毒性大等高度危害介质的压力容器上的液位计，应有安全防护装置
呼吸阀 阻火器 放空阀	运行正常完好，有定期检查记录

表6-3 化工生产装置安全检查表

检查项目	检查内容
现场管理	1. 生产装置整洁，无跑冒滴漏，无环境污染，无乱排乱放。 2. 种物料和工器具摆放整齐，无乱摆乱放，不杂乱无章。 3. 有醒目安全标语和警示、提示标牌。 4. 办公室窗明几净，各种资料摆放整齐。 5. 现场无闲杂人员，车辆进入有审批手续。 6. 夜间要有足够照明
安全管理	1. 全体职工均经过三级安全教育，并建立记录。 2. 每年对职工进行安全培训和教育并组织安全考试。 3. 特殊工种100%取证并按期复审，新职工不得独立顶岗。 4. 严格执行各类票证的管理制度，做到不违章不违纪
安全操作	1. 严格执行各项规章制度，严格遵守工艺纪律和操作纪律，精心操作，按时巡检。 2. 认真记好操作记录，字迹清晰、工整，不涂改，不潦草。 3. 认真开好交接班会，班前班后会都要讲安全
消防 气防 器材	1. 现场按规定配备消防和气防器材，定期进行硷查。消防和气防器材如使用后，要及时检查和更换。 2. 不准随意使用装置内的消防栓，确需使用须得到有关部门批准。 3. 联系有关部门定期对职工进行使用消防和气防器材知识的培训

表6-4　化工安全管理基础工作安全检查表

检查项目	检 查 内 容
安全 组织 机构	1. 有以主要行政领导为首的安全生产委员会，从上至下安全网络健全。 2. 安全管理机构健全，人少的单位有专人负责安全管理。 3. 单位定期召开安全工作专题会，研究和解决安全工作的各类问题，记录齐全完整
安全 管理 基础	1. 有完善的安全管理制度，有全员安全生产责任制。 2. 建立健全安全管理的台账和档案。 3. 严格执行职业安全卫生的"三同时"制度。 4. 安全工作有严格的奖惩规定，并按期考核。 5. 特殊工种100%持证上岗。 6. 职工进厂100%进行三级安全教育
安全 基础 工作	1. 定期、不定期组织开展节假日、季节性和专业性检查，对存在的问题定人定期解决。 2. 每年对职工进行安全培训，组织职工按时参加安全活动。 3. 按规定配备消防和气防器材，保证职工100%会使用。 4. 动火、检修、进设备、临时用电等各种作业严格按规定办理作业票。 5. 发生事故严格执行"四不放过"原则
工业 卫生 防护	1. 噪声源超标的要有隔音或消音措施，保证噪声符合国家规定的卫生标准。 2. 具有酸、碱腐蚀性物质或化学灼伤危险的场所，应设冲洗设备。 3. 企业的尘、毒、射线、噪声等防护设施，加强维护保养，确保完好。 4. 职工在有尘、毒、噪声等场所工作，必须配戴防护用品
工业 卫生 监测	1. 有毒有害岗位必须按规定设监测点，设立监测点标志牌和有害作业警示牌。 2. 对尘、毒、噪声、高温作业及其他有害因素，按规定定期进行监测，并有监测记录。 3. 对有毒有害岗位的职工定期进行职业性体检
气体 防护	1. 生产现场有防护器材和急救用品，有专人保管，定期进行检查并有记录台账。 2. 定期开展危险作业人员气防知识教育，现场自救互救知识教育和急救演练

表6-5　化工储运系统安全检查表

检查项目	检 查 内 容
罐　区	1. 消防通道畅通无阻。 2. 防雷、防静电设施良好，照明设施齐全并符合安全防爆规定。 3. 呼吸阀、检测口、通风管、排污孔、高低出入口、切水阀、加热盘管、液位计、高低液位报警器齐全好用，无堵塞、泄漏。 4. 压力容器及其安全附件应定期检测。 5. 可燃气体检测报警系统布点及安装符合规范要求。 6. 切水系统可靠好用，水封井及排水闸完好可靠。 7. 夏季喷淋冷却设施齐全并能正常使用。 8. 罐区整洁，无脏、乱、差、锈、漏，无杂草等易燃物

检查项目	检 查 内 容
汽车装 卸栈台	1. 汽车装卸栈台场地分设出、入口，并设置停车场。 2. 装卸栈台与汽车槽车静电接地良好。 3. 装运危险品的汽车必须三证齐全(驾驶证、准运证、押运证)。 4. 液化气装车栈台与灌瓶站分开，液化气槽车定位后必须熄灭，充装完毕确认管线与接头断开后，才能开车。 5. 进入车辆必须装阻火器。 6. 消防器材配备齐全。 7. 进入作业场所穿戴劳保用品
危险品码头	1. 平台、引桥牢固，安全护栏完好，通道有防滑设施，配备一定量的围油栏和去油剂。 2. 输油干管、码头、泵船、油船之间绝缘连接，分别接地。 3. 采用橡胶软管作业的，须装超压保护装置，有防破损措施。 4. 按规定悬挂信号旗或显示信号灯，设置醒目的安全标志、禁令、警告语等告示牌。 5. 进入码头的船只，须持有港监签证。 6. 消防设施等安全装备配备齐全并保证完好。 7. 泵船上各类电气必须防爆。 8. 进入作业场所戴劳保用品

表 6-6 化工仪表安全检查表

检查项目	检 查 内 容
仪表管理	1. 认真落实仪表巡回检查制度，发现故障及时消除，保证自控率在90%以上，使用率和完好率在95%以上。 2. 一次和二次表的示值应一致，误差在允许范围内
联锁保护	1. 联锁分布图、定期维修校验记录、临时变更记录等技术资料齐全。 2. 联锁安装率、使用率、完好率达到100%。 3. 联锁调试有记录。 4. 联锁摘除与恢复，有申请和领导签批与恢复的手续
可燃气体检测报警仪、有毒气体报警仪、烟火报警仪	1. 布点和安装位置合适。 2. 多点报警器识别各点报警状态的性能可靠，报警值设定合理。 3. 报警器安装率、使用率、完好率达到100%。 4. 各种报警仪应有声、光报警，手动试验声光报警正常。 5. 传感器探头应定期检查和校验，做到无腐蚀、无灰尘
放射性仪表	1. 现场设立明显警示标志。 2. 安装使用符合国家有关规范和要求

表 6-7 化工变配电系统安全检查表

检查项目	检 查 内 容
电气管理	1. 严格执行国家有关安全生产的规定，认真落实"三三二五制"("三图"：系统模拟图、电缆走向图、二次接线图。"三定"：定期试验、定期清扫、定期检修。"二五"即，"五项记录"：检修记录、试验记录、运行记录、事故记录、设备缺陷记录。"五项规程"：检修规程、试验规程、运行规程、安全规程、事故处理规程。)，健全相应的管理制度和台账。 2. 检修和试验作业严格按规程进行。 3. "三票"(工作票、操作票、临时用电票)填写清楚，无涂改和缺项，执行完毕打"√"或盖"已执行"章

检查项目	检 查 内 容
变配电间管理	1. 高压室钥匙按要求配备并严格管理。 2. 主控室有模拟系统图，名称和符号与实际相符。 3. 认真落实防火、防水、防小动物措施，与防爆区相通的沟道有可靠的隔断。 4. 变压器间通风良好，照明完好，清洁无渗漏油；油位、油温正常，无杂音，接地良好并定期检测。 5. 接地线有编号，装拆接地线有记录，标志牌配备齐全。 6. 按要求配备绝缘工器具，定期进行试验并有测试报告和记录。 7. 防雷设施完好，防雷设施和接地定期检测并记录
电缆管理	1. 电缆必须有阻燃措施。 2. 电缆桥架符合设计规范。 3. 电缆沟防窜油汽、防腐蚀、防水措施落实；电缆隧道防火、防沉降措施落实

表 6-8　化工生产区域现场安全检查表

检查项目	检 查 内 容
现场安全管理	1. 严格执行交接班、巡回检查、原始记录、维护保养工、工艺指标操作等制度。 2. 锅炉、压力容器、设备、管道及其安全附件完好。 3. 管道布局合理，保温、防腐完好并涂色规范。 4. 现场安全通道畅通。 5. 装置现场照明设备齐全好用，并符合防爆要求。 6. 生产装置区清洁文明。 7. 生产装置设备、管线防雷、防静电设施完好。 8. 现场安全标志和安全警句配备合理，并悬挂在醒目处。 9. 喷淋装置、冲洗装置布局合理、完好。 10. 各类压力表、氧含量、可燃气报警器、有毒有害气体报警器等在线分析仪表灵敏准确，并定期校验(有记录)。 11. 可燃气报警系统、有毒有害气体报警系统安装符合规范要求。 12. 安全阀、压力表、液位计、呼吸阀、阻火器、放空阀等安全附件完好。 13. 平台栏杆、楼梯牢固可靠。 14. 连锁报警系统准确可靠并定期校验(有记录)。 15. 建立剧毒物品"五双"(双人收发、双人登记、双人双锁、双人使用、双人运输)管理制度并严格执行。 16. 剧毒物品保管员每月对剧毒物品进行复称、复查一次，核对当月的出(入)库量，并定期对剧毒物品库房、专用柜(橱)进行检查，并有记录。 17. 职工劳动防护用品穿戴规范。 18. 有应急救援预案并定期开展演练
直接作业环节安全管理	1. 一级(特级)、二级、三级用火区域内作业必须办理用火作业许可证。 2. 进入设备作业必须办理进入设备作业许可证。 3. 高处作业必须办理高处作业许可证。 4. 破土作业必须办理破土作业许可证。 5. 进入生产装置一般作业必须办理许可证。 6. 临时用电必须办理临时用电作业许可证

检查项目	检 查 内 容
工业卫生 监测和防护	1. 有害因素作业岗位必须按规定设监测点。 2. 建立监测点标志牌和有害毒物警示牌。 3. 现场尘毒、噪声定期监测并公布监测结果。 4. 有毒有害信息卡上墙。 5. 防护器材和急救用品配备齐全并有专人负责保管，定期检查，有台账记录。 6. 定期开展气防知识教育、急救演练。 7. 建立放射源监护制度。 8. 在射线作业场所应设置警戒线，有明显标示并设专人监护。 9. 射线作业必须办理作业许可证

表 6-9　空压站安全检查表

检查项目	检 查 内 容
站房的位置、 站内设备的布置	1. 避免靠近散发爆炸性、腐蚀性有害气体及粉尘的场所，并位于上述场所全年风向最小频率的下风侧。 2. 站房内设备和辅助装置的布置以及与毗连其他建筑物的布置，均应不影响站房的自然透风和采光。站房的门窗向外开
空压机	1. 有合格证和技术资料。 2. 机身、曲轴箱等主要受力部件严禁有影响强度和刚度的缺陷，并无棱角、毛口，所有的紧固件及地脚螺母等必须拧紧，并有防松措施。 3. 空压机必须有字迹清楚的铭牌和安全、润滑、指示标志
安全装置	1. 压力表精度不低于 2.5 级，应定期检测。液压表量程为额定工作压力的 1.4~2 倍，气压表为额定工作压力的 1.5~3 倍，表盘直径不小于 100mm，卸压后指针应回零位。 2. 安全阀应定期检测。 3. 温度计应清楚可靠，符合设备运行要求，严防超温。 4. 外露的联轴器、皮带传动装置等放置部位必须设置防护罩或护栏。 5. 电气设备符合安全要求，接地电阻不大于 4Ω，避雷接地电阻不大于 10Ω
吸气系统	1. 根据空压站所在环境的尘埃条件，空气压缩机的吸气系统必须装过滤装置。 2. 空压机吸气系统的进气口，在室外应有防雨装置
行为检查	1. 一切防护装置和安全附件应处于完好状态，否则不得开车。 2. 机器在运转中或设备有压力的情况下，不得进行任何修理工作。 3. 严禁超压。 4. 运转中有异声、气味、振动或发生故障，要立即停车修理。 5. 严格执行外来职员登记制、运行记录交接班制和操纵规程
作业环境	1. 站内噪声不应超过 85dB（A），若超过期，可采取消音、隔音或戴护耳器。 2. 机房内不准放置易燃易爆品

第三节　化工事故应急救援

应急救援是近年来产生的一门新兴的安全学科和职业，是化工安全工程的重要组成部分。国务院发布的《危险化学品安全管理条例》规定："县级以上各级人民政府负责危险化学品安全监督综合工作的部门应当会同同级其他有关部门制定危险化学品事故应急救援预案，报经本级人民政府批准后实施。危险化学品单位应当制定本单位事故应急救援预案，配备应急救援人员和必要的应急救援器材、设备，并定期组织演练。危险化学品事故应急救援预案应报社区的市级人民政府负责危险化学品安全监督综合工作的部门备案。"化工生产企业一般都属于危险化学品单位，必须严格执行上述规定。

一、事故应急救援的原则和任务

事故应急救援应贯彻的基本原则是：预防为主、统一协调、迅速有效。即预防为主的情况下，实行统一指挥、分级负责、区域为主、单位自救和社会救援相结合。除了平时作好事故的预防工作，避免和减少事故的发生，还要落实好救援工作的各项准备措施，一旦发生事故就能及时救援。由于重大事故发生的突然性，发生后的迅速扩散性以及波及范围广的特点，决定了应急救援行动必须迅速、准确、有序和有效。因此，救援工作只能实行统一指挥下的分级负责制，以区域为主，根据事故的发展情况，采取单位自救与社会救援相结合的方式，能够充分发挥事故单位及所在地区的优势和作用。在指挥部统一指挥下，救灾、公安、消防、环保、卫生、劳动等部门密切配合，协同作战，有效地组织和实施应急救援工作，尽可能的避免和减少损失。

事故应急救援的基本任务是：

（1）控制危险源

及时有效地控制造成事故的危险源是事故应急救援的首要任务，只有控制了危险源，防止事故的进一步扩大和发展，才能及时有效的实施救援行动。特别是发生在城市中或人口稠密的地区的化学事故，应尽快组织工程抢险队与事故单位技术人员一起及时控制事故的继续扩展。

（2）抢救受害人员

抢救受害人员事故应急救援的重要任务。在救援行动中，及时、有序、科学地实施现场抢救和安全转送伤员对挽救受害人的生命、稳定病情、减少伤残率以及减轻受害人的痛苦等具有重要的意义。

（3）指导群众防护，组织群众撤离

由于重大事故发生的突然性，发生后的迅速扩散性以及波及范围广、危害性大的特点，应及时指导和组织群众采取各种措施进行自身防护，并迅速撤离危险区域或可能发生危险的区域。在撤离过程中积极开展群众自救与互救工作。

（4）清理现场，消除危害后果

对事故造成的对人体、土壤、水源、空气的现实的危害和可能的危害，迅速采取封闭、隔离、洗消等措施；对事故外溢的有毒有害物质和可能对人及环境继续造成危害的物质，应及时组织人员进行清除；对危险化学品造成的危害进行监测与监控，并采取适当的措施，直至符合国家环境保护标准。

（5）查清事故原因，评估危害程度

事故发生后应及时调查事故的发生原因和事故性质，估算出事故的危害波及范围和危险程度，查明人员伤亡情况，做好事故调查。

为了保证事故应急救援任务的完成，化工企业应建立本单位的救援组织机构，明确救援执行部门和专用电话，制定救援协作网，疏通纵横关系，以提高应急救援行动中协同作战的效能，便于做好事故自救。

二、化学事故应急救援预案

化学事故应急救援预案是针对化工生产危险源而制定的一项反应计划。由于化学事故应急救援工作不仅受到危险化学品的性质、事故危害程度和危害范围等因素的影响，还与现场的气象、环境等多种因素密切相关。因此，救援工作必须要预有准备。特别是在平时要认真研究对策，化工企业都应预先制定有各种状态下的应急救援行动方案，一旦发生事故就能快速、有序、有效地实施救援。

1. 制定预案的目的

制定应急救援预案的目的是为了在发生化学事故时，能以最快的速度发挥最大的效能，降低事故造成的危害，减少事故损失。应急措施能否有效地实施，在很大程度取决于预案与实际情况的符合与否，以及准备的充分与否。

2. 制定预案的要求和依据

事故一旦发生，化学事故应急救援预案就是救援行动的指南。救援预案是一项系统工程，它具有严格的科学性和实践性，预案一定要结合实际情况认真细致地考虑各项影响因素，并经演练的实践考验，不断补充、修正完善。

（1）基本要求

① 根据实际情况，按事故的性质、类型、影响范围、严重后果等分等级地制订相应的预案。为使预案更有针对性和能迅速应用，一般要制订出不同类型的应急预案。如火灾型、爆炸型、泄漏型等。

② 一个单位的不同类型的应急预案要形成统一整体，救援力量要统筹安排。

③ 要切合本单位的实际条件制订预案，应急器材应立足于国内，立足于本地。

④ 制订的预案要有权威性，各应急组织职责明确，通力协作。

⑤ 预案要经过企业领导批准才能实施。

⑥ 预案要定期演习和复查，要根据实际情况定期检查和修正。

⑦ 应急队伍要进行专门培训，并要有培训记录和档案，应急人员要通过考核，证实确能胜任所担负的应急任务后，才能上岗。

⑧ 应急队伍平时就要组建落实并配有相应器材。应急器材要定期检查，保证设备性能完好。

（2）制订预案的依据

① 必须根据本单位产生重大化学事故危险源的数量和可能性来确定预案。

② 预案是依据可能产生的事故类型、性质、影响范围大小以及后果的严重程度等的预测结果，结合本单位的实际情况而制定的应急措施。它具有一定的现实性和实用性，要制

定切合实际的预案，必须依据确切的各种资料。

3. 制定应急救援预案的基本步骤

（1）调查研究是制定应急救援预案的第一步。在制定预案之前，需对预案所涉及的区域进行全面调查。调查内容主要包括：危险化学品的种类、数量、分布状况；当地的气象、地理、环境和人口分布特点；社会公用设施及救援能力与资源现状等。

（2）危险源评估在制定预案之前，应组织有关领导和专业人员对化学危险源进行科学评估，以确定危险源目标，探讨救援对策，为制定预案提供科学依据。

（3）分析总结对调查得来的各种资料，组织专人进行分类汇总，做好调查分析和总结，为制定预案做好准备。

（4）编制预案视救援目标的种类和危险度，结合本企业的救援能力，编制相应的应急救援预案。

（5）科学评估编制的预案需组织专家评审，并经修改完善后，报企业领导审定。

（6）审核实施预案经企业领导审校批准后，正式颁布实施。

4. 应急救援预案的基本内容

基本内容包括：基本情况、危险目标、应急救援指挥部的组成，职责和分工、救援队伍的组成和分工、报警信号、化学事故应急处置方案、有关规定和要求等。

应急救援预案的书写应简明扼要，附有预案的各项平面图和救援程序图。

三、化学事故应急救援预案的演习

1. 演习的目的

演习的目的在于验证预案的可行性，符合实际情况程度。

（1）通过演习试验应急队伍应付可能产生的各种紧急情况的适应性及他们之间相互支援及协调程度。

（2）检验应急救援指挥部的应急能力。这里包括组织指挥、应急队伍救援能力和广大职工对应急响应能力。

（3）通过演习可以证实应急救援预案是可行的，从而增强承担应急救援任务的信心，对每个成员来说，是一次全面的应急救援练习，通过练习提高技术及业务能力。

（4）通过演习可以发现预案中存在的问题，为修正预案提供实际资料。尤其是通过演习后的讲评、总结，可以暴露预案中未曾考虑到的问题和找出改正的建议，是提高预案质量重要的步骤。

2. 演习基本要求和内容

（1）基本要求。化学事故应急救援预案是一项复杂的系统工程，为了使演习得到预期的效果，演习的计划必须细致周密，要把各级应急救援力量和应该配备的器材组成统一的整体。

（2）演习的基本内容是根据演习的任务要求和规模而定，一般应考虑如下几个方面的内容：各演习课时间顺序合乎逻辑性；各演习单位相互支援、配合及协调程度；工厂生产系统运行情况；厂内应急情景；急救与医疗；厂内洗消；染毒空气监测与化验；事故区清点人数及人员控制；防护指导，包括专业人员的个人防护及职工对毒气的防护；通信及报警信号联络；各种标志布设及由于危害区域的变化布设点的变更；交通控制及交通道口的管理；治安工作；无关人员的撤离以及有关撤离工作的演习内容；防护区的洗消、污水处理及上、下水源受污染情况调查；事故后的善后工作；当时当地的气象情况及地形、地物情况及对化学事故危害程度的影响；向上级报告情况及向友邻单位通报情况；演习资料汇总需要的表格。

以上这些内容仅是一般情况，还应该根据演习的任务增减上述内容。

此外，演习后的讲评和总结可以发现化学事故应急救援预案中的问题，并可以从中找到改进的措施，把预案提高到一个新的水平；也是每个演习者的再次学习和全面提高的好机会。因此，演习后的讲评和总结是演习不可少的组成部分。

第四节　化工事故现场处置

在发生泄漏、火灾、爆炸和环境污染等化工事故的现场，正确、及时、有效地实施的应急抢险和救援工作，是控制事故、减少损失的关键。现场应急抢险和救援工作包括：

一、隔离、疏散

1. 建立警戒区域
事故发生后，应根据化学品泄漏扩散的情况或火焰热辐射所涉及的范围建立警戒区。并在通往事故现场的主要干道上实行交通管理。建立警戒区域时应注意以下几项：

① 警戒区域的边界应设警示标志，并有专人警戒。

② 除消防、应急处理人员以及必须坚守岗位的人员外，其他人员禁止进入警戒区。

③ 泄漏溢出的化学品为易燃品时，区域内应严禁火种。

2. 紧急疏散
迅速将警戒区及污染区内与事故应急处理无关的人员撤离，以减少不必要的人员伤亡。

紧急疏散时应注意：

① 如事故物质有毒时，需要佩戴个体防护用品或采用简易有效的防护措施，并有相应的监护措施。

② 应向侧上风方向转移，明确专人引导和护送疏散人员到安全区，并在疏散或撤离的路线上设立哨位，指明方向。

③ 不要在低洼处滞留。

④ 要查清是否有人留在污染区和着火区。

二、防护

根据事故物质的毒性及划定的危险区域，确定相应的防护等级（表6-10），并根据防护等级按标准配备相应的防护器具（表6-11）。

表 6-10　防护等级划分标准

毒性\危险区	重度危险区	中度危险区	轻度危险区
剧毒	一级	一级	二级
高毒	一级	一级	二级
中毒	一级	二级	二级
低毒	二级	三级	三级
微毒	二级	三级	三级

表 6-11　防护标准

级别	形式	防化服	防护服	防护面具
一级	全身	内置式重型防化服	全棉防静电内外衣	正压式空气呼吸器或全防型滤毒罐
二级	全身	封闭式防化服	全棉防静电内外衣	正压式空气呼吸器或全防型滤毒罐
三级	呼吸	简易防化服	战斗服	简易滤毒罐、面罩或口罩、毛巾等防护器材

三、询情和侦检

(1) 询问遇险人员情况，容器储量、泄漏量、泄漏时间、部位、形式、扩散范围，周边单位、居民、地形、电源、火源等情况，消防设施、工艺措施、到场人员处置意见。

(2) 使用检测仪器测定泄漏物质、浓度、扩散范围。

(3) 确认设施、建(构)筑物险情及可能引发爆炸燃烧的各种危险源，确认消防设施运行情况。

四、现场急救

在事故现场，化学品对人体可能造成的伤害为中毒、窒息、冻伤、化学灼伤、烧伤等。进行急救时，不论患者还是救援人员，都需要进行适当的防护。

1. 现场急救时，注意事项

(1) 选择有利地形设置急救点；

(2) 做好自身及伤病员的个体防护；

(3) 防止发生继发性损害；

(4) 应至少 2~3 人为一组集体行动，以便相互照应；

(5) 所用的救援器材需要具备防爆功能。

2. 现场处理

(1) 迅速将患者脱离现场至空气新鲜处，并应确信受伤者所在环境是安全的。

(2) 呼吸困难时给氧，呼吸停止时立即进行人工呼吸，心脏骤停时立即进行心脏按摩。口对口的人工呼吸及冲洗污染的皮肤或眼睛时，要避免进一步受伤。

(3) 皮肤污染时，脱去被污染的衣服，用流动清水冲洗，冲洗要及时、彻底、反复多次；头面部灼伤时，要注意眼、耳、鼻、口腔的清洗。

（4）当人员发生冻伤时，应迅速复温，复温的方法是采用 40～42℃ 恒温热水浸泡，使其温度提高至接近正常；在对冻伤的部位进行轻柔按摩时，应注意不要将伤处的皮肤擦破，以防感染。

（5）当人员发生烧伤时，应迅速将患者衣服脱去，用流动清水冲洗降温，用清洁布覆盖创伤面，避免伤面污染，不要随意把水疱弄破，患者口渴时，可适量饮水或含盐饮料。

（6）使用特效药物治疗，对症治疗，严重者送医院观察治疗。

五、泄漏处理

危险化学品泄漏后，不仅污染环境、对人体造成伤害，如遇可燃物质，还有引发火灾爆炸的可能。因此，对泄漏事故应及时、正确处理，防止事故扩大。泄漏处理一般包括泄漏源控制及泄漏物处理两大部分。

1. 泄漏源控制

可能时，通过控制泄漏源来消除化学品的溢出或泄漏。在厂调度室的指令下，通过关闭有关阀门、停止作业或通过采取改变工艺流程、物料走副线、局部停车、打循环、减负荷运行等方法进行泄漏源控制。

容器发生泄漏后，采取措施修补和堵塞裂口。制止化学品的进一步泄漏，对整个应急处理是非常关键的。能否成功地进行堵漏取决于几个因素：接近泄漏点的危险程度，泄漏孔的尺寸，泄漏点处实际的或潜在压力，泄漏物质的特性。堵漏方法见表 6-12。

表 6-12　堵漏方法

部位	形式	方法
罐体	砂眼	使用螺丝加黏合剂旋进堵漏
	缝隙	使用外封式堵漏袋、电磁式堵漏工具组、粘贴式堵漏密封胶（适用于高压）、潮湿绷带冷凝法或堵漏夹具、金属堵漏锥堵漏
	孔洞	使用各种木楔、堵漏夹具、粘贴式堵漏密封胶（适用于高压）、金属堵漏锥堵漏
	裂口	使用外封式堵漏袋、电磁式堵漏工具组、粘贴式堵漏密封胶（适用于高压）堵漏
管道	砂眼	使用螺始加黏合剂旋进堵漏
	缝隙	使用外封式堵漏袋、金属封堵套管、电磁式堵漏工具组、潮湿绷带冷凝法或堵漏夹具堵漏
	孔洞	使用各种木楔、堵漏夹且、粘贴式堵漏密封胶（适用于高压）堵漏
	裂口	使用外封式堵漏袋、电磁式堵漏工具组、粘贴式堵漏密封胶（适用于高压）堵漏
阀门	渗漏	使用阀门堵漏工具组、注入式堵漏胶、堵漏夹具堵漏
法兰	渗漏	使用专用法兰夹具、注入式堵漏胶堵漏

2. 泄漏物处置

现场泄漏物要及时进行覆盖、收容、稀释等处理，使泄漏物得到安全可靠的处置，防止二次事故的发生。泄漏物处置主要有四种方法：

① 围堤堵截。如果化学品为液体，泄漏到地面上时会四处蔓延扩散，难以收集处理。

为此，需要筑堤堵截或者引流到安全地点。储罐区发生液体泄漏时，要及时关闭雨水阀，防止物料沿明沟外流。

② 稀释与覆盖。为减少大气污染，通常是采用水枪或消防水带向有害物蒸气云喷射雾状水，加速气体向高空扩散，使其在安全地带扩散。在使用这一技术时，将产生大量的被污染水，因此应疏通污水排放收容系统。对于可燃物，也可以在现场施放大量水蒸气或氮气，破坏燃烧条件。对于液体泄漏，为降低物料向大气中的蒸发速度，可用泡沫或其他覆盖物品覆盖外泄的物料，在其表面形成覆盖层，抑制其蒸发。

③ 收容(集)。对于大型泄漏，可选择用隔膜泵将泄漏出的物料抽入容器内或槽车内；当泄漏量小时，可用沙子、吸附材料、中和材料等吸收中和。

④ 废弃。将收集的泄漏物运至废物处理场所处置。用消防水冲洗剩下的少量物料，冲洗水排入污水系统处理。

3. 泄漏处理时应注意

(1) 进入现场人员必须配备必要的个人防护器具。

(2) 如果泄漏物是易燃易爆的，应严禁火种。

(3) 应急处理时严禁单独行动，要有监护人，必要时用水枪、水炮掩护。

注意：化学品泄漏时，除受过特别训练的人员外，其他任何人不得试图清除泄漏物。

第五节 常见的化工火灾扑救方法

一、灭火的基本原理

灭火，就是要破坏已经形成的燃烧条件，使其不致着火。由燃烧理论我们知道，燃烧必须具备可燃物质、助燃物质(氧化剂)和着火能源，这三个条件缺一不可，这就是经典的着火三角形的3个成分。在除去其中任一条件时，绝大多数火焰即告熄灭，由此推理，可得如下基本灭火方法：

1. 隔离法

就是将着火区及其周围的可燃物隔离或移开，燃烧区就会因缺乏燃料不能蔓延而停止。在实际运用时，如将近火源的可燃、易燃及助燃物搬到安全区域，由于泄漏可燃气体、液体而燃烧，则应首先截断气源或液流，尽快关闭管道阀门，减小和终止可燃物进入燃烧区域；拆除与烧着物毗连的易燃建筑物等，这样就可使可燃物与火源隔离，在其他灭火措施的支援下，达到终止燃烧的目的。

2. 窒息法

即阻止空气流入燃烧区或用不燃烧亦不助燃的惰性气体稀释空气，使燃烧物得不到足够的氧气而熄灭。如用石棉毯、湿麻袋、黄砂、泡沫等不燃或难燃物覆盖在燃烧物上；用水蒸气或二氧化碳等惰性气体灌注容器设备；封闭起火的船舱、坑道、设备以及门、窗、孔洞等。

3. 冷却法

着火需要能量，任何可燃物的着火燃烧，温度必须达到燃点。也就是说需要一个最小着火能量。火场高温可以使任何可燃物着火而扩大火势。将灭火剂直接喷射到燃烧物上，以降低燃烧物的温度，当温度降到燃点以下，燃烧也就停止了；或将灭火剂喷洒在火源附近的可燃物上，降温以防止受辐射热影响而起火。冷却法是灭火的重要方法，主要用水作灭火剂。

4. 化学中断法

经典的着火三角形理论，虽然可以解释灭火的一般机理，但有些物质的燃烧从动力学的角度进行分析，其反应速率并仅取决于这三个因素，还取决于燃气燃烧的连锁反应。当某些燃料接触到能源时，它不仅会汽化，而且该物质分子的组合会发生热解作用，即在燃烧之前先裂解成更简单分子。这些分子中原子间的共价键常常发生断裂，生成自由基。这是一种非常活泼的化学形态，它能与其他的自由基或分子起反应，使燃烧扩展开去。由于连锁反应的存在，生成自由基直接影响燃烧反应的速率和条件，所以着火三角形理论应扩大到包括自由基参与反应的条件。也就是说，着火应考虑到四维参数（四个要素），这就是着火四面体理论。着火四面体提示了考虑灭火时应该研究的第四种方法。就是研究用某种药剂能在燃烧过程中抑制连锁反应自由基的产生，从而使燃烧反应不能传递下去以达到有效的灭火目的，此法可以称之为化学中断法。主要是用卤化烃类的物质作灭火剂。这样归纳起来，灭火的基本方法应该是有四种，即针对着火四面体学说采用的四种基本灭火方法。

二、常见的化工火灾扑救方法

1. 气体火灾的控制与灭火方法

压缩或液化气体总是被储存在不同的容器内，或通过管道输送。其中储存在较小钢瓶内的气体压力较高，受热或受火焰熏烤容易发生爆裂。气体泄漏后遇火源已形成稳定燃烧时，其发生爆炸或再次爆炸的危险性与可燃气体泄漏未燃时相比要小得多。遇压缩或液化气体火灾一般应采取以下基本对策。

扑救气体火灾切忌盲目扑灭火势，在没有采取堵漏措施的情况下，必须保持稳定燃烧。否则，大量可燃气体泄漏出来与空气混合，遇着火源就会发生爆炸，后果将不堪设想。

（1）首先应扑灭外围被火源引燃的可燃物火势，切断火势蔓延途径，控制燃烧范围，并积极抢救受伤和被困人员。

（2）如果火势中有压力容器或有受到火焰辐射热威胁的压力容器，能疏散的尽量在水枪的掩护下疏散到安全地带，不能疏散的应部署足够的水枪进行冷却保护。为防止容器爆裂伤人，进行冷却的人员应尽量采用低姿射水或利用现场坚实的掩体防护。对卧式储罐，冷却人员应选择储罐四侧角作为射水阵地。

（3）如果是输气管道泄漏着火，应设法找到气源阀门。阀门完好时，只要关闭气体的进出阀门，火势就会自动熄灭。

（4）储罐或管道泄漏关阀无效时，应根据火势判断气体压力和泄漏中的大小及其形状，准备好相应的堵漏材料(如软木塞、橡皮塞、气囊塞、黏合剂、弯管等)。

(5) 堵漏工作准备就绪后,即可用水扑救火势,也用干粉、二氧化碳、卤代烷灭火,但仍需用水冷却烧烫的罐或管壁。火扑灭后,应立即用堵漏材料堵漏,同时用雾状水稀释和驱散泄漏出来的气体。如果确认泄漏口非常大,根本无法堵漏,只需冷却着火容器及其周围容器和可燃物品,控制着火范围,直到燃气燃尽,火势自动熄灭。

(6) 现场指挥应密切注意各种危险征兆,遇有火势熄灭后较长时间未能恢复稳定燃烧或受热辐射的容器安全阀火焰耀眼、尖叫、晃动等爆裂征兆时,指挥员必须适时作出准确判断,及时下达撤退命令。现场人员看到或听到事先规定的撤退信号后,应迅速撤退至安全地带。

2. 液体火灾的控制与灭火方法

液体不管是否着火,如果发生泄漏或溢出,都将顺着地面(或水面)漂散流淌,而且,易燃液体还有密度和水溶性等涉及能否用水和普通泡沫扑救的问题,以及危险性很大的沸溢和喷溅问题,因此,扑救易燃液体火灾往往也是一场艰难的战斗。遇易燃液体火灾,一般应采用以下对策:

首先就切断火势蔓延的途径,冷却和疏散受火势威胁的压力及密闭容器和可燃物,控制燃烧范围,并积极抢救受伤和被困人员。如有液体流淌时,应筑堤(或用围油栏)拦截飘散流淌的易燃液体或挖沟导流。

及时了解和掌握着火液体的品名、比重、水溶性、有无毒害、腐蚀、喷溅等危险性,以便采取相应的灭火和防护措施。

对较大的储罐或流淌火灾,应准确判断着火面积。小面积液体火灾,可用雾状水扑灭。用泡沫、干粉、二氧化碳、卤代烷将更有效。大面积液体火灾应根据其相对密度、水溶性和燃烧面积大小,选择正确的灭火剂扑救。比水轻又不溶于水的液体(如汽油、苯等),用直流水、雾状水灭火往往无效。可用普通蛋白泡沫或轻水泡沫灭火。用干粉、卤代烷扑救时灭火效果要视燃烧面积大小和燃烧条件而定,最好用水冷却罐壁。比水重又不溶于水的液体(如二氧化碳)起火时可用水扑救,水能覆盖在液面上灭火,用泡沫也有效。干粉、卤代烷灭火效果要视燃烧面积大小和燃烧条件而定。具有水溶性的液体(如醇、酮),从理论上讲能用水稀释扑救,但为使液体闪点消失,需要大量的水,也容易使液体溢出流淌,而普通泡沫又会受到水溶性液体的破坏,所以最好用抗溶性泡沫扑救。是否采用干粉、卤代烷灭火,视燃烧情况而定。

扑救毒害性、腐蚀性或燃烧产物毒害性较强的易燃液体火灾,扑救人员必须戴防护面具,采取防护措施。

扑救原油和重油等具有沸溢和喷溅危险的液体火灾。应及时采取放水、搅拌等防止沸溢和喷溅的措施。同时,必须注意发生沸溢和喷溅的征兆。一旦发现危险征兆应迅速下达撤退命令,避免造成人员伤亡和设备损失。

遇易燃液体管道或储罐泄漏着火,在切断蔓延把火势限制在一定范围内同时,对输送管道应设法找到并关闭阀门。如果管道阀门已损坏或储罐泄漏,应迅速采取堵漏措施。

3. 固体化学品火灾的控制与灭火方法

（1）扑救爆炸物品火灾的基本对策

由于这类物品有爆炸性，受磨擦、撞击、震动、高温的刺激，极易发生爆炸，遇明火则更危险。遇爆炸物品火灾时，一般应采取以下基本对策：

① 迅速判断和查明再次发生爆炸的可能性和危险性，紧紧抓住爆炸后和再次发生爆炸之前的有利时机，采取一切可能措施，全力制止再次爆炸的发生。

② 切忌用沙土盖压，以免增强爆炸物品爆炸时的威力。

③ 迅速组织力量及时疏散着火区周围的爆炸物品，使着火区周围形成一个隔离带。

④ 扑救爆炸物品堆垛时，水流应采用吊射，避免强力水流直接冲击堆垛，以免堆垛倒塌引起再次爆炸。

⑤ 灭火人员应尽量利用现场现成的掩体或尽量采用卧姿等低姿射水，尽可能地采取自我保护措施。消防车辆不要停靠离爆炸物品太近的水源。

⑥ 现场指挥应准确判断，发现再次爆炸征兆时，应立即下达撤退命令。灭火人员听到或看到撤退信号后，应迅速撤退到安全地带。

（2）扑救遇湿易燃物品火灾的基本对策

遇湿易燃物能与潮湿和水发生化学反应，产生可燃气体和热量，有时即使没有明火也能自动着火或爆炸。因此，有较大数量的这类物品时，绝对禁止采用水、泡沫、酸碱灭火器等进行扑救。对易湿易燃物品火灾，一般采取以下基本对策：

① 首先应了解清楚遇湿易燃物的品名、数量、是否与其他物品混存、燃烧范围、火势蔓延途径。

② 如果只有极少量(一般50g以内)，则不管是否与其他物品混存，仍可用大量的水或泡沫扑救。水或泡沫刚接触着火点时，短时间内可能会使火势增大，但少量遇湿易燃物燃尽后，火势很快就会熄灭或减少。

③ 如果遇湿易燃物数量较多，且没有与其他物品混存时，绝对禁止采用水、泡沫、酸碱灭火器等进行扑救。而应采用干粉、二氧化碳、卤代烷灭火。

④ 如果易湿易燃物数量较多，且与其他物品混存时，则应先查明是哪类物品着火。可先用水枪向着火点吊射少量的水进行试探，如未见火势明显增大，证明遇湿易燃物未着火，包装也未损坏。应立即用大量水或泡沫扑救。如火势明显增大，证明遇湿易燃物已着火，包装已损坏，应禁止采用水、泡沫、酸碱灭火器等进行扑救。若是液体，应用干粉等灭火；若是固体应用水泥、干砂等覆盖，如遇钾、钠、铝等轻金属发生火灾，最好用石墨粉、氯化钠及专用的轻金属灭火剂。

⑤ 如果其他物品火灾威胁到相邻的较多遇湿易燃物，应先用油布或塑料薄膜等防水布将遇湿易燃物盖好，然后再在上面盖上棉被并淋上水。如果说堆放处地势不高，可用土筑一道防水堤。

（3）扑救氧化剂和有机氧化物火灾的基本对策

氧化剂和有机氧化物火灾，有的不能用水和泡沫扑救，有的不能用二氧化碳扑救，酸碱灭火剂则几乎都不适用。扑救氧化剂和有机氧化物火灾，一般采用以下基本对策：

① 迅速查明着火或反应的氧化剂和有机过氧化物以及其他燃烧物的品名、数量、主要

危险性、燃烧范围、火势蔓延途径、能否用水泡沫扑救。

② 能用水或泡沫扑救时，应尽一切可能切断火势蔓延，使着火区孤立，限制燃烧范围，同时应积极抢救受伤和被困人员。

③ 不能用水、泡沫、二氧化碳扑救时，应用干粉或水泥、干砂覆盖。用水泥、干砂覆盖应造价从着火区域四周尤其是下风等火势主要蔓延覆盖起，形成火势的隔离带，然后逐步向着火点进逼。

由于大多数氧化剂和机过氧化物遇酸会发生剧烈反应甚至爆炸，如过氧化钠、过氧化钾、氯酸钾、高锰酸钾等。活泼金属过氧化物等一部分氧化剂也不能用水、泡沫塑料二氧化碳扑救，因此，专门生产、经营、储存、运输、使用这类物品的和场合不要配备酸碱灭火器，对泡沫和二氧化碳也应慎用。

（4）扑救易燃固体、易燃物品火灾的基本对策

易燃固体、易燃物品一般都可用水或泡沫扑救，相对而言其他种类的化学危险物品是比较容易扑救的，只要控制住燃烧范围，逐步扑灭即可。但也有小数易燃固体、易燃物品的方法比较特殊，如2,4-二硝苯甲醚、二硝基萘、萘、黄磷等。

① 2,4-二硝苯甲醚、二硝基萘、萘、黄磷等是能升华的固体，受热发出易燃蒸气。火灾时可用雾状水、泡沫扑救并切断火势蔓延途径，但应注意，不能以为明火焰扑灭即已完成灭火工作，因为受热以后升华的易燃蒸气能在不知不觉中飘逸，在上层与空气能形成爆炸性混合物，尤其是在室内，易发生爆燃。因此，扑救这类物品火灾千万不能被假象所迷惑。在扑救过程中应不时和燃烧区域上空及周围喷射雾状水，并用水浇灭燃烧区域及其周围的一切火源。

② 黄磷是自燃点很低在空气中能很快氧化升温并自燃的物品。遇黄磷火灾时，首先应切断蔓延途径，控制燃烧范围。对着火的黄磷应用低压水或雾状水扑救。高压直流水冲击能引起黄磷飞溅，导致灾害扩大。黄磷溶液液体流淌时应用泥土、砂袋等筑堤拦截并用雾状水冷却，对磷块和冷却后已固化的黄磷，应用钳子钳入储水容器中，不用钳时也可先用砂土掩盖，但应作好标记，等火势扑灭后，再逐步集中到储水容器中。

少数易燃固体和自燃物品不能用水和泡沫扑救，如三硫化二磷、铝粉、烷基铝、保险粉等，应根据具体情况区别处理。宜选用干砂和不用压力喷射的干粉扑救。

4. 扑救毒害品、腐蚀品火灾的基本对策

毒害品和腐蚀品对人体都有一定危害。毒害品主要经口或吸入蒸汽或通过皮肤接触引起人体中毒的。腐蚀品是通过皮肤接触使人体形成化学灼伤。毒害品、腐蚀品有些本身能着火，有的本身并不着火，但与其他可燃物品接触后能着火。这类物品发生火灾一般应采取以下基本对策：

① 灭火人员必须穿防护服，佩戴防护面具。一般情况下采取全身防护即可，对有特殊要求的物品火灾，应使用专用防护服。考虑到过渡式防毒面具防毒范围的局限性，在扑救毒害品火灾时应尽量使用隔绝式氧气或空气面具。为了在火场能正确使用和适应，平时应进行严格的适应性训练。

② 积极抢救受伤和被困人员限制燃烧范围。毒害品、腐蚀品火灾极易造成人员伤亡，灭火人员在采取防护措施后，应立即投入寻找和抢救受伤、被困人员，并努力限制燃烧范围。

③扑救时应尽量使用低压水流或雾状水，避免腐蚀品、毒害品溅出。遇酸类或碱类腐蚀品最好调制相应的调和剂稀释中和。

④遇毒害品、腐蚀品容器泄漏，在扑灭火势后应采取堵漏措施。腐蚀品需用防腐剂材料堵漏。

⑤浓硫酸遇水能出大量的热，会导致沸腾飞溅，需特别注意防护。扑救浓硫酸与其他可燃物品接触发生的火灾，浓硫酸数量不多时，可用大量低压水快速扑救。如果浓硫酸量很大，应先用二氧化碳、干粉、卤代烷等灭火，然后再把着火物品与浓硫酸分开。

第六节 化工企业应急救援预案示例
（某化肥厂应急救援预案）

一、基本情况

（1）企业简介（略）

（2）工厂基本情况（略）

包括：企业主要装置的生产能力及产量；化学危险物品的品名及正常储量；厂内职工三班的分布人数；工厂地理位置，地形特点；厂区占地面积，周边纵向、横向距离；距厂围墙外500~1000m范围内的居民（包括工矿企事业单位及人数）；气象状况。

（3）危险性分析

本厂是一个以生产化肥为主的大型化工企业，工艺流程复杂，具有易燃、易爆、有毒及生产过程连续性和特点。主要产品有合成氨、硝铵、尿素、浓硝酸、辛醇等25种。

上述物质在泄漏、操作失控或自然灾害的情况下，存在火灾爆炸、人员中毒、窒息等严重事故的潜在危险。

本厂化学事故的可能性尤以NH_3（气、液）储存量大而危险。

（4）厂内外消防设施及人员状况（略）

（5）本厂医疗设施及厂外医疗结构（略）

二、重大危险源的确定及分布

（1）根据本厂生产、使用、储存化学危险品的品种、数量、危险性质及可能引起重大事故的特点，确定以下3个危险场所（设备）为重大危险源。

1号危险源：合成车间671工号九台卧式液氨储槽；

2号危险源：合成车间671工号室外西两个液氨球罐；

3号危险源：合成车间两台氨气柜。

危险源颁布图（略）。

（2）危害级别和波及范围见表6-13。

表 6-13　危害级别和波及范围

危险源	波及范围	
	一般事故	重大事故
1 号危险源 NH$_3$（液）	厂区	周边界区
3 号危险源 NH$_3$（气）	厂区	周边界区
2 号危险源 NH$_3$（液）	厂区	周边界区

三、应急救援指挥部的组成、职责和分工

1. 指挥机构

工厂成立重大事故应急救援"指挥领导小组"，由厂长、有关副厂长及生产、安全、设备、保卫、卫生、环保等部门领导组成，下设应急救援办公室（设在安全防火处）日常工作由安全防火处兼管。发生重大事故时，以指挥领导小组为基础，即重大事故应急救援指挥部，厂长任总指挥，有关副厂长任副总指挥，负责全厂应急救援工作的组织和指挥，指挥部设在生产调度室。

注：如果厂长和副厂长不在工厂时，由总调度长和安全防火处处长为临时总指挥和副总指挥，全权负责应急救援工作。

2. 职责

指挥领导小组：

① 负责本单位"预案"的制定、修订；

② 组建应急救援专业队伍，并组织实施和演练；

③ 检查督促做好重大事故的预防措施和应急救援的各项准备工作。

指挥部：

① 发生事故时，由指挥部发布和解除应急救援命令、信号；

② 组织指挥救援队伍实施救援行动；

③ 向上级汇报和向友邻单位通报事故情况，必要时向有关单位发出救援请求；

④ 组织事故调查，总结应急救援工作经验教训。

指挥部人员分工：

① 总指挥　组织指挥全厂的应急救援工作。

② 副总指挥　协助总指挥负责应急救援的具体指挥工作。

指挥部成员：

① 安全处长　协助总指挥做好事故报警、情况通报及事故处置工作。

② 公安处长　负责灭火、警戒、治安保卫、疏散、道路管制工作。

③ 生产处长　（或总调度长）：

a. 负责事故处置时生产系统开、停车调度工作；

b. 事故现场通信联络和对外联系；

c. 负责事故现场及有害物质扩散区域内的洗消、监测工作；

d. 必要时代表指挥部对外发布有关信息。

④ 设备处长　协助总指挥负责工程抢险、抢修的现场指挥。

⑤ 卫生所所长　(包括气体防护站站长)：负责现场医疗救护指挥及中毒、受伤人员分类抢救和护送转院工作。

⑥ 行政处长　负责受伤、中毒人员的生活必需品供应。

⑦ 供销处长　(包括车管站站长)：负责抢险救援物资的供应和运输工作。

四、救援专业队伍的组成及分工

工厂各职能部门和全体职工都负有重大事故应急救援的责任，各救援专业队伍是重大事故应急救援的骨干力量，其任务主要是担负本厂各类化学事故的救援及处置。救援专业队伍的组成(略)，任务分工如下：

① 通信联络队：由公安处、安全处、生产处、调度室组成，每处出×人，共×人。

负责人：公安处处长。担负各队之间的联络和对外联系通信任务。

② 治安队：由公安处负责组成，共×人。

负责人：公安处处长。担负现场治安，交通指挥，设立警戒，指导群众疏散。

③ 防化连应急分队：由武装部负责组成，共×人。

负责人：武装部部长。担负查明毒物性质，提出补救措施，抢救伤员，指导群众疏散。

④ 消防队：驻厂消防队×人。公司消防队、市消防队。

负责人：安全防火处处长。担负灭火、洗消和抢救伤员任务。

⑤ 抢险抢修队：由机械设备处、动力处、机修车间和电修车间组成，共×人，包括铆管工、电(气)焊、电工、起重工、钳工等。

负责人：机械设备处处长和动力处处长。担负抢险抢修指挥协调。

⑥ 医疗救护队：由驻厂卫生所和气体防护站组成，共××人。

负责人：安全防火处副处长、气防站站长、卫生所所长。担负抢救受伤、中毒人员。

⑦ 物资供应队：供销处、行政处组成，共××人。

负责人：两处处长。担负伤员生活必需品和抢救物资的供应任务。

⑧ 运输队：由车管站组成，共××人。

负责人：站长。担负物资的运输任务。

五、NH_3(气、液)重大事故的处置

该厂生产过程中有可能发生 NH_3(气、液)泄漏事故，主要部位如前所述的 1 号危险源，其泄漏量视泄漏点设备的腐蚀程度、工作压力等条件而不同。泄漏时又可因季节、风向等因素，波及范围也不一样。事故起因也是多样的，如：操作失误、设备失修、腐蚀、工艺失控、物料不纯等原因。

NH_3 一般事故，可因设备的微量泄漏，由安全报警系统、岗位操作人员巡检等方式及早发现，采取相应措施，予以处理。

NH_3 重大事故，可因设备事故、氨气柜的大量泄漏而发生重大事故，报警系统或操作人员虽能及时发现，但一时难以控制。毒物泄漏后，可能造成人员伤亡或伤害，波

及周边范围：无风向××m左右，顺风向波××m。当发生NH₃泄漏事故时，应采取以下应急救援措施：

①最早发现者应立即向厂调度室、消防队报警，并采取一切办法切断事故源。

②调度接到报警后，应迅速通知有关部门、车间，要求查明NH₃外泄部位(装置)和原因，下达按应急救援预案处置的指令，同时发出警报，通知指挥部成员及消防队和各专业救援队伍迅速赶到现场。

③指挥部成员通知所在处室，按专业对口迅速向主管上级公安、劳动、环保、卫生等领导机关报告事故情况。

④发生事故的车间，应迅速查明事故发生源点、泄漏部位和原因。凡能通过切断物料或倒槽等处理措施而消除事故的，则以自救为主。如泄漏部位自己不能控制的，应向指挥部报告并提出堵漏或抢修的具体措施。

⑤消防队到达事故现场后，消防人员佩戴好空气面具，首先查明现场有无中毒人员，以最快速度将中毒者脱离现场，严重者尽快送医院抢救。

⑥指挥部成员到达事故现场后，根据事故状态及危害程度做出相应的应急决定，并命令各应急救援队立即开展救援。如事故扩大时，应请求支援。

⑦生产处、安全处到达事故现场后，会同发生事故的单位，在查明NH₃泄漏部位和范围后视能否控制，做出局部或全部停车的决定。若要紧急停车则按紧急停车程序通过三级调度网，即厂调度员、车间执班长或班长迅速执行。

⑧治安队到达事故现场后，担负治安和交通指挥，组织纠察，在事故现场周围设岗，划分禁区并加强警戒和巡逻检查。

⑨生产技术处到达事故现场后，查明NH₃泄漏浓度和扩散情况，根据当时风向、风速，判断扩散和方向和速度，并对下风区进行监测，确定结果，及时向指挥部报告情况，必要时根据决定通知该区域内的群众撤离或指导采取简易有效的技术措施。

⑩医疗队到达事故现场后与消防队配合，立即救护伤员和中毒人员，采取相应的急救措施。

⑪抢险抢修队到达事故现场后，根据指挥部下达的抢修指令，迅速进行设备抢修。

⑫当事故得到控制，立即成立两个专门工作小组：

a. 在生产副厂长的指挥下，组成由安全、保卫、生产、技术、环保、设备和发生事故单位参加的事故调查小组。

b. 在设备副厂长的指挥下，组成由设备、动力、机修、电修和发生事故单位参加的抢修小组。

六、信号规定

厂救援信号主要使用电话报警联络。

厂报警电话：××××××××

消防队电话：××××××××

市消防：119

调度室：××××××××

气体防护站：××××××××

危险调度室设有对讲机××部。

危险区边界警戒线为黄黑带，警戒人员佩带臂章，救护车鸣灯。

七、有关规定和要求

为能在事故发生后，迅速准确、有条不紊地处理事故，尽可能减小事故造成的损失必须做好应急救援的准备工作，落实岗位责任制和各项制度。具体措施有：

① 落实应急救援组织，救援指挥部成员和救援人员应按照专业分工，本着专业对口便于领导、便于集结和开展救援的原则，建立组织，落实人员，每年初要根据人员变化进行组织调整，确保救援组织的落实。

② 按照任务分工做好物资器材准备，如：必要的指挥通讯、报警、洗消、消防、抢修器材及交通工具。上述各种器材应指定专人保管，并定期检查保养，使其处于良好状态，各救援目标设救援器材柜，专人保管以备急用。

③ 定期组织救援训练和学习，各队按专业分工每年训练两次，提高指挥水平和救援能力。

④ 对全厂职工进行经常性的应急常识教育。

⑤ 建立完善各项制度：

a. 值班制度，建立昼夜值班制度(工厂和各处室、车间均昼夜值班)。

b. 气体防护站24h值班制，每班×人；救护车内配备器材，如担架×具、防毒衣×件、医务箱×个，防爆电筒×个，氧气呼吸器×个。

防护站接到事故报警后，立即全副着装出动急救车到达毒区，按调度指挥实施抢救等工作。

c. 检查制度，每月结合安全生产工作检查，定期检查应急救援工作落实情况及器材保管情况。

d. 例会制度，每季度第一个月的第一周召开领导小组成员和救援队负责人会议。

e. 总结评比工作，与安全生产工作同检查、同讲评、同表彰奖励。

附：A. NH$_3$的安全技术说明书(略)。

B. 本厂化学事故应急救援指挥序列图(略)。

八、厂区危险目标图及救援路线图示(略)

参 考 文 献

[1] 王凯全. 化工安全工程学[M]. 北京：中国石化出版社，2010.

[2] 王凯全. 石油化工流程的危险辨识[M]. 沈阳：东北大学出版社，2002.

[3] 蔡凤英. 化工安全工程[M]. 第二版. 北京：科学出版社，2016.

[4] 顾祥柏. 石油化工安全分析方法及应用[M]. 北京：化学工业出版社，2001.

[5] 王凯全. 石油化工安全技术[M]. 沈阳：沈阳出版社，2001.

[6] [美]丹尼尔 A. 克劳尔，约瑟夫 F. 卢瓦尔. 化工过程安全理论及应用[M]. 蒋军成，潘旭东，译. 北京：化学工业出版社，2006.

[7] 王凯全，邵辉. 事故理论与分析技术[M]. 北京：化学工业出版社，2004.

[8] 邵辉，王凯全. 危险化学品生产安全[M]. 北京：中国石化出版社，2005.

[9] 中国石油化工集团公司安全环保局. 石油化工安全技术（高级本）[M]. 北京：中国石化出版社，2005.

[10] 毕明树，周一卉，孙洪玉. 化工安全工程[M]. 北京：化学工业出版社，2014.

[11] 许文. 化工安全工程概论[M]. 第二版. 北京：化学工业出版社，2011.

[12] 徐龙君，张巨伟. 化工安全工程[M]. 北京：中国矿业大学出版社，2015.

[13] 周忠元，陈桂琴. 化工安全技术与管理[M]. 北京：化学工业出版社，2002.

[14] 陈海群，王凯全. 危险化学品事故处理与应急预案[M]. 北京：中国石化出版社，2005.

[15] 王凯全. 石油化工安全概论[M]. 北京：中国石化出版社，2011.

[16] 刘荣海，陈网桦，胡毅亭. 安全原理与危险化学品测评技术[M]. 北京：化学工业出版社，2004.

[17] 崔克清. 化工单元运行安全技术[M]. 北京：化学工业出版社，2006.

[18] 崔克清，张礼敬，陶刚. 安全工程与科学导论[M]. 北京：化学工业出版社，2004.

[19] 崔克清，张礼敬，陶刚. 化工安全设计[M]. 北京：化学工业出版社，2004.

[20] 中国 21 世纪议程管理中心，环境无害化技术转移中心. 化学工业区应急响应系统指南[M]. 北京：化学工业出版社，2006.

[21] 刘铁民. 注册安全工程师教程[M]. 北京：中国矿业大学出版社，2003.

[22] 国家安全生产监督管理局. 危险化学品安全评价[M]. 北京：中国石化出版社，2003.

[23] 陈宝智. 安全原理[M]. 第二版. 北京：冶金工业出版社，2002.

[24] 廖学品. 化工过程危险性分析[M]. 北京：化学工业出版社，2000.

[25] 方文林. 危险化学品生产安全[M]. 北京：中国石化出版社，2016.

[26] 匡永泰，高维民. 石油化工安全评价技术[M]. 北京：中国石化出版社，2005.

[27] 马良，杨守生. 石油化工生产防火防爆[M]. 北京：中国石化出版社，2005.

[28] 丁辉. 突发事故应急于本地化防范[M]. 北京：化学工业出版社，2004.

[29] 刘志强. 化工安全生产强制性标准安全事故防范实务手册[M]. 合肥：安徽文化音像出版社，2003.

[30] 康青春，贾立军. 防火防爆技术[M]. 北京：化学工业出版社，2008.

[31] 赵庆贤，邵辉，葛秀坤. 危险化学品安全管理[M]. 北京：中国石化出版社，2010.

[32] 陈宝智，张培红. 安全原理[M]. 北京：冶金工业出版社，2016.

[33] 罗云. 风险分析与安全评价[M]. 北京：化学工业出版社，2016.